LATEST CAR EXAMINATION

최신자동차검사

THEORY AND PRACTICE

이론과 실무

이찬수, 황성일, 권영웅 공저

D.B.Info

머리말

우리나라 자동차 산업은 규모면에서 가장 빠른 속도로 성장한 핵심, 유망산업이며 경제성과 안전성 그리고 사용상의 쾌적성을 고려한 새로운 기술의 개발과 실용화 속도도 매우 빠르다.

자동차는 문명의 발달로 생활의 필수품으로 자리 잡고 있으나 때로는 우리의 생명을 위협하기도 하므로 그 구조와 기능을 정확히 알고 사용할 수 있어야 하며 이와 함께 사용상의 안전과 편리성, 내구 · 신뢰성이 더 한층 요구되는 상태이다.

자동차의 진보된 기술 가운데 전기, 전자 시스템은 자동차 전반에 걸쳐 갈수록 다양하게 적용되고 첨단화 되어 가고 있으며 앞으로는 환경보존차원에서 더욱 배출가스 규제가 심화되고 무공해 차량인 수소전지 자동차, 전기자동차 등의 개발 기술이 급속도로 발전되어 갈 것이다.

자동차 종합검사 제도는 자동차의 정상적인 기능과 성능을 확보하여 운행 중 고장이나 자동차의 결함, 사고 등을 사전에 예방하여 교통사고로 인한 인적 · 물적 피해와 배출가스로 인한 환경오염, 소음공해 등이 심각한 사회 문제를 사전에 예방하고, 국민의 재산과 생명을 보호하기 위해 국가에서 자동차 종합검사의 제도로 한 번의 검사로 모든 검사가 완료되도록 함으로써 자동차 검사로 인한 국민의 불편을 최소화하고 편익을 도모하기 위해 시행하는 제도이다. 따라서 검사소의 검사원이라고 해서 불합격을 합격으로 처리할 수 없고 또한, 검사소는 현재의 자동차 상태에서 자동차 운행여부를 판정하는 곳이다. 그러므로 자동차 사용자가 정비업소에서 정기적으로 점검 · 정비를 받아야만 안전운행이 보장된다는 사실을 명심하기 바란다.

자동차 검사는 자동차의 기계적 결함이나 고장으로 사고가 발생하는 것을 사전에 방지하기 위해 자동차의 구조 · 장치 및 성능 등이 안전기준에 적합한지를 확인하여 자동차의 운행 여부 판정을 주목적으로 하고 있다.

본 자료는 자동차 구조 및 장치에 대한 해박한 지식과 검사의 흐름과 기준, 방법을 제시하였다. 따라서 자동차 검사소, 검사 대행업체 등에서 실무에 직접 활용할 수 있는 자동차 검사의 기본이론부터 현장실무까지 체계적이고 현장감 있게 집필하였다. 또한, 대학교에서 다루는 검사공학, 검사실습 및 검사실무까지 자동차 검사의 전반적인 사항을 다룸으로써 자동차 검사 실무와 관련된 분야에 종사하는 분들에게 도움이 되도록 하였다.

끝으로 본 교재가 출판되기까지 함께하신 교통안전관리공단 부산해운대 검사소장님, 천호종합정비 이길용 공장장님, 윤천수 대표님 감사의 마음을 전하는 바이다.

CONTENTS

제 1 편

제 2 편

제3편 [관능에 의한 검사]

CHAPTER 2 자동차 배출가스 정밀검사 시행 | 274

CHAPTER 3 경유자동차 부하검사 방법(KD-147 모드) | 287

PART 01

제1편

제1장 I 자동차의 정의, 분류, 치수, 제원에 대하여

제2장 I 자동차검사의 필요성과 종류

제3장 I 검사대행자의 시설과 기술인력

제4장 I 튜닝(TUNING)의 범위

제 1 장 Chapter 1 자동차의 정의, 분류, 치수, 제원에 대하여

1. 자동차의 정의

(1) 자동차관리법에서 자동차의 정의

자동차관리법에서 자동차라 함은 원동기와 조향장치를 갖추고 육상에서 이동할 목적으로 제작한 용구 또는 이에 견인되어 육상으로 이동할 목적으로 제작한 용구를 말한다. 따라서 궤도를 사용하는 궤도차나 공중에 가로질러 놓은 전력선 즉, 가선에 의해 주행하는 트롤리(trolley : 전차)버스, 중기관리법에 의한 중기나 농업 기계화 촉진법에 의한 농업기계, 군수품 관리법에 의한 차량 등 대통령령이 지정하는 것은 제외한다.

(2) 도로교통법에서 자동차의 정의

도로교통법에서 자동차라 함은 철길 또는 가설된 선에 의하지 아니하고 원동기를 사용하여 운전되는 차로서 도로운송차량법의 규정에 의한 보통자동차, 소형자동차, 특수자동차를 말한다. 또한 견인되는 자동차도 자동차의 일부로 본다.

(3) KS(공업 규격)에서 자동차의 정의

공업규격(KS)에서 자동차라 함은 원동기와 조향장치를 갖추고 이것을 이용해서 지상을 주행할 수 있는 차량이다.

2. 자동차의 구성 및 용어

자동차는 1,000~30,000 개의 부품으로 구성되어 있으나 주요부분을 크게 나누면 차체(body)와 섀시(chassis)로 구분할 수 있다. 자동차 용어로는 Motor, Vehicle, Automobile이라 하며, 이 밖에도 Motor car, Auto-car라고도 하고 이것을 약해서 Car, Motor, Auto라고 쓰는 경우도 있다.

2-1. 차체(Body)

사람이나 화물을 싣는 부분이며 그 모양은 승용차, 버스, 화물차 등 그 용도에 따라 다르다. 차체는 기관실(engine room), 트렁크(trunk) 등으로 구성되어 있다. 최근에는 차체의 지붕(roof), 옆판 및 바닥이 일체로 되어 1개의 상자로서 튼튼하고 가벼운 구조로 된 모노코크 바디(monocoque body 또는 frameless body)를 많이 쓰고 있다. 이것은 바디 자체가 프레임의 역할을 하며 여기에 섀시의 각 장치가 체결된다.

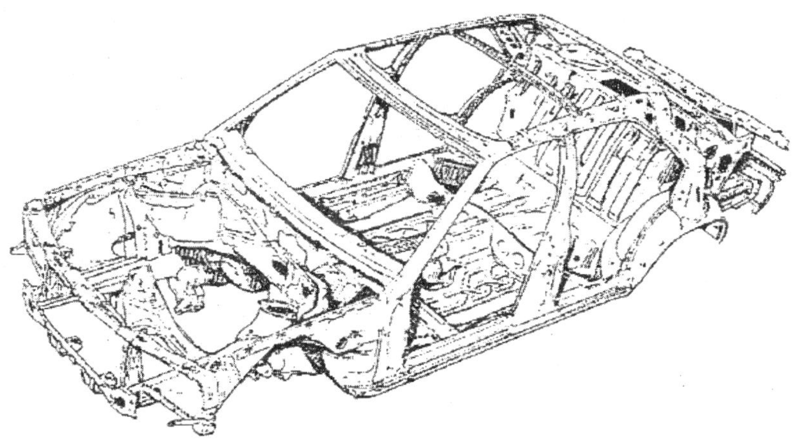

[body : 모노코크 차체]

2-2. 섀시(Chassis)

자동차의 차체를 제외한 나머지 부분을 말하며, 주행의 원동력이 되는 원동기를 비롯하여 동력전달장치, 조향장치, 현가장치, 제동장치, 프레임 등 주요장치를 전부 갖추고 있어 이것만으로도 주행할 수 있다.

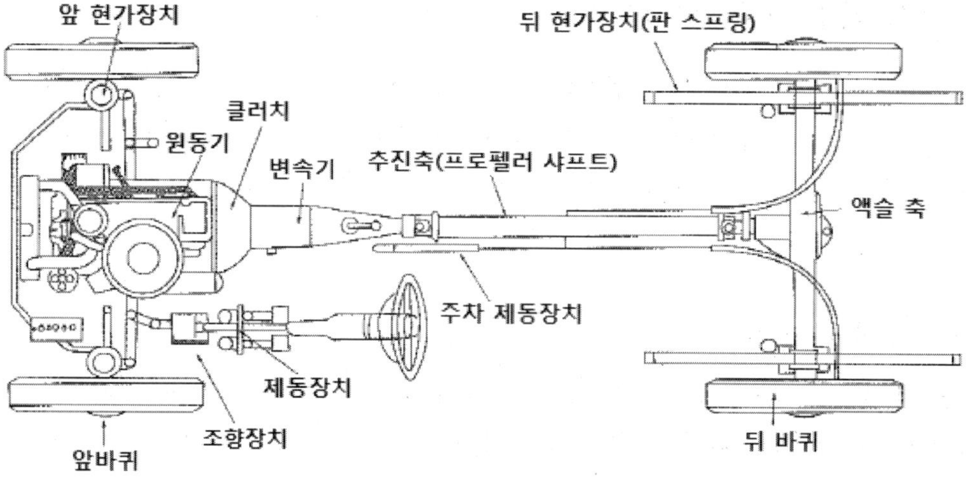

[섀시]

(1) 원동기(Engine)

원동기는 자동차가 주행하는 데 필요한 동력을 발생하는 장치이며, 자동차용 원동기로는 가솔린 기관, 디젤 기관, LPG 기관, CNG 기관 등을 많이 사용한다. 엔진은 본체와 윤활, 연료, 냉각, 흡 · 배기, 시동, 점화, 충전 등 여러 부속장치로 구성되어 있다.

(2) 동력전달 장치

동력전달장치는 원동기에서 발생한 동력을 구동바퀴까지 전달하는 일련의 장치를 말하며, 클러치, 변속기, 추진축, 종감속 기어, 차축 등으로 구성되어 있다.

(3) 조향장치

조향장치는 자동차의 진행방향을 임의로 바꾸기 위한 장치이며, 보통 조향핸들을 돌리면 조향축, 조향기어, 피터먼 암, 드래그 링크, 타이로드, 조향너클 등으로 구성되어 있다.

(4) 현가장치

자동차가 주행할 때 노면에서 받는 진동이나 충격을 흡수하기 위해 프레임과 차축 사이에 완충장치를 설치하여 승차감을 좋게 하고, 또 자동차의 각 부분의 손상을 방지한다.

(5) 제동장치

제동장치는 주행하는 자동차를 정지시키거나 감속하고 또 주차를 확실하게 하는 장치이다.

(6) 타이어와 바퀴

타이어와 바퀴는 하중의 부담, 완충, 구동력과 제동력 등 주행 시에 발생하는 여러 힘에 견디는 구조로 되어 있다.

(7) 보조장치

자동차가 안전하게 운행하기 위해서는 위의 장치 외에 조명이나 신호를 위한 등화류, 차량 속도나 엔진의 운전 상태를 알리는 계기류 외에 경음기, 윈드 시일드 및 와셔가 장치되어 있다.

3. 자동차의 분류

3-1. 규모별 세부 기준

종류	경형	소형	중형	대형
승용 자동차	배기량이 1000cc 미만으로서 길이 3.6미터, 너비 1.6미터, 높이 2.0미터 이하인 것	배기량이 1600cc 미만인 것으로서 길이 4.7미터, 너비 1.7미터 높이 2.0미터 이하인 것	배기량이 1600cc 이상 2000cc 미만이거나 길이, 너비, 높이 중 어느 하나라도 소형을 초과하는 것	배기량이 2000cc 이상이거나 길이, 너비, 높이 모두 소형을 초과하는 것
승합 자동차	배기량이 1000cc 미만으로서 길이 3.6미터, 너비 1.6미터, 높이 2.0미터 이하인 것	승차정원이 15인 이하인 것으로서 길이 4.7미터, 너비 1.7미터, 높이 2.0미터 이하인 것	승차전원이 16인 이상 35인 이하이거나, 길이, 너비, 높이 중 어느 하나라도 소형을 초과하여 길이가 9미터 미만인 것	승차정원이 36인 이상이거나 길이, 너비, 높이 모두가 소형을 초과하여 길이가 9미터 이상인 것
화물 자동차	배기량이 1000cc 미만으로서 길이 3.6미터, 너비 1.6미터, 높이 2.0미터 이하인 것	최대적재량이 1톤 이하인 것으로서, 총 중량이 3.5톤 이하인 것	최대적재량이 1톤 초과 5톤 미만이거나, 총중량이 3.5톤 초과 10톤 미만인 것	최대적재량이 5톤 이상이거나, 총중량이 10톤 이상인 것
특수 자동차	배기량이 1000cc 미만으로서 길이 3.6미터, 너비 1.6미터, 높이 2.0미터 이하인 것	총중량이 3.5톤 이하인 것	총중량이 3.5톤 초과 10톤 미만인 것	총중량이 10톤 이상인 것

이륜 자동차	배기량이 50cc 미만(최고정격출력 4킬로와트 이하인 것)	배기량이 100cc 이하(최고정격출력 11킬로와트 이하)인 것으로서, 최대적재량(기타형에만 해당)이 60킬로그램 이하인 것	배기량이 100cc 초과 260cc 이하(최고정격출력 11킬로와트 초과 15킬로와트 이하)인 것으로서, 최대적재량이 60킬로그램 초과 100킬로그램 이하인 것	배기량이 260cc(최고정격출력 15킬로와트)를 초과하는 것

주) 1. 복수의 기준 중 하나가 작은 규모에 해당된다고 다른 하나가 큰 규모에 해당된다면 큰 규모로 구분한다.
2. 이륜자동차의 정격 출력은 전기로 동력을 발생하는 구조인 것을 말한다.

3-2. 유형별 세부기준

종류	유형별	세부기준
승용 자동차	일반형	2개 내지 4개의 문이 있고, 전후 2열 또는 3열의 좌석을 구비한 유선형인 것
	승용 겸 화물형	차실 안에 화물을 적재하도록 장치된 것
	다목적형	프레임형이거나 4륜구동장치 또는 차동제한장치를 갖추는 등 험로운행이 용이한 구조로 설계된 자동차로서 일반형 및 승용 겸 화물형이 아닌 것
	기타형	위 어느 형에도 속하지 아니하는 승용자동차인 것
승합 자동차	일반형	주목적이 여객운송용인 것
	특수형	특정한 용도(장의, 헌혈, 구급, 보도, 캠핑 등)를 가진 것
화물 자동차	일반형	보통의 화물운송용인 것
	덤프형	적재함을 원동기의 힘으로 기울여 적재물을 중력에 의하여 쉽게 미끄러뜨리는 구조의 화물운송인 것
	밴형	지붕구조의 덮개가 있는 화물운송용인 것
	특수용도형	특정한 용도를 위하여 특수한 구조로 하거나, 기구를 장치한 것으로서 위 어느 형에도 속하지 아니하는 화물운송용인 것
특수 자동차	견인형	피견인차의 견인을 전용으로 하는 구조인 것
	구난형	고장, 사고 등으로 운행이 곤란한 자동차를 구난, 견인할 수 있는 구조인 것
	특수작업형	위 어느 형에도 속하지 아니하는 특수작업용인 것
이륜 자동차	일반형	자전거로부터 진화한 구조로서 사람 또는 소량의 화물을 운송하기 위한 것
	특수형	경주, 오락 또는 운전을 즐기기 위한 경쾌한 구조인 것
	기타형	3륜 이상인 것으로서 최대적재량이 100kg 이하인 것

3-3. 구동방식에 의한 분류

앞바퀴 구동차(Front wheel drive car)	앞바퀴에 기관 동력을 전달하여 구동하는 자동차이며, 세계적인 추세는 물론 거의 모든 승용차량에 채택하고 있다.
뒷바퀴 구동차(Rear wheei drive car)	뒷바퀴에 기관 동력을 전달하여 구동하는 자동차이다. 버스, 트럭 등에 주로 적용하고 있다.
전륜(全輪) 자동차(All wheel drive car)	앞· 뒤 바퀴에 모두 기관 동력을 전달하여 구동하는 자동차이며, 4륜구동차, 6륜자동차 등이 있으며, 이것은 산길이나 고르지 않는 도로운행에 적합하다.

3-4. 기관의 위치에 의한 분류

앞 기관식(Front engine type)	기관이 앞에 설치되는 방식
뒷 기관식(Rear engine type	기관이 뒤에 설치되는 방식
차실바닥 밑 기관식 (Under floor engine type)	차의 바닥에 설치되는 방식으로 버스와 같이 바닥 밑의 공간이 큰 자동차에 사용되는 방식

3-5. 구동방식과 기관의 위치에 따른 종합 분류

앞기관 뒷바퀴 구동식(FR car) 	이 형식은 설계상의 자유도가 크고, 자동차 전체로서의 중량분배의 조절이 쉬우며, 조정성이나 안정성이 유리하다.
앞기관 앞바퀴 구동식(FF car) 	오늘날 생산되는 중 · 소형 승용차에 쓰이고 있는 형식이다. 이 형식은 자동차를 가볍게 할 수 있고, 차실공간을 유효하게 이용할 수 있으며, 조향 안정성의 향상에 유리하며, 연료가 절약된다.
뒷기관 뒷바퀴 구동식(RR car) 	앞기관 앞바퀴 구동식과 이점이 비슷하다. 일부의 승용차와 버스에 이용된다.

앞기관 전륜 구동식(4WD) 	구동력이 커서 건설기계 차량이나 군용 차량 등에 사용되고 있다. 연비는 좋지 않다.
차실바닥 밑 기관 뒷바퀴 구동식 	버스 등에 사용되는 형식이다.

4. 검사용어 설명

국문	한문	영문	설명
기계	機械	machine	힘과 모멘트의 평형방정식을 만족하고, 제한된 운동을 하며 유용한 일을 창출하는 것
기능	機能	function	한 기계가 그 기계로서 작용할 수 있는 능력이나 작용
정비	整備	repair	뒤섞이거나 헝클어진 것을 가다듬어 정리하여 바로 갖춤
점검	點檢	check	낱낱이 조사함. 자세히 검사함.
검사	檢査	inspection	실상을 조사하여 실제의 옳고 그름과 낫고 못함을 판정함
마멸	磨滅	wearing	갈려서 닳아 없어짐
마모	磨耗	abrasion	마찰 부분이 닳아서 없어짐
균열	龜裂	crack	갈라져서 터짐
견고	堅固	firmness	굳세고 단단함, 확실함
망실	亡失	loss	잃어버림, 없어짐
개조	改造	reconstruction	고쳐 만들거나 바꿈.
변경	變更	change	다르게 바꾸어 새롭게 고침.
변형	變形	modification	전(前)의 형상과 다르거나 모양이 고쳐짐, 변하여 달라진 형태
기울기		lean to	경사면의 경사를 보이는 정도
노출	露出	exposure	거죽으로 드러남, 속 비어짐
누설	漏泄	leakage	물이 새어 나옴

누수	漏水	leaking water	새어나오는 물
누유	陋儒	leaking oil	새어나오는 기름
누전	漏電	electricity leak	습기를 타고 새어나간 전기의 흐름
누출	漏出	leakage	새어나옴
느슨함		loose	늘어져서 헐거움
담	淡		빛의 엷음을 형용하는 말
동작	動作	motion	몸과 손발의 운동, 움직이며 일치하는 것
등색	橙色	orange	귤껍질의 빛깔, 오랜지색
이하	以下	less than	일정한 한도의 아래
이상	以上	above	위치 또는 순서상 일정한 표준부터 그 위
미만	未滿	less than	정한 수나 정도에 차지 못함
이내	以內	within	어떤 일정한 범위 안
임의	任意	randomly, free	마음먹음대로 함. 그 사람의 자유의사에 맡김
만곡	彎曲	curve	활 모양처럼 굽음
굴곡	屈曲	bending	이리저리 굽어 꺾임
절단	切斷	cutting	끊어 자름. 끊어짐. 단절
절손	絶孫		잘라지고 손상됨
파손	破損	damage	깨어져 못쓰게 헐어짐
손상	損傷	demage	떨어지고 상함
탈락	脫落	falling off	빠져 나감. 빠져서 떨어져 없어짐
흔들림		shake	흔들리다
단선	斷線	disconnection	전기 배선이 끊어짐
단락	短絡	short	전기 배선이 서로 붙음
접지	接地	ground(earth)	전기 회로를 동선(銅線) 따위의 도체로 (-)과 연결함
와이어링		wiring	전기 배선의 한 가닥 한 가닥을 말함
하네스		harness	전기 배선의 뭉치를 말함.
점등	點燈	lighting	등에 불을 켬
소등	消燈	turn off lights	등에 불을 끈다.
도말	塗抹	smear	발라서 드러나지 않게 가림
이식	利殖	scheme	교묘하게 변조

서킷 브레이크		circuit break	서킷 브레이크는 휴즈처럼 융단되는 개념이 아니라 회로에 과도한 전류가 흐를 때 열에 의해 회로가 차단된 후 시간이 경과되어 어느 정도 냉각되면 다시 ON되는 형식으로 바이메탈, 서미스터가 사용됨
체결	締結	binding	얽어서 맺음
취부	取付	mounting	설치함. 설비함
부착	附着	sticking	딱 붙어서 떨어지지 않음
부위	部位	region	부분 부분이 차지하는 자리
비치	備置	furnishing	갖추어 마련하여 둠. 준비해 둠
설치	設置	establishment	베풀어서 둠
연결	連結	connection	서로 이어서 맺음
유격	遊隔	clearance	기계의 부품과 부품 사이의 여유 간격
이완	弛緩	looseness	헤드볼트 이완. 실린더 폭발압력에 의해 헤드볼트가 풀려짐을 말함
이음		joint	이어서 합하는 일. 이음매
부식	腐植	corrosion	산소가 결합하여 썩어 들어감
복귀	復歸	return	본래의 상태나 제자리에 다시 돌아옴
복원	復元	restoration	본래대로 회복함
불량	不良	inferiority	좋지 못함
상위	相違	difference	서로 어긋남. 서로 틀림. 오차
양부	良否	good or bad	좋음과 좋지 못함
양호	良好	good	매우 좋음
여부	與否	yes or no	그렇고 그렇지 아니한 분간
오차	誤差	error	일정한 분량을 보이는 참값과 측정값과의 차이
위배	違背	unlawfulness	법률, 명령, 약속 등을 어기거나 지키지 아니함
적부	的否		틀림없이 꼭 맞음과 맞지 않음
적부	適否	suitability	적당함과 부적당함
적정	適正	propriety	알맞고 바름
적합	適合	conformity	꼭 합당함. 적당하게 꼭 맞음
확인	確認	confirmation	확실히 인정함

5. 자동차의 제원(Specification)

제원이란 자동차에 관한 전반적인 치수, 무게, 기계적인 구조, 성능 등을 일정한 기준에 의거하여 수치로 나타낸 것을 말하며, 이 제원을 종합하여 기재한 것을 제원표라 한다.

제원은 ISO(국제표준규격), SAE(미국 자동차 기술협회 규격) 또는 한국의 공업규격(KS)으로 그 기재방법이 자세하게 규정되어 있다. 이 제원표는 카탈로그, 설명서, 사양서 등에 표시되어 사용과 정비 기타 기술적 목적에 이용되고 있으며, 자동차의 특성항목과 비교우위를 파악하는 가장 객관적인 자료가 될 수 있다.

제원치에는 치수(dimensions), 질량(masses), 하중(weights) 및 성능(performances)이 있으며, 기준조건으로 치수는 수평의 직진자세로 정지된 공차상태에서, 성능은 최대적재상태에서 측정한다.

5-1. 치수의 정의

전장(overall length)	자동차의 길이를 자동차의 중심면과 접지면에 평행하게 측정했을 때 부속물(범퍼, 후미등)을 포함한 최대 길이
전폭(overall width)	자동차의 너비를 자동차의 중심면과 직각으로 측정했을 때의 부속물을 포함한 최대 너비(아웃사이드 미러는 제외)
전고(overall height)	접지면에서 가장 높은 부분까지의 높이(최대 적재 상태일 때는 이것을 명시) 단, 안테나는 제외한다.
축간거리(축거 : wheel base) 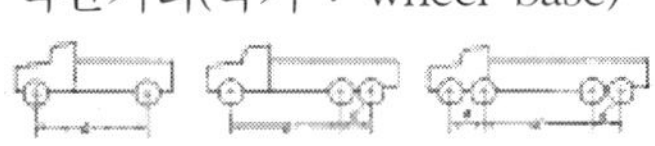	앞 · 뒤 차축의 중심에서 중심까지의 거리
차륜거리(윤거 : tread) 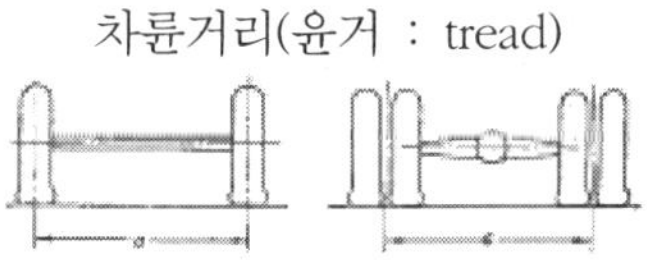	좌 · 우 타이어의 접촉면의 중심에서 중심까지의 거리
중심높이 (height of gravitational center)	접지면에서 자동차의 중심까지의 높이
바닥높이 (floor height loading height)	접지면에서 바닥면의 특정 장소(버스의 승강구 위치 또는 트럭의 맨 뒷부분까지의 높이)의 높이
프레임 높이 (height of chassis above ground)	축거의 중앙에서 측정한 접지면에서 프레임 윗면까지의 높이

최저지상고(ground clearance) 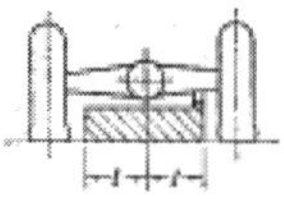	자동차의 중심면에서 수직한 연직면에 투영된 자동차의 윤곽에서 대칭으로 된 좌 · 우 구간 사이에 있는 가장 낮은 부분과 접지면과의 수평거리(12cm 이상)
적하대 오프셋(rear body offset)	뒷차축의 중심(뒷차축이 2개일 때는 2차축의 중앙)과 적하대 바닥면의 중심과의 수평거리
실내치수 (interior diemensions of body)	자동차 실내의 각종 치수도 거주성과 운전조작성에 기준이 되며, 길이는 계기판으로부터 최후부 좌석뒤 끝까지, 폭은 객실 중앙부의 최대폭, 높이는 차량중심선 부근의 바닥면부터 천장까지의 길이를 말함
오버행(over hang) 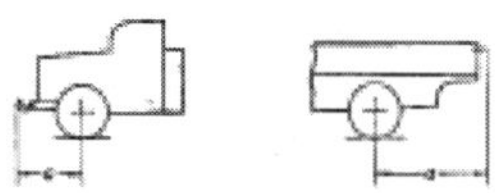	자동차 바퀴의 중심을 지나는 수직면에서 자동차의 맨 앞 또는 맨 뒤까지(범퍼, 견인고리, 윈치 등을 포함)의 수평거리(앞/뒤 오버행이 있다.)
램프각(ramp angle) 	축거의 중심점을 포함한 차체 중심면과 수직면의 가장 낮은 점에서 앞바퀴와 뒷바퀴 타이어의 바깥 둘레에 그은 선이 이루는 각도
조향각(steering angle)	자동차가 방향을 바꿀 때 조향 바퀴의 스핀들이 선회하는 각도
최소회전반경 (minimun turning radius)	자동차가 최대 조향각으로 저속회전할 때 바깥쪽 바퀴의 접지면 중심이 그리는 원의 반지름으로 12m를 초과하여서는 안 됨

5-2. 무게의 정의

축중(axle weight) 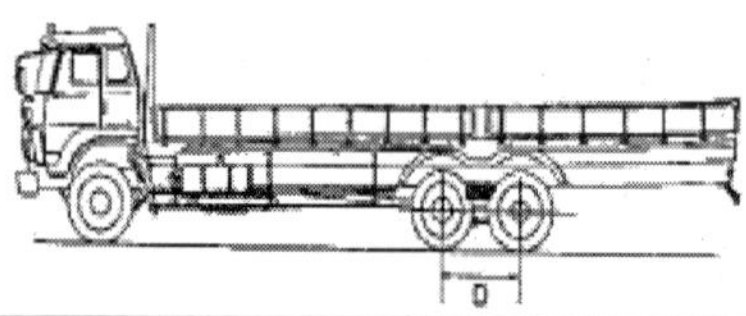	"축중"이라 함은 자동차가 수평상태에 잇을 때 1개의 차축에 연결된 모든 바퀴의 윤중을 합한 것을 말한다.
윤중(wheel load) 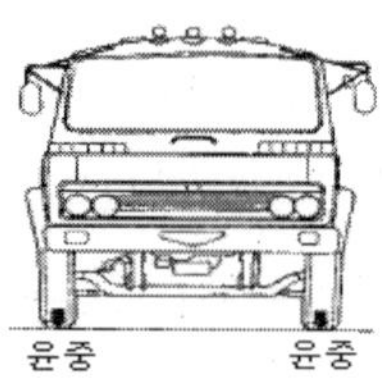	"윤중"이라 함은 자동차가 수평상태에 있을 때 1개의 바퀴가 수직으로 지면을 누르는 중량을 말한다.

공차 중량(차량 무게) (empty vehicle weight) 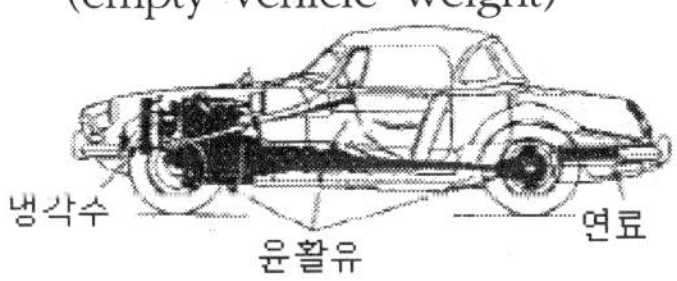	자동차에 사람이나 짐을 싣지 않고 연료, 냉각수, 윤활유 등의 규정량을 넣고 운행에 필요한 장비를 갖춘 상태이며, 특별히 지정하지 않을 때는 운전사, 예비타이어, 예비부품, 공구, 기타 휴대품은 제외한다.
최대 적재량 (maximum payload)	적재를 허용하는 최대의 하중으로 하대나 하실의 뒷면에 반드시 표시하여야 한다. V(m^3)=하대길이×하대너비×하대높이
차량 총중량 (gross vehicle weight)	승차정원과 최대적재량 적재시 그 자동차의 전체중량이다. 자동차의 총중량은 20톤(화물자동차 및 특수자동차의 경우에는 40톤), 축중은 10톤, 윤중은 5톤을 초과하여서는 안된다.
축 하중 (axle weight)	차륜을 지나는 접지면에서 걸리는 각 차축당 하중으로 도로, 교량 등의 구조와 강도를 고려하여 도로를 주행하는 일반자동차에 정해진 한도를 최대 축하중이라고 한다.
승차 정원 (riding capacity)	입석과 좌석을 구분하여 승차할 수 있는 최대 인원수로 운전자를 포함한다. 좌석의 크기는 1명당 가로·세로 40cm 이상이어야 하며, 버스의 입석은 실내높이 180cm 이상의 장소에 바닥면적 0.14m^2 이상에 1명(단, 13세 미만 어린이는 1.5명)으로 하고 정원 1명은 65kg으로 계산한다.
배분 무게 (distributed weight)	최대 적재 상태에서 자동차의 각 차축에 배분된 무게를 말하고, 이것을 합하면 차량 총무게가 된다. 각 차축에 배분된 무게를 축중이라 한다. 축중을 그 자동차에 부착된 바퀴의 수로 나눈 값을 윤하중이라 한다.
무게 배분비 (weight distribution ratio)	각 차축의 배분 무게(축중)의 백분비(%)를 말한다.
섀시 무게 (chassis weight)	빈차 상태의 섀시의 무게이다. 특이한 사항이 없을 때는 운전대도 달리지 않는 상태를 말한다.
스프링 위 무게 (spring weight)	섀시 스프링에 가해진 부분의 무게를 말하며 추진축, 현가장치, 브레이크 장치, 조향장치와 같이 그 무게의 일부가 스프링 위 무게로 작용하는 것은 그 구조에 따라 스프링 위 무게로 가산한다.
스프링 아래 무게 (unspring weight)	앞·뒤 차축에 고정된 부분의 무게이다. 추진축, 현가장치, 브레이크장치, 조향장치 등은 스프링 위 무게에 가산된 나머지 부분만이 스프링 아래 무게가 된다.
최대접지 압력 (maximum contact pressure)	최대 적재 상태에서 접지 부분의 단위 면적에 걸리는 무게를 말한다. 그러나 일반자동차의 경우 타이어 접지 부분의 너비 1cm에 대한 무게(kg/cm^2)로 나타낸다. 고무타이어는 접지부분 너비 1cm 당 150kgf를 초과하지 아니할 것. 무한궤도 1cm^2 당 3kgf를 초과하지 않을 것.

5-3. 성능 제원

자동차 성능곡선 (performance diagram)	자동차 주행속도에 대한 구동력 곡선, 주행저항곡선 및 각 변속에 있어서의 기관회전 속도를 하나의 선도로 표시한 것이다.
공기 저항 (air resistance)	자동차가 주행하는 경우의 공기에 의한 저항이다. $R=\frac{\rho(V)^2}{2}A=\mu A(V)^2$ 로 표시한다. 이때, ρ : 공기밀도, V : 공기에 대한 자동차의 상대속도 A : 자동차의 앞면 투영면적, μ : 마찰계수
동력 전달효율(mechanical efficiency of power transmission)	엔진에서 발생한 에너지(동력)가 축출력과 클러치, 변속기, 감속기 등의 모든 동력전달장치를 통하여 구동륜에 전달되어 실 사용되는 에너지(동력)의 비율이다.
구동력 (driving force)	접지점에 있어서 자동차의 구동에 이용될 수 있는 기관으로부터의 힘이다. 즉 구동력=회전력/타이어 반지름으로 나타낸다.(단위는 kgf)
저항력 (resistance force)	주행저항에 상당하는 힘으로서 전 차륜에 있어 힘의 총합이다.
여유력 (excess force)	구동력과 저항력의 차로서 이 여유력은 가속력, 견인력, 등판력으로 나타낸다.
등판 능력 (gradability climbing ability)	차량총중량(최대적재) 상태에서 건조된 포장노면에 정지하여 언덕길을 오를 수 있는 최대능력으로 $\tan\theta$ 혹은 % 단위로 표시하여 지도상 A·B 지점간의 직선거리가 1km이고 A·B 두 지점간의 고도차가 480m(0.48km)이면 48%가 된다.
가속 능력 (accelerating ability)	자동차가 평지주행에서 가속할 수 있는 최대 여유력으로서 발진가속능력은 자동차의 정지상태에서 변속 및 급가속으로 일정거리(200m, 400m)를 주행하는 소요시간을 말하며, 추월가속능력(passing ability)은 어느 속도에서 변속 없이 가속페달을 조작 급가속하여 어느 속도까지 걸리는 시간을 말한다. 자동차가 연료의 단위용량당 주행할 수 있는 거리 km/ℓ를 말하며, 일정속도로 주행할 때의 정지연비율과 사용상황에 따른 주행모드(동경 10모드, LA 4모드)의 시가지연비율로 표시된다. 우리나라의 시가지연비는 LA 4모드로 측정한다.
변속비 (transmission gear ratio)	변속기의 입력축과 출력축의 회전수의 비로서 주행상태에 따라 선택할 수 있다.

압축비 (compression ratio)	피스톤이 하사점에 있는 경우의 피스톤 상부용적과 피스톤의 상사점에 있는 경우의 연소실의 용적과의 비율을 압축비라고 한다. 일반적으로 압축비가 높을수록 폭발 압력이 높아 높은 출력과 큰 토크를 얻을 수 있지만 가솔린 엔진의 경우 지나치게 높아지면 혼합기가 타이밍에 관계없이 지연 작화 되어 노킹의 원인이 된다.
배기량 (displacement)	엔진의 크기를 나타내는 가장 일반적인 척도로 엔진이 어느 정도 혼합기를 흡입하고 배출하는가를 용적으로 나타내는 것이다. 1기통배기량(cc)= $\frac{\pi}{4}\times$ (실린더 내경)$^2\times$ 행정 엔진 총배기량(cc)=1기통 배기량×실린더 수
최대 출력 (maximum power)	엔진의 힘을 나타내는 가장 일반적인 척도로 엔진이 행할 수 있는 최대 일의 능률을 말한다. 보통 마력(PS), 즉 말의 힘으로 경험적으로 말 한 마리의 힘을 나타내는데, 1마력이란 75kgf의 물체를 1초 동안에 1m 움직일 수 있는 힘을 말한다. 출력은 대부분 회전력(torque)과 회전수(rpm)를 결합한 능률을 나타내는 척도로 회전수를 병기하는 경우가 많다. 예를 들어 「120ps/6000rpm」이라면 매분 6000회전을 할 때 출력이 최고에 달하며 그 때 출력이 120ps이라는 의미이다. rpm은 1분간 몇 회전하는가를 표시하는 단위로 1분간 엔진의 회전수를 말한다. 4행정 엔진의 경우 크랭크축이 2회전에 1회 팽창하므로 1분 동안 개별 실린더에서 1500회 팽창이 발생, 피스톤의 왕복운동이 있었다면 이때 rpm은 3000(1500×2)이 된다.
토크 (torque/rpm)	일반적으로 누르고 당기는 힘을 단순이 힘이라고 말하지만 이것에 대해 회전하려고 하는 힘을 토크라고 한다. 단위는 m·kgf로 하나의 수평축으로부터 직각 1m 길이의 팔을 수평으로 하여 끝부분에 1kgf의 무게를 가할 때 축에서 생기는 것이 1m·kgf이다. 토크는 자동차의 성능 가운데 견인력, 등판력, 경제성을 좌우하는 요소가 된다.

제 2 장 Chapter 1 자동차검사의 필요성과 종류

1. 자동차 검사의 필요성

자동차검사는 자동차(自動車)의 기계적 결함이나 고장으로 인한 인적(人的), 물적(物的) 피해를 사전에 방지하기 위하여 국가에서 공인된 자격을 갖춘 검사원 및 정비사들이 허가된 검사소 또는 자동차 관리 업체에서 예방 점검(點檢) · 정비(整備) 및 검사(檢査)를 실시하여 자동차의 구조(構造)·장치(裝置) 및 성능(性能) 등이 안전기준에 적합한지를 판정하여 운행여부를 결정하여 주는 것이다.

자동차검사는 자동차관리법을 모범으로 하고 있으며, 자동차관리법은 자동차의 등록 · 안전기준 · 형식승인 · 점검 · 정비 · 검사 및 자동차관리사업 등에 대한 사항을 정하여 자동차를 효율적으로 관리하고 자동차 소유권을 공증하며, 자동차의 안전도를 확보하여 공공복리의 증진을 목적으로 하고 있다.

검사제도는 자동차가 안전기준에 적합한 지의 여부를 확인하기 위하여 자동차관리법 및 관계규칙에 정하여진 바에 따라 국가가 공권력으로 시행하는 제도이나 우리나라의 경우 정부 재정 또는 운영상의 문제 등으로 능력을 갖춘 기관에 위탁 시행을 하기도 한다.

자동차관리법에서는 자동차의 구조장치 또는 성능이 안전기준에 적합하지 아니하면 도로를 운행해서는 안 되므로 항상 자동차를 운행함에 있어서 안전기준의 적합성 확보에 대해 사용자의 자주적인 점검과 정비에 기대를 하나, 실제로 자동차 사용자가 점검과 정비의 의무를 충실하게 이행하고 있는지의 확인이 요구되므로 자동차 검사의 제도를 법으로 규정한 것이라고 하겠다.

이것은 미래 언제까지나 자동차가 안전기준에 적합할 것이라고 보증하는 것이 아니라, 단지 검사를 신청한 당시의 상태에서 판단하는 것이므로 자동차를 사용하는 사람은 자동차를 운행함에 있어서 검사 유효기간에 구애됨이 없이 항상 안전기준에 적합한 성능을 유지할 의무와 책임을 가지도록 규정하고 있다.

2. 자동차 검사의 종류

자동차의 검사는 사람의 생명(生命)과 재산(財産)을 운반하는 공기(公器)이므로 안전이 무엇보다도 중요하다. 따라서 국가에서는 자동차의 안전기준에 적합한 자동차만이 운행되도록 규제하고 있다. 자동차검사에는 신규검사, 정기검사, 구조변경검사, 임시검사 등으로 구분하고 국토교통부장관(시 · 도지사 또는 검사대행자에게 위임)이 실시하는 검사를 받아야 한다.

2-1. 신규검사

자동차를 신규로 등록할 때 실시하는 검사이며, 법률상 신규등록을 받기위해 신청하는 검사인데 등록소유자가 결정되어 있거나 되었을 때, 그 소유자가 신규등록을 하기 위해 신청했을 때 실시되는 검사이다.

신규검사를 신청할 수 있는 자동차는

① 자기인증 표시가 되어 있는 자동차를 구입한 후 어떤 사유의 발생으로 신규등록을 하지 못하고 검사유효기간이 경과한 후 신규등록을 하고자 할 때
② 자동차운수사업법에 의하여 면허 또는 등록이 실효되거나 취소되어 말소 등록이 되었다가 재등록할 경우
③ 자동차를 도난당한 후 말소등록을 하였다가 자동차를 다시 찾아 재등록을 하고자 할 경우.
④ 자동차를 일시적으로 사용하지 않고 일정기간 후에 다시 등록할 것을 조건으로 말소등록을 했다가 재등록을 할 경우

위와 같은 경우에는 신규등록을 하여야 하는데 신규등록을 하기 위한 자동차 신규검사신청서를 시 · 도지사에게 제출하여야 한다. 자동차 신규검사신청을 받은 시 · 도지사는 자동차 검사지시서에 당해 자동차의 제원표 사본을 첨부하여 국토교통부장관으로부터 자동차 검사대행자의 지정을 받은 검사대행자에게 교부를 한다.

시 · 도지사로부터 검사지시서를 교부받고 신청인에게 당해 자동차를 제시받은 검사대행자는 신규검사 기준 및 방법에 의해 검사를 시행하고 신규검사증명서를 신청인에게 교부한다. 신규검사의 유효기간은 정기검사 유효기간을 준용하고 그 기산일은 신규검사를 받고 신규등록을 했을 때 신규등록일로부터 기산한다.

2-2. 정기검사

검사 유효기간이 만료된 후에도 계속 사용하고자 할 때 실시하는 검사로서 자동차 사용자는 신청서와 자동차 등록증을 검사대행자에게 제출하고 당해 자동차를 제시한다. 가장 일반적인 검사이며, 자동차는 차령 즉, 검사유효기간이 있으며 검사항목, 검사기준, 검사방법 등을 정하여 놓고 검사를 시행한다.

정기검사를 받아야 할 기간은 검사유효기간 만료일 전후 30일 이내로 하고 있다. 예로 자동차등록증상의 검사만료일이 8월 15일로 되어 있으면, 7월 15일부터 8월 15일까지는 어느 날 수검을 하더라도 8월 15일에 정기검사를 받은 것으로 보며, 검사유효기간은 정기검사를 받은 날의 다음 날부터 기산한다. 정기검사 유효기간을 경과한 자동차는 과태료를 납부하고 다시 검사를 받아야 한다.

(1) 검사의 유효기간

검사 대상		적용 차령(車嶺)	검사 주기
승용 자동차	비사업용	차령4년 초과	2년
	사업용	차령2년 초과	1년
경형, 소형의 승합 및 화물자동차	비사업용	차령3년 초과	1년
	사업용	차령2년 초과	1년
사업용 대형화물자동차		차령2년 초과	6개월
그 밖의 자동차	비사업용	차령3년 초과	차령5년까지 1년
			이후부터는 6개월
	사업용	차령2년 초과	차령5년까지 1년
			이후부터는 6개월

[정기검사의 유효기간]

(2) 검사 유효기간 경과 통지

시·도지사는 정기검사를 받아야 하는 기간이 경과된 자동차를 매월 1회 이상 조사하여 그 기간이 경과된 날부터 15일 이내와 45일 이내에 각각 소유자에게 정기검사를 받아야 하는 기간이 지난 사실을 통지하여야 한다.

2-3. 구조변경검사

자동차의 길이 · 넓이 · 높이, 원동기의 형식 변경, 동력 전달장치의 변경, 조정장치, 제동장치, 연료장치, 자동차의 용도 변경, 승차정원 및 최대 적재량 변경 등과 같은 자동차의 구조 및 장치의 변경시 시 · 도지사로부터 구조 및 장치의 변경승인을 얻어, 이와 관련된 검사항목에 대하여 구조변경승인 내용대로 변경하였는지의 여부를 신규검사기준 및 방법에 따라 실시한다. 다만, 「자동차안전기준에 관한 법칙」 제6조에 따른 자동차의 중량 측정 및 제 8조에 따른 최대안전경사각도의 측정은 필요한 경우에 한하여 실시한다.

(1) 구조변경검사 흐름도

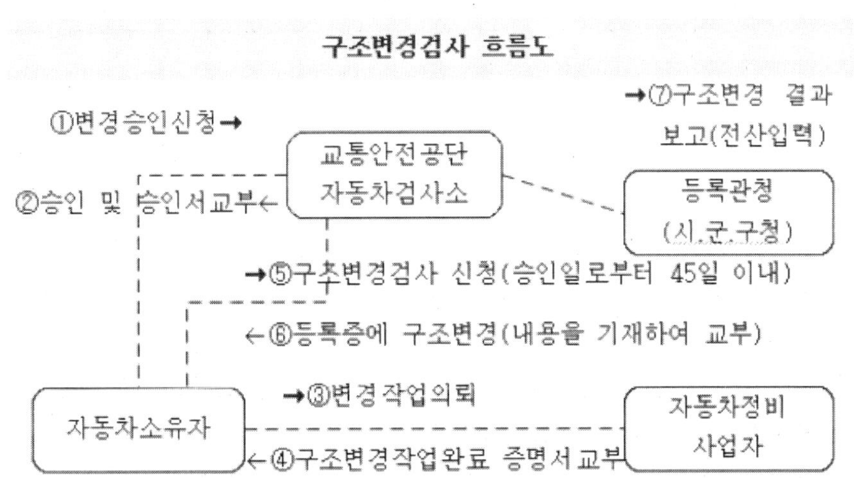

(2) 구조변경 승인대상

구분	내용
구조	· 차체 길이 너비 및 높이 · 차량총중량
장치	· 원동기 및 동력전달장치 · 주행장치(차축에 한함) · 조향 · 제동장치 · 연료장치 · 연결장치 · 차체 및 차대 · 승차 및 물품적재장치 · 소음방지장치 · 배기가스발산방지장치 · 등화장치 · 내압용기 및 그 부속장치 · 기타 국토교통부령으로 정하는 장치
변경승인 제한대상	· 자동차의 종류가 변경되는 경우 · 총 중량이 증가되는 경우 · (승차정원 또는 최대적재량을 감소시켰던 자동차를 원상회복 하는 경우 예외) · 승차정원 또는 최대적재량의 증가(동일형식 예외) 및 성능 또는 안전도의 저하 우려가 있는 경우

※ 자동차관리법 시행령 제8조 및 시행규칙 제55조 참고.

자동차관리법 제34조에 규정된 자동차의 구조 및 장치 변경은 기 등록되어 운행 중인 자동차에 적용되는 제도로서 자동차 소유자가 자동차의 구조 및 장치를 변경하고자 하는 경우 자동차관리법시행령 제8조에서 정한 구조 및 장치를 사전에 교통안전공단으로부터 승인을 얻어서 변경토록 규정하여 자동차의 안전도를 확보토록 하는 제도로서 변경되는 내용은 반드시 안전기준에 적합하여야 승인이 가능하다.

한편, 구조변경승인을 받은 자동차 소유자는 반드시 소유자동차의 규모에 맞는 자동차정비업체에서 구조변경 작업을 하여야 하며, 구조변경이라 함은 구조변경 승인받은 날부터 45일 이내에 교통안전공단 자동차검사소에서 안전기준 적합여부 및 승인 받은 내용대로 변경하였는가에 대하여 구조변경검사를 받아야 하는 등의 일련의 행정절차를 말한다.

2-4. 임시검사

임시검사는 자동차관리법에 의한 명령이나 자동차 소유자의 신청에 의하여 비정기적으로 실시하는 검사이며, 자동차등록증에 검사 적합여부를 기재하고 안전기준에 부적합하거나 안전 운행에 지장이 있을 때나 또는 정비명령을 받았을 때 실시하는 검사이다.

국토교통부장관이나 관할구청이 자동차 구조 및 장치 또는 성능불량 및 매연 소음 등의 불량으로 노상에서 단속되었거나 불법 정비로 사고의 우려가 있거나 빈발할 때 명령하는 검사로서 그 기준은 신규검사나 계속검사와 같다. 공고 또는 통지를 받은 자동차 사용자는 명령을 받은 기간 내에 반드시 검사를 받아야 하며, 부득이한 경우 기관의 허가를 얻어 연기할 수 있다.

3. 기계·기구의 정밀도 검사

자동차의 점검·정비 또는 검사용 기계·기구를 제작 또는 수입하여 판매하는 자는 당해 기계·기구를 설치한 날부터 30일 이내에 최초 정밀도 검사를 받아야 한다. 자동차의 점검·정비 또는 검사용 기계·기구를 사용하는 자는 최초 정밀도 검사 또는 구조변경 정밀도 검사를 받은 날부터 12월이 되는 날이 속하는 달마다 정기 정밀도 검사를 받아야 한다. 다만, 시·도지사는 천재지변 기타 부득이한 사유로 인하여 필요하다고 인정하는 때에는 그 기간을 조정할 수 있다.

3-1. 정밀도 검사 신청

정밀도 검사를 받고자 하는 자는 자신이 원하는 날의 10일 전까지 기계·기구 정밀도 검사 신청서를 교통안전공단에 제출하여야 한다.

3-2. 정밀도 검사 대상 기계·기구

- 제동 시험기
- 사이드슬립 시험기
- 택시미터 주행검사기
- 전조등 시험기
- 속도계 시험기
- 가스누출 시험기

3-3. 정밀도 검사 장비들의 허용오차

3-3-1. 제동력 지시 및 중량 설정 지시의 정밀도

설정하중에 대하여 다음의 허용오차 범위 이내일 것

① 좌/우 제동력지시 오차 : ±5%이내(차륜 구동형은 ±2%이내)
② 좌/우 합계 제동력 지시 오차 : ±5%이내
③ 좌/우 차이 제동력 판정 오차 : 25% 이내
④ 중량 설정 지시 오차 : ±5% 이내

3-3-2. 제동력 시험기의 판정 정밀도

축중에 대하여 다음의 허용 오차범위 이내일 것

① 좌우 제동력 합계 판정 오차 : ±5%이내
② 좌우 제동력 차이 판정 지시 오차 : ±2%이내

3-3-3. 전조등 시험기 오차 범위

① 광도 지시 오차 : ±1 5 %이내
② 광축 편차 오차 : ±1/6°이내

3-3-4. 전조등 판정 정밀도 오차

① 광도 : ±1000cd 이내
② 광축 : ±1/6° 이내

3-3-5. 사이드슬립 시험기 오차 범위

① 0점 지시 오차 : ±0.2m/km(mm/m)
② 5m/km 지시 오차 : ±0.2m/km(mm/m)
③ 판정 정밀도 오차 : ±0.2m/km(mm/m)

3-3-6. 사이드슬립 시험기의 답판 이동에 소요되는 작동력

다음의 허용오차 범위 이내일 것

① 작동 시작점 : 4kgf 이내
② 5mm점 : 8kgf 이내

3-3-7. 속도계 시험기 오차 범위

① 정밀도 검사기준은 판정 기준 값의 1km 이내
② 지시 오차 : 설정속도(35km/h 이상)의 ±3% 이내
③ 속도계 시험기 지침의 진동은 ±3km/h 이내

3-3-8. 택시미터 주행검사기 정밀도에 대한 기준

① 거리지시 : 기준기의 시험 펄스 값에 해당하는 주행거리를 지시할 것
② 보정치 : 롤러직경의 3% 이내
③ 판정장치 : 수리검정 또는 사용검정의 각각 거리허용차 범위에 적합하게 판정할 것

3-3-9. 가스누출 감지기

① 폭발 하한값(LEL) 20% 이내에서 가스누출을 감지하여야 한다.

제 3 장 검사대행자의 시설과 기술인력

Chapter 3

1. 검사대행자의 지정

국토교통부장관은 검사대행 지정 신청서를 받은 경우 신청인이 검사대행자로 적합하다고 인정될 때 검사대행자의 시설과 기술 인력의 1년 이내의 확보기간을 정하여 자동차 검사소의 대지 및 건물에 대한 사용권이 있음을 증명하는 서류, 설비 및 기기일람표와 배치도, 기술 인력의 취업 승낙서 등의 서류를 제출할 것을 신청인에게 통지한다.

2. 검사 대행자의 시설과 기술인력

2-1. 용지 및 건물면적

구분		용지면적	건물면적	
			검차장	사무실
1개 진로 당	본 검사소	1650㎡	200㎡ 이상	60㎡ 이상
	소규모 검사소	400㎡	120㎡ 이상	20㎡ 이상

주) 1. 용지는 충분히 활용될 수 있는 모양으로 한다.
2. 용지 중 수검차량의 진입 · 진출로 및 주차장은 시멘트 또는 아스팔트 등으로 견고하게 포장되어야 한다.
3. 용지 및 건물면적은 1 검사 진로 증가마다 1/2을 증가하여야 한다.

2-2. 검사용 기계·기구의 수량

품명	검사 진로 수								비고
	1	2	3	4	5	6	7	8	
1. 사이드 슬립 측정기	1	2	3	4	5	6	7	8	
2. 제동력 시험기	1	2	3	4	5	6	7	8	
3. 속도계 시험기	1	2	3	4	5	6	7	8	
4. 전조등 시험기	1	2	3	4	5	6	7	8	
5. 소음 측정기	1	1	2	2	3	3	4	4	
6. 매연 측정기	1	1	2	2	3	3	4	4	
7. 일산화탄소 측정기	1	1	2	2	3	3	4	4	
8. 탄화수소 측정기	1	1	2	2	3	3	4	4	
9. 가스누출 감지기	1	1	2	2	3	3	4	4	
10. 삭제(99년 2월 19일)									
11. 공기 과잉률 측정기	1	1	2	2	3	3	4	4	

주) 1. 제1호 내지 제4호 품명의 기계·기구는 자동으로 판정·기록되는 것이어야 한다.
2. 1개의 검사기기로 2이상의 품명에 대한 검사를 할 수 있을 때에는 다른 품명의 검사기기를 설치하지 아니할 수 있다.

2-3. 검사기술 인력확보

① 검사 책임자 : 검사소 당 1인(검사 진로수가 2개 진로 이하일 때는 검사 책임자 대신 검사 주무로 갈음할 수 있다.)

② 검사 주무 : 검사소별 검사 진로 2개 진로마다 1인(검사 진로수가 1개 진로를 초과하는 경우 초과하는 진로에 한하여 검사원 중에서 자격이 있는 자를 지정한 경우에는 당해 검사원으로 갈음할 수 있다.)

③ 검사원

진로 당 연간 검사대수	검사 진로 당 검사원 수
7천대 미만	1인 이상
7천대 이상 1만 5천대 미만	2인 이상
1만5천대 이상 2만 5천대 미만	3인 이상
2만 5천대 이상	4인 이상

주) 1. 검사 주무는 검사 진로 당 검사원수에 포함한다.
2. 출장검사를 행하는 검사소의 경우, 다음 산식에 의한 숫자의 검사원을 가산(소수점 이하는 1인으로 산정)하되, 출장 검사업무를 수행하지 아니하는 일수는 본 검사소의 검사 진로 당 검사 인원으로 산정한다. (1주 당 출장검사 횟수/6)
3. 진로 당 연간 검사대수는 출장 검사대수를 제외한다.

2-4. 자동차 검사 시설별 연간 검사능력대수

검사시설	진로 수	연간 검사 능력
자동제어방식 검사기기 (모든 검사기기가 자동제어방식인 경우)	1개 진로 마다	4만대 이하
반자동 제어방식 검사기기 (전조등시험기가 반자동 또는 수동인 경우)	1개 진로 마다	2만 5천대 이하

주) 1. 다음 각 호의 경우에는 연간 검사능력 대수를 초과하여 검사 능력을 산정할 수 있다.
2. 1일 근무시간이 8시간 초과한 때
3. 별표 16 제3호의 검사 진로 당 검사원수를 초과한 때
4. 국토교통부장관이 성능이 우월하다고 인정하는 검사기기를 설치한 때

2-5. 지정정비사업자의 검사업무의 범위와 시설

<table>
<tr><td colspan="3" rowspan="2">검사 업무의 범위</td><td>자동차종합정비업자</td><td>자동차종합정비업자
(특별시 및 광역시에 한함)</td><td>소형자동차
정비업자</td></tr>
<tr><td>모든 자동차에 대한 정기검사</td><td colspan="2">승용 자동차와 경형 및 소형의 승합·화물·특수자동차에 대한 정기검사</td></tr>
<tr><td rowspan="8">검사장 시설</td><td colspan="2">면적</td><td>78m² 이상</td><td colspan="2">45m² 이상</td></tr>
<tr><td rowspan="3">검사 진로</td><td>길이</td><td>13m 이상</td><td colspan="2">9m 이상</td></tr>
<tr><td>너비</td><td>6m 이상</td><td colspan="2">5m 이상</td></tr>
<tr><td>높이</td><td>4m 이상</td><td colspan="2">2.5m 이상</td></tr>
<tr><td rowspan="3">피트</td><td>길이</td><td>8m 이상</td><td colspan="2">5m 이상</td></tr>
<tr><td>깊이</td><td>1.5m 이상</td><td colspan="2">1.5m 이상</td></tr>
<tr><td>너비</td><td>0.8m 이상</td><td colspan="2">0.75m 이상</td></tr>
<tr><td colspan="2">진입로 및 진출로</td><td>대형 자동차(연결자동차포함)의 진입·진출에 지장이 없어야 한다.</td><td colspan="2">승용 자동차와 경형 및 소형의 승합·화물·특수자동차의 진입·진출에 지장이 없어야 한다.</td></tr>
<tr><td rowspan="3">검사용 기계 및 기구</td><td colspan="2">사이드 슬립 시험기</td><td>허용축중 10000kgf 이상의 것. 1대 이상</td><td colspan="2">허용축중의 15000kgf 이상의 것. 1대 이상</td></tr>
<tr><td colspan="2">제동력시험기</td><td>허용축중 10000kgf 이상의 것. 1대 이상</td><td colspan="2">허용축중의 15000kgf 이상의 것. 1대 이상</td></tr>
<tr><td colspan="2">속도계시험기</td><td>허용축중 10000kgf 이상의 것. 1대 이상</td><td colspan="2">허용축중의 15000kgf 이상의 것. 1대 이상</td></tr>
</table>

	전조등시험기	1대 이상
	배기가스 (CO/HC), 공기과잉율 측정기	각 1대 이상(겸용의 경우는 이를 갖춘 것으로 본다.)
	매연측정기	1대 이상
	가스누출시험기	1대 이상
	소음측정기	보통 소음계 또는 정밀 소음계 1대 이상
	기타	표준 유리, 표준 가스 및 매연 표준지(검·교정 용품)
택시미터 사용 검정기구	주행검사기	거리의 오차를 측정할 수 있는 기기 1대 이상
사무실	면적	10㎡ 이상(타사무실 겸용)

주) 1. 검사용 기계·기구 중 사이드슬립 측정기, 제동 시험기, 속도계 시험기는 순차 진행에 의하여 검사결과가 자동으로 판정·기록되고 경형 자동차를 측정할 수 있는 구조이어야 한다. 이 경우 제동 시험기는 자동차 축중을 자동으로 설정하는 구조이어야 한다.

2. 사이드슬립 측정기, 제동시험기, 속도계시험기 및 전조등시험기의 전방향 8m 이상(소형 자동차정비업자는 5m 이상)은 수평을 유지하여야 한다.

3. 진출로가 없는 검사장은 자동차종합정비업자의 경우 승합·화물·특수자동차중 대형 자동차와 소형 자동차정비업자의 경우 7m 이상의 자동차는 검사할 수 없으며, 연간 최대 검사대수는 9천600대를 초과할 수 없다.

4. 검사용 전용 진로는 1개에 한한다.

5. 택시미터 주행검사기는 주 롤러의 원주 길이가 500mm 이상이고 회전수를 검출하는 검출기는 1회전 당 1펄스 또는 1회전을 검출하는 구조이어야 한다.

6. 위 표중 승용자동차는 제2조 제1항 제1호의 규정에 의한 승용자동차에 해당하는 것으로서 2000년 12월 31일 이전에 승합자동차로 등록된 것을 포함한다.

2-6. 기술 인력의 구분 · 자격 및 직무

구분	자격	직무
검사 책임자	• 자동차 검사 주무로서 4년 이상 근무 경력이 있는 자 • 국가 또는 지방자치단체의 6급 이상의 기계직 공무원으로서 자동차 검사 및 정비 업무에 5년 이상 근무경력이 있는 자	• 자동차 검사소의 검사 업무 총괄
검사 주무	• 자동차 정비기사의 국가기술자격을 가진 자로서 자동차 검사 업무에 4년 이상 근무 경력이 있는 자 • 자동차정비 산업기사 이상의 국가기술자격을 가진 자로서 검사 업무에 5년 이상 근무한 경력이 있는 자	• 자동차 검사 진로의 검사 업무관리 및 적합여부 판정 • 자동차 검사의 실시 및 적합 여부 판정 • 검사시설 관리
검사원	• 자동차정비 산업기사 이상의 국가기술자격을 가진 자 • 자동차정비 기능사의 국가기술자격을 가진 자로서 자동차 검사 또는 정비 업무에 3년 이상 근무한 경력이 있는 자	• 자동차 검사의 실시 및 적합 여부 판정 • 검사시설 관리

주) 1. 검사업무에 근무한 경력이라 함은 자동차 검사소/정비업체 또는 자동차 제작회사에서 자동차의 점검 또는 검사업무에 종사하거나 자동차정비 및 검사용기계/기구 정밀도 검사업무에 종사한 기간을 말한다.

2. 기술 인력이 검사책임자가 되기 위하여 필요한 검사주무 경력에는 다음과 같이 당해 기술 인력의 검사원 경력을 포함한다. 다만, 검사주무 경력으로 볼 수 있는 경력은 2년 6월을 초과할 수 없다.
   - 자동차정비기사 이상의 인력인 경우 검사원 경력에서 3년을 뺀 나머지 경력1/2을 검사주무경력으로 본다.
   - 자동차정비산업기사인 경우 검사원 경력에서 5년을 뺀 나머지 경력의 1/2을 검사주무 경력으로 본다.

3. 자동차정비기능사의 국가기술자격을 가진 검사원이 자동차정비산업기사/자동차정비기사의 자격을 신규 취득한 경우에는 당해 자격 취득 전의 검사근무 경력을 다음과 같이 인정한다.
   - 자동차정비기사자격을 신규 취득한 경우 : 근무 경력의 4/5를 정비기사로 근무한 경력으로 본다.
   - 자동차정비산업기사 자격을 신규 취득한 경우 : 검사원으로서 근무한 경력의 5/7를 자동차정비산업기사로서 근무한 경력으로 본다.

4. 자동차정비산업기사의 국가기술자격을 가진 검사원이 자동차정비기사의 국가기술자격을 신규 취득한 경우, 당해 자격 취득 전의 근무경력의 4/5를 정비기사로서 근무한 경력으로 본다.

제 4 장 Chapter 4 튜닝(Tuning)의 범위

1. 튜닝 규제완화

자동차 튜닝 규제가 완화된다. 정부가 '구조 · 장치 변경'을 '튜닝'으로 명확하게 명명하며, 튜닝에 대한 실질적인 법 개정에 나선 것이다. 가벼운 튜닝은 신고 없이 할 수 있도록 하고, 자동차 제작자도 튜닝 사업을 할 수 있도록 허용했으며, 5년 넘은 자동차도 전기 모터를 달 수 있도록 했다.

1-1. 가벼운 튜닝은 각자 알아서!

튜닝 후 신고하지 않아도 되는 '경미한 튜닝'항목이 늘었다. 원래 국토교통부가 정한 '경미한 튜닝'은 47개였지만, 이번에 10개 늘어나 57개로 바뀌었다. 이 중 주목받는 것은 LED 번호등과 브레이크 캘리퍼 실린더 변경(인증된 부품에 한함), 루프탑 텐트 등이다. 이 셋 모두 안전엔 큰 지장이 없거나 경우에 따라서 더 나아질 수 있는 항목으로, 너무 흔하게 장착돼 실질적인 단속이 어려웠다. 이 외엔 화물차 적재함 전면 지지대(차체 높이 300mm까지), 포장 보관대, 유리 지지대, 공구함, 러닝보드(보조발판), 어닝(그늘막), 교통단속용 적외선 조명장치 등이 추가됐다.

1-2. 전기차 개조, 5년 넘은 차도 허용!

전기차 개조 범위도 확대됐다. 현행법에서는 안전을 이유로 5년 넘은 차에 대한 전기차 튜닝을 허가하지 않았지만, 이제 5년 넘은 차도 튜닝할 수 있도록 바뀌었다. 더불어 전기차 튜닝 관련 규정도 완화됐다. 기술검토 신청자의 자격 규제가 폐지됐고, 튜닝 업체는 일정 자격을 갖추면 튜닝을 할 수 있도록 했다.

이제 전기차 튜닝을 원하면, 교통안전공단에서 승인 받은 후 인증 받은 튜닝 업체에 개조를 맡기면 된다. 다만 가격이 만만치 않다. 한 예로 기아 카니발의 경우 전기차로 바꾸는 비용이 약 3천만원에 달하는 것으로 알려졌다.

1-3. 자동차 제작자도 '튜닝업자' 될 수 있어!

원래 자동차 튜닝은 '자동차 정비업자'만 가능했다. 국토부는 자동차제작자도 튜닝할 수 있도록 하는 '자동차관리법 시행령 개정안'을 입법예고했다. 쉽게 말해 현대-기아차 또는 르노삼성 그리고 쉐보레 등의 자동차 제작사도 튜닝 사업에 진출할 수 있다는 것이다. 이에 대해 일각에서는 "중소기업 위주의 튜닝 시장에 대기업이 진출할 토대를 마련한 게 아니냐."는 비판이 일기도 했다. 국토부는 개정 이유를 "정비업자가 하기엔 어려운 튜닝 작업(푸드트럭, 냉동탑, 윙바디 등)을 보다 전문적인 자동차 제작자가 할 수 있도록 해 규제를 완화하고 튜닝 산업을 활성화하기 위함"이라고 밝혔다. 이 외에 국토부는 자동차에 차축을 더하거나, 휠베이스가 늘어나는 튜닝 규정을 명확히 했고, 안전 및 성능에 영향을 미치지 않는 차대 또는 적재함을 줄이는 것을 허가했다. 그리고 7인승LPG(액화석유가스) 승용차가 6인승 이하로 바뀌면 LPG 사용이 제한됨을 구체적으로 정했다.

2. 튜닝 관련 법령

※ 국가법령정보센터 http://www.law.go.kr 에서 확인 가능

- 자동차관리법 제29조, 제34조, 제81조, 제84조
- 자동차관리법 시행령 제8조
- 자동차관리법 시행규칙 제55조, 제56조
- 자동차 및 자동차부품의 성능과 기준에 관한 규칙(국토교통부령)
- 자동차 구조 · 장치 변경에 관한 규정(국토교통부고시 제2014-390)

3. 2014년 달라진 튜닝제도

(1) 자동차관리법 시행규칙

① 경·소형 화물자동차 푸드트럭 튜닝 허용(자동차관리법 시행규칙)

- 적재공간 0.5㎡이상 확보, 식수탱크, 오폐수 저장탱크, 조명 및 환기시설, 소화기, 가스시설 완성검사 합격조건(한국가스안전공사)
- 유원시설 내 한정 운영(시설사용 계약 필요)

(2) 자동차 구조 · 장치변경에 관한 규정(국토교통부 고시) 개정

① 승합자동차 캠핑카 튜닝 허용

- 취침공간, 소화기, 조리대, 세면대, 오·폐수 저장탱크 등 구비
- 승합자동차에 한함(단, 화물자동차는 불법 튜닝에 해당됨)

② 도로유도표시등 및 충격흡수장치 튜닝 허용

- 도로 작업자용 자동차 및 작업자의 안전도 확보

③ 차량중량 튜닝 허용 범위 확대 적용

- 승용자동차 및 소형·경형자동차 : ±60kg→±120kg
- 중형자동차 : ±100kg→±200kg
- 대형자동차 : 차량중량의 ±3%이내(종전기준 적용)

4. 승인이 필요한 튜닝 절차

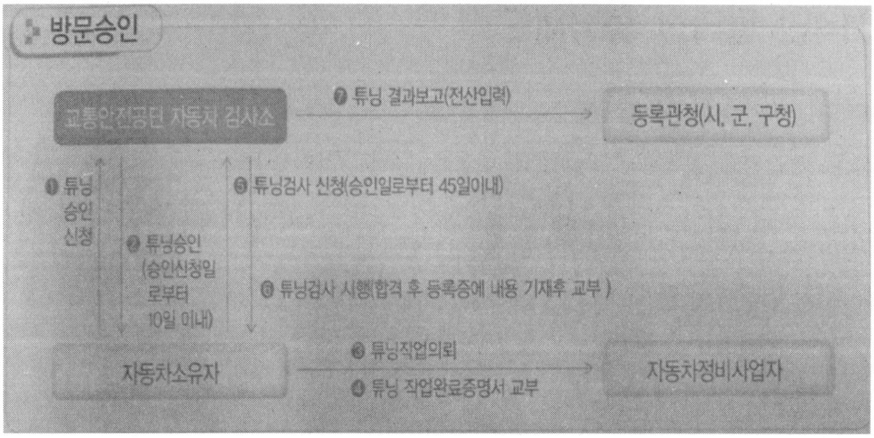

5. 승인을 받아야 하는 튜닝(사례)

언더리프트
셀프로더
트랙터공기압축기
동력인출장치(PTO)
HID 전조등
경광등
주간주행등
원동기
변속기
실린더블록
터보차저
저공해가스엔진개조

배출가스저감장치
튜닝소음기
연료탱크 추가
LPG/휘발유겸용
CNG/휘발유겸용
제설장비브라켓
연결장치
휠체어리프트
구형 ▶ 신형 외관변경

6. 튜닝 승인 없이 변경할 수 있는 경미한 튜닝(사례)

연료저감장치
카오디오
후방카메라
내부방음재
원격시동경보기
루프백
자전거캐리어
스키캐리어
롤바
에어스포일러
에어댐
바람막이

전기식 윈치
썬바이저
범퍼가드
그릴가드
휀더커버(몰딩)
안테나
포장탑
밴형화물차 창유리
자동차관리법에 따라 인증받은 등화장치 상호변경

7. 튜닝 승인이 불가능한 불법튜닝(사례)

스마일등 / 번호판각도개조 / 슬라이딩탑판확장 / 소음기우향설치 / 난간대임의설치 / 적재장치임의변경(차체길이연장) / 적재장치임의변경 / 화물자동차캠핑카개조 / 트럭캠퍼설치 / 상승형윙바디설치 / 오픈카개조 / 철제범퍼임의설치

안전기준위배등화 / 트레일러길이연장 / 차체높이초과 / 등화장치임의개조(클리어램프) / 등화장치임의개조(LED) / 제동등착색 / 미인증 HID전조등 불법개조 / 경광등색상상이 / 승차좌석임의변경

8. 튜닝승인 및 검사 수수료

구분			수수료
승인	구조장치변경	전자승인/방문승인	33,000원/60,000원
	장치변경	전자승인/방문승인	20,000원/35,000원
검사	구조변경검사	소형(승용포함)/중형/대형	29,000원/33,000원/37,000원

PART 02

제2편

제 1 장 Chapter 1 자동차 검사업무의 흐름과 검사 접수 및 안내

1. 자동차종합검사의 개요

『자동차관리법』에 따른 자동차정기검사, 『대기환경보전법』에 따른 배출가스 정밀검사 및 『수도권 대기환경개선에 관한 특별법』에 따른 특정경유자동차 배출가스검사로 나누어져 있던 검사를 일원화한 "자동차종합검사"가 도입되었다.

자동차종합검사는 자동차의 동일성 확인 및 배출가스 관련 장치 등의 작동 상태 확인을 관능검사(사람의 감각기관으로 자동차의 상태를 확인하는 검사) 및 기능검사 분야, 자동차 안전검사 분야, 자동차 배출가스 정밀검사 분야로 구분되어 진행된다.

『자동차관리법』(이하 "법"이라 한다) 제43조의2에 따른 자동차종합검사(이하 "종합검사"라 한다)의 검사기준과 방법은 법 43조의2제1항과 같은 조 제3항의 준용규정에 따른 제43조제2항에 따라 『자동차관리법 시행규칙』 『대기환경보전법 시행규칙』에 따른다. 이 경우 검사항목이 중복되는 법 제43조의2제1항 제1호에 따른 관능검사와 기능검사는 거듭 검사하지 않는다.

그러므로 그 동안 각각 따로 받아 오던 자동차 정기검사와 배출가스 정밀검사 및 특정경유자동차 검사의 검사항목을 하나의 검사로 통합하고 검사 시기를 정기검사 시기로 통합하여 한 번의 검사로 모든 검사가 완료되도록 함으로써 자동차검사로 인한 국민의 불편을 최소화하고 편익을 도모하기 위해 시행하는 제도이다.

2. 자동차 종합검사 대상과 검사 주기

종합검사의 검사대상 및 검사주기는 [표 1]과 같다. 『대기환경보전법』 제63조제1항에 따른 지역에 법 제5조에 따라 등록된 자동차(『수도권 대기환경 개선에 관한 특별법 시행령』 대기관리권역에 등록된 특정경유자동차를 포함한다)를 대상으로 한다.

[표1] 종합검사의 검사대상과 검사주기

검사대상		적용 차령(車嶺)	검사주기
승용자동차	비사업용	차령4년 초과	2년
	사업용	차령2년 초과	1년
경형, 소형의 승합 및 화물자동차	비사업용	차령3년 초과	1년
	사업용	차령2년 초과	1년
사업용 대형화물자동차		차령2년 초과	6개월
그 밖의 자동차	비사업용	차령3년 초과	차령5년까지 1년 이후부터는 6개월
	사업용	차령2년 초과	차령5년까지 1년, 이후부터는 6개월

2-1. 자동차의 차령(車嶺) 기산일

① 자동차 제작년도에 등록된 자동차 : 최초 신규등록일

② 자동차 제작년도에 등록되지 아니한 자동차 : 자동차 재작년도의 말일

3. 종합검사 신청

3-1. 신청자

제한 없음

3-2. 신청서류

- 자동차등록증
- 의무보험 영수증(또는 보험증권)
- 당해 종합검사 직전에 발급받은 종합검사 결과표 · 기능종합 진단서

3-3. 검사기관

검사대행자(출장검사장) 및 지정정비사업자

3-4. 수수료는 검사기관이 정한 금액

4. 종합검사 흐름도

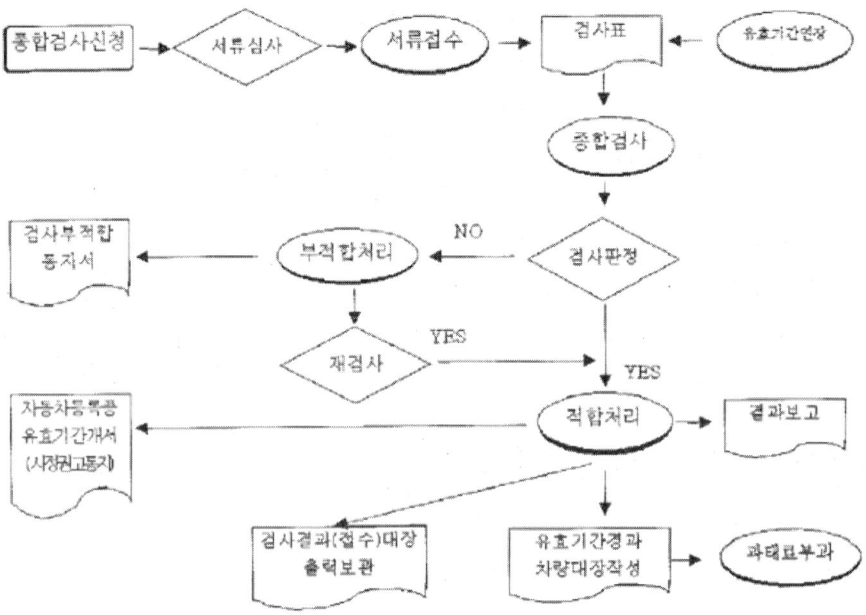

5. 종합검사의 진행

종합검사는

① 자동차의 동일성 확인 및 배출가스 관련 장치 등의 작동 상태 확인을 관능검사 및 기능검사
② 자동차 안전검사
③ 자동차 배출가스 정밀검사

위와 같이 세 분야로 구분되어 다음과 같이 진행된다.

(1) 관능검사

① 차대번호 및 원동기 형식 위·변조, 등록번호판 및 봉인 상태, 불법구조변경 등을 확인하여 소유권을 공증하고 자동차의 동일성 확인
② 자동차의 각종 전자센서를 점검하여 이상으로 인한 사고발생 예방
③ 각종오일 오염도 및 오일량 점검/타이어/브레이크 패드 마모도 점검/각종 벨트 손상 및 가스 누출 등을 검사

(2) ABS 검사

① 앞바퀴 정렬 검사(A)
핸들의 쏠림 및 타이어 이상 마모의 원인이 되는 토인/캠버/토아웃 상태 등을 검사
② 제동력 검사(B)
자동차의 앞/뒤/주차 제동력과 좌/우 제동력 편차 등을 검사
③ 속도계 검사(S)
과속운전방지/제동거리확보를 위하여 속도계의 작동 및 오차 범위 검사

(3) 하체검사

① 자동차 하체에서 각종 부품의 조향계통/엔진계통/배기계통/연료계통/브레이크계통 등 체결상태 및 이상 유무를 관능으로 검사
② 하체 검사 모니터링
자동차의 하체검사를 운전자가 편하게 확인할 수 있도록 영상으로 제공하는 서비스

(4) 전조등 검사

야간 운전의 핵심인 전조등의 밝기 및 비추는 방향 상/하/좌/우 검사

(5) 배기가스 검사

자동차 배출가스로 인한 대기오염 방지 및 자동차 연비개선 등을 위해 자동차 배출가스를 검사

(6) 검사결과 설명

자동차 검사 결과를 '자동차 기능종합 진단서'로 출력하여 상세히 설명하고 자동차 관리 정보를 제공

[검사 진행과정]

6. 종합검사 결과의 출력

종합검사대행자 또는 종합검사지정정비사업자는 검사를 실시한 때에는 그 결과를 [표 2]의 자동차종합검사결과표 또는 [표 3]의 자동차기능 종합 진단서에 기록하고, 이를 2부 작성하여 1부는 검사 신청인에게 내어주고, 1부는 작성일로부터 2년간 보관하여야 한다.

[표 2] 자동차종합검사 결과표

자동차종합검사 결과표					
①자동차등록번호		②성명(상호)		③생년월일	
④차명		⑤차종(용도)		⑥제작연식	
⑦연료종류		⑧누적주행거리		⑨최초등록일	

검사결과							
⑩종합판정		안전검사		배출가스검사		관능 · 기능검사	
⑪다음 검사주기	~			⑫재검사기간	~		

⑬세부 검사내용

1부(관능 및 기능검사)
〈부적합 내용〉
〈시정권고 내용〉
특기사항: 상시 4륜구동 등 특이사항 기록란

2부(기계 · 기구검사)				
검사항목	기준값		측정값	판정
⑭사이드 슬립	1m 주행에 ±5mm 이내			
⑮배출가스	휘발유 · 가스	일산화탄소 (CO) : %		
		탄화수소 (HC): PPM		
		질소산화물 (NOx): PPM		
		공기과잉률(λ)		
	경유	매연 : %		
		최대출력 : ps		
		엔진회전수 rpm		
	※ 측정값이 기준값의 80% 이상 배출되는 자동차는 빠른 시일 내에 정비 · 점검을 받으시기 바랍니다.			
⑯제동력	각축			
	합			
	편차			
	주차			
⑰전조등	광도			
	진폭			
⑱속도계				
⑲소음	경적			
	배기			

⑳검사자	검사책임자	관능 · 기능검사	안전검사	배출가스검사

「자동차종합검사 시행 등에 관한 규정」 제5조제4항에 따라 위와 같이 자동차종합검사결과표를 발급한다.

년 월 일

종합검사대행자(종합검사지정정비사업자) ㊞

(검사원 참고용)

자동차종합검사 결과표

자동차등록번호						접수번호			
차대번호			원동기형식			차명			
최초등록일		유효기간만료일				유효기간	~		
소유자			주소						
제작연도		차종		용도		연료			
제원관리번호				주행거리		1부	1회		
차체	길이(mm)		윤거(mm)		변속기(단) 전			재검사	
	너비(mm)		전축(kg) 전		후		2부	1회	
	높이(mm)		중						
실내(하대)	길이(mm)		후축(kg) 중		승차정원(명)			재검사	
			후		적재량(kg)		1차 검사	검사일[ ]	
	너비(mm)				차량중량(kg)			합·불·시정권고	
	높이(mm)		배기량(cc)		정격출력(ps)		2차 검사	검사일[ ]	
								합·불·시정권고	

동일성 및 안전검사 분야

	1부 검사항목	결과		1부 검사항목	결과		1부 검사항목	결과		1부 검사항목	결과
	차대번호표기			핸들유격		연료장치	가스용기			적재함 규격	
	원동기형식		제동장치	설치상태			밀폐상태			탱크용량	
	설치형태			ABS			연료도관			부식·변형·손상	
	정속·가속			누유·누설			충전밸브			안전잠금장치	
	전기장치			페달상태			용기설치위치			앞면 창유리	
	윤활장치			호스·파이프			밸브설치위치			기타창유리	
	냉각장치			유·공압장치		전기장치	점화장치			열림 방향	
	각종센서			배력장치			시동장치			배기관	
	연료공급			마스터·휠실린더			충전장치			배기가스누출	
	조속기봉인			유량경고			손상등 설치상태			촉매장치	
	클러치			펌프·구동벨트			전기배선			훼손부식	
	변속기			제동 챔버·캠			축전지			전조등	
	추진축			주차제동장치		차체 및 차대	차체 및 차대			방향지시등	
	종감속장치		완충장치	설치상태			적재량등 표기			번호등	
	타이어			스프링			측면보호대			제동등	
	흙받이			각종 아암			후부안전판			후미등	
	차축			쇽업소버			번호등 위치			안개등	
	휠			앵커·핀·부쉬			어린이 운송용			비상등	
	가속복귀			스프링마운트			내압용기			기타등화	
	변속위치			유체공급도관		연결 및 견인장치				창닦이	
	페달유격			토션-바		승차장치	승객좌석			후사경	
	집속·변형			스트러트-바			머리지지대			세정액분사	
	파손·손상		연료	주입구설치위치			안전띠			소화설비	
	작동상태			탱크-캡			승강구·발판			내압용기	
	유량·누유			연료누출			통로			기타	

기기검사 및 배출가스 정밀검사 분야

	사이드슬립	배출가스	제동력	전조등	속도계	소음	
2부						경적	
						배기	
부적합 내역			시정권고 내역				

[표 3] 자동차기능 종합 진단서

자동차 기능 종합 진단서					
자동차등록번호		소유자명		차명	
차대번호		원동기형식		최초등록일	
다음 종합검사일		재검사 기간		주행거리	km

진단항목					안전진단기준(검사시준)	진단결과	진단의견
조향계통	앞바퀴 정렬				옆 방향 미끄러짐량(1m 주행에 5mm 이내)		
조향계통	조향계통 설치상태 등				변형 · 느슨함 · 누유여부 파워스티어링 오일량		
주행계통	차축 · 타이어 · 휠				외관의 손상 · 변형 · 돌출여부 타이어 상태		
주행계통	변속기 추진축등				변속기 오일 오염도 추진축 · 등속조인트(손상 · 변형)클러치 유격상태		
주행계통	뒷바퀴 정렬(옆 방향 미끄러짐)						
제동계통<브레이크시스템>	제동력	앞축	전		앞축무게(kg)의 50%이상	% (측정값 : kg)	
	제동력	앞축	후		앞축무게(kg)의 50%이상		
	제동력	뒷축	전		뒷축무게(kg)의 20%이상	% (측정값 : kg)	
	제동력	뒷축	중		뒷축무게(kg)의 20%이상		
	제동력	뒷축	후		뒷축무게(kg)의 20%이상		
	제동력	전체브레이크			전체무게(kg)의 50%이상	%(: kg)	
	제동력	주차브레이크			전체무게(kg)의 20%이상	%(: kg)	
	제동력	좌 · 우 차이 (편차)	앞축	전	앞축무게(kg)의 8%이하	%(: kg)	
	제동력	좌 · 우 차이 (편차)	앞축	후	앞축무게(kg)의 8%이하	%(: kg)	
	제동력	좌 · 우 차이 (편차)	뒷축	전	뒷축무게(kg)의 8%이하	%(: kg)	
	제동력	좌 · 우 차이 (편차)	뒷축	중	뒷축무게(kg)의 8%이하	%(: kg)	
	제동력	좌 · 우 차이 (편차)	뒷축	후	뒷축무게(kg)의 8%이하		
	제동력	제동계통 설치상태 등			견고한 설치 · 손상 · 오일 누출 배력장치의 작동상태	% (측정값 : kg)	
	제동력	제동계통 설치상태 등			디스크 · 패드상태		
등화장치	전조등	밝기	좌 우		12,000(15,000)~ 112,500cd	좌측밝기: cd 우측밝기: cd	
등화장치	전조등	비추는 방향	좌		상10/하10/좌15/ 우30cm이내	상 cm, 하 cm 좌 cm, 우 cm	
등화장치	전조등	비추는 방향	우		상10/하30/좌30/우30cm이내	상 cm, 하 cm 좌 cm, 우 cm	
등화장치	기타 등화				설치위치,등과색 등		

<table>
<tr><td rowspan="10">배출가스</td><td rowspan="10"></td><td rowspan="5">휘발유·LPG</td><td colspan="2">검사방법</td><td rowspan="10"></td><td rowspan="10"></td></tr>
<tr><td>일산화탄소(CO)</td><td></td></tr>
<tr><td>탄화수소(HC)</td><td></td></tr>
<tr><td>질소산화물(NOX)</td><td></td></tr>
<tr><td>공기과잉률(λ)</td><td></td></tr>
<tr><td rowspan="3">경유</td><td>매연</td><td></td></tr>
<tr><td>최대출력</td><td></td></tr>
<tr><td>엔진회전수</td><td></td></tr>
<tr><td>배기소음발산 방지장치</td><td colspan="2">배기관·소음기·촉매장치의 손상, 변형 등이 없을 것</td></tr>
<tr></tr>
<tr><td rowspan="2">계기계통</td><td rowspan="2"></td><td>속도계</td><td colspan="2">40km/h일 때 (34.8~44.4km/h)</td><td></td><td></td></tr>
<tr><td>계기장치</td><td colspan="2">운행기록계·최고속제한장치 설치 및 작동여부</td><td></td><td></td></tr>
<tr><td rowspan="4">자기진단 센서 점검</td><td colspan="4">진단항목</td><td colspan="2">고장코드</td></tr>
<tr><td colspan="4" rowspan="3"></td><td colspan="2"></td></tr>
<tr><td colspan="2">진단의견</td></tr>
<tr><td colspan="2"></td></tr>
<tr><td colspan="5">검사항목</td><td colspan="2">결과 및 의견</td></tr>
<tr><td rowspan="6">관능(육안)검사</td><td colspan="4">엔진오일 오염도 / 벨트상태 원동기 이상음 / 시동장치 / 방열기</td><td></td><td rowspan="6"></td></tr>
<tr><td colspan="4">동일성 / 차대 및 차체 / 물품적재장치</td><td></td></tr>
<tr><td colspan="4">(승차 / 조종 / 완충 / 방화)장치</td><td></td></tr>
<tr><td colspan="4">경음기 / (연결 및 견인 / 전기)장치</td><td></td></tr>
<tr><td colspan="4">연료장치 / 내압용기 / 시야확보 / 창유리</td><td></td></tr>
<tr><td colspan="4">기타장치</td><td></td></tr>
<tr><td colspan="2">서비스 제공</td><td colspan="5"></td></tr>
<tr><td colspan="2">종합 진단결과</td><td colspan="5"></td></tr>
</table>

000 자동차 검사소　　　　검사책임자 :　　　　(서명/ 인)

※ 본 진단서는 고객님의 차량 관리를 위한 진단결과입니다.

7. 종합검사 준비

7-1. 차량 인수

접수를 마친 자동차가 검사진로에 진입하면 검사원을 고객으로부터 차량을 인수받아 관능검사용 피트에 위치시킨다.

7-2. 고객 안내

7-2-1. 관능 및 기능검사를 실시

검사에 적합하면 고객을 고객 대기실에서 검사가 종료될 때까지 대기하도록 안내한다.

7-2-2. 고객 통행 안내

고객이 검사진로를 통행하지 않도록 하고 대기실로 이동할 때에는 검사진로외부로 통행하게 하여야 한다.

7-3. 관능 및 기능검사 작업

[관능검사 피트]

[관능검사]

7-3-1. 접수실에서 검사자동차의 등록번호를 입력하여 접수

공단주전산기로부터 종합검사대상 자동차의 등록사항 및 제원 등에 관한 자료가 관능 및 기능검사장치에 표시된다.

7-3-2. 전산망에 의해 자동으로 입력되지 않는 자동차

해당 자동차의 누적주행거리와 다음의 특수구조는 수동으로 입력한다.

- 상시 4륜구동 자동차
- 상시 구동제어장치 자동차
- 2행정 원동기
- 특수구조

7-3-3. 관능 및 기능검사 단말기 입력방법

① 부적합사항과 특수구조는 해당항목에 ☑ 표시를 한다.
② ☑ 표시가 없으면 적합으로 인식한다.
③ 검사소 내에서 정비가 가능한 사항은 현장 조치한다.

- 진공호스, PCV호스의 누설
- 냉각수, 엔진오일 부족
- 타이어공기압 부족
- 센서연결부 이완 등

④ 관능 및 기능검사에 부적합된 차량은 안전도 검사를 시행하지 않은 상태로 검사 결과표를 출력하고 검사를 종료한다.

제 2 장 Chapter 2 자동차 검사 업무의 기준

1. 일반기준 및 방법

1-1. 자동차의 검사항목 중 제원측정은 공차상태에서 시행

그 외의 항목은 공차상태에서 운전자 1명이 승차하여 시행한다. 다만, 긴급자동차 등 부득이 한 사유가 있는 경우에는 적차 상태에서 검사를 시행 할 수 있다.

1-2. 자동차의 검사는 정해진 검사방법에 따라

자동차의 검사는 정해진 검사방법에 따라 검사기기 · 계측기 · 관능 또는 서류 확인 등에 의하여 시행하여야 한다. 다만, 자동차의 상태 등을 감안하여 관능 · 서류 등으로 식별하는 것이 적합하다고 판단되는 다음의 경우에는 검사기기 또는 계측기에 의한 검사를 생략할 수 있다.

① 자동차의 제원측정 시 구조 및 제원이 자동차등록증, 자기인증(제원표) 또는 구조변경승인 내용과 변동이 없는 경우
② 타이어 요철형 무늬의 깊이, 배기관의 열림 방향, 경적음, 배기소음 및 타이어공기압이 안전기준에 적합하다고 인정될 경우
③ 자동차의 전조등이 4등식일 때 좌 · 우 각 1개씩 주행빔의 광도, 광축을 측정한 때 나머지 전조등의 경우
④ 「소방기본법」 · 「계량에 관한 법률」 그 밖의 다른 법령의 적용을 받는 부분에 대하여 관계서류를 제시할 때 그 항목을 확인하는 경우

⑤ 검사시설이 없는 지역으로의 출장검사인 경우
⑥ 특수한 구조로 검차장의 출입이나 검사기기로 측정이 곤란한 자동차인 경우

2. 신규검사 및 정기검사의 검사기준과 검사방법

2-1. 동일성 확인

동일성 확인은 자동차의 표기와 등록번호판이 자동차등록증에 기재된 차대번호 · 원동기형식 및 등록번호가 일치하고, 등록번호판 및 봉인의 상태가 양호한지를 확인한다.

2-2. 제원측정

제원측정은 제원표에 기재된 제원과 동일하고, 제원이 안전기준에 적합한지를 확인한다. 측정 자동차의 길이 · 너비 · 높이 · 최저지상고, 뒤오우버행(뒤차축 중심부터 차체후단까지의 거리) 및 중량을 계측기로 측정하고 제원 허용차의 초과 여부를 확인한다.

2-3. 원동기

- 원동기는 시동상태에서 심한 진동 및 이상음이 없어야 하고 원동기의 설치상태가 확실해야 한다. 또한 점화 · 충전 · 시동장치의 작동에 이상이 없어야 한다.
- 윤활유계통에서 윤활유의 누출이 없고, 유량이 적정한 것을 확인하고 팬벨트 및 방열기 등 냉각계통의 손상이 없고 냉각수의 누출이 없는 것을 확인한다.

2-4. 동력전달장치

변속기의 작동 및 누유 여부를 확인하고 추진축 및 연결부의 손상, 변형 여부를 확인한다. 또한 클러치 페달 유격이 적정한지를 확인한다.

2-5. 주행장치

- 차축의 외관, 휠 및 타이어의 손상 · 변형 및 돌출이 없고, 수나사 및 암나사가 견고하게 조여 있을 것을 확인 한다.

- 타이어 요철형 무늬의 깊이는 안전기준에 적합하여야 하며, 타이어 공기압이 적정해야 한다.
- 여객자동차 운수사업용 버스의 앞바퀴에는 재생 타이어를 사용하지 않았는지를 확인하고 시외우등고속 · 시외고속 및 시외직행버스의 앞바퀴는 튜브가 없는 타이어(tubeless tire)가 사용되어야 한다.

2-6. 조종장치

시동 · 가속 · 클러치 · 변속 · 제동 등화 · 경음 · 창닦이기 · 세정액분사장치 등 조종 장치의 작동을 확인 한다.

2-7. 조향장치

- 조향핸들에 힘을 가하지 아니한 상태에서 사이드슬립측정기의 답판위를 직진할 때 조향바퀴의 옆미끄럼량을 사이드슬립측정기로 측정한다.
- 조향륜 옆미끄럼량은 1m 주행에 ±5mm 이내, 1km 주행에 ±5m 이내 이어야 한다.
- 기어박스 · 로드암 · 파워실린더 · 너클 등의 설치 상태를 확인하고 조향계통의 변형 · 느슨함 및 누유가 없는 것을 확인한다.
- 동력조향 작동유의 유량이 적정한지를 확인한다.

2-8. 제동장치

① 제동력의 검사 기준은 모든 축의 제동력의 합이 공차중량의 50% 이상, 각축의 제동력은 당해 축중의 50%(뒷축의 제동력은 당해 축중의 20%) 이상이어야 하고 동일 차축의 좌·우 차륜 제동력의 차이는 당해 축중의 8% 이내이어야 하며 주차제동력의 합은 차량 중량의 20% 이상이어야 한다. 주제동장치와 주차제동장치의 제동력은 제동력 시험기로 측정한다.

② 제동계통장치의 설치상태가 견고하여야 하고, 손상 및 마멸된 부위가 없어야 하며, 기름이 누출되지 아니하고 유량이 적정한 것을 확인한다.

③ 제동력 복원상태는 제동시험기로 측정하고 3초 이내에 당해 축중의 20% 이하로 감소되는 것을 확인한다.

2-9. 완충장치

스프링 · 쇽업쇼버의 손상 및 기름등의 누출여부를 확인하여야 한다.

2-10. 연료장치

연료장치의 작동상태, 손상 · 변형 등 조속기 봉인상태 확인하고, 가스를 연료로 사용하는 자동차는 가스누출감지기로 연료누출여부를 확인하여야 하며, 연료탱크의 주입구 및 가스배출구로의 자동차의 움직임에 의한 연료 누출여부를 포함해서 연료의 누출여부를 확인하여야 한다.

2-11. 전기장치

축전지의 접속 · 절연 및 설치상태가 양호한지를 확인하고, 전기배선의 손상이 없고 설치상태가 양호한 것을 확인한다.

2-12. 차체 및 차대

차체 및 차대의 부식 · 절손 등으로 차체 및 차대의 변형이 없는 것을 확인하고, 부착물의 설치상태가 양호한지를 확인한다. 또한 후부안전판 및 측면보호대는 손상이나 변형이 없어야 하고, 최대적재량(탱크로리에 있어서는 최대적재량 · 최대적재용량 및 적재품명)의 표시가 자동차등록증에 기재되어 있는 것과 일치하는 것을 확인하여야 하며, 차체에는 예리하게 각이 지거나 돌출된 부분이 없을 것을 확인하여야 한다.

2-13. 연결장치 및 견인장치

커플러 및 킹핀의 변형여부를 확인하여야 한다.

2-14. 승차장치

좌석 · 승강구 · 조면 · 통로 · 좌석안전띠 및 비상구 등의 설치상태가 견고하고, 파손되어 있지 않으며 좌석수의 증감이 없는 것을 확인하고, 승용자동차 및 경형 · 소형승합자동차의 앞좌석(중간좌석 제외)에 머리지대의 설치여부 확인하여야 하며, 입석이 허용된 자동차의 손잡이는 규정대로 설치되어 있고 손상이 없는지를 확인 하여야 한다. 또한 일반 시외, 시내, 마을, 농어촌버스의 하차문 발판에 승객이 있는 경우 하차문이 열리는지와 하차문이 열린 상태에서 원동기 가속페달이 작동되지 않는지를 확인하여야 한다.

2-15. 물품적재장치

적재함 바닥면의 부식으로 인한 변형이 없는지 확인하고, 적재량의 증가를 위한 적재함의 개조가 없는지 확인하여야 하며, 물품적재장치의 안전잠금장치가 견고한지 확인하여야 한다.

2-16. 창유리

접합유리 및 안전유리로 표시된 규격제품의 장착여부를 확인하여야 한다.

2-17. 배기가스 발산방지 및 소음방지장치

배기소음 및 배기가스농도를 측정기로 측정하여 안전기준에 적합한지를 확인하고, 배기관 · 촉매장치 · 소음기의 변형 및 배기계통에서의 배기가스 누출여부를 확인하여야 하며, 측정결과에 영향을 줄 수 있는 장치의 훼손 또는 조작여부를 확인하여야 한다.

2-18. 등화장치

① 좌 · 우측 전조등의 광도와 주광축의 진폭을 전조등시험기로 측정하는데 광도(최고속도가 매시 25km/h 이하인 자동차를 제외한다)는 다음 기준에 적합한지를 확인한다.

- 2등식 : 1만5천 칸델라(cd) 이상, 112500cd 이하
- 4등식 : 1만2천 칸델라(cd) 이상, 112500cd 이하

② 주광축의 진폭은 10m 위치에서 다음 수치 이내에 드는지 확인하여야 한다.

구분	상	하	좌	우
좌측	10cm	30cm	15cm	30cm
우측	10cm	30cm	30cm	30cm

• 전조등 · 방향지시등 · 번호등 · 제동등 · 후퇴등 · 차폭등 · 후미등 · 안개등 · 비상점멸표시등 · 그 밖의 등화장치 등이 정 위치에 견고히 부착되어 작동에 이상이 없고, 손상이 없어야 하며, 등광색이 안전 기준에 적합한지를 확인하여야 한다. 또한 안전기준에서 정하지 아니한 등화 및 금지등화가 없는 것을 확인하여야 한다.

2-19. 경음기 및 경보장치

경적음이 동일한 음색인지 여부를 확인하고, 경적음 및 사이렌음의 크기를 소음측정기로 확인(경보장치는 신규 검사에 한함)하여 안전기준의 허용기준 범위 이내인 것을 확인한다.

2-20. 시야확보 장치

후사경은 좌 · 우 및 뒤쪽의 상황을 확인할 수 있고, 돌출거리가 안전기준에 적합한지를 확인하여야 한다. 또한 창닦이기 및 세정액분사장치는 기능에 이상이 없는지를 확인하여야 한다.

2-21. 계기장치

계기장치는 모든 계기가 설치되어 있어야 하며 그 중에서 속도계의 지시오차는 40km/h의 속도에서 정15%, 부10% 이내이어야 한다. 2008년 12월 08일 이후 제작되거나 수입된 자동차의 속도계의 지시오차는 자동차 안전기준에 관한 규칙 부칙 〈제75호 2008.12.08.〉제2조에 의거 정 25%와 부 10% 이내이어야 한다. 계기장치에서는 속도계 및 주행거리계, 운행기록계를 세부적으로 검사한다.

2-22. 소화기 및 방화 장치

소화기가 설치위치에 설치되어 있는 것을 확인하여야 한다.

2-23. 내압용기

용기 등이 관련법령에 적합하고 견고하게 설치되어 있으며 용기의 변형이 없는 것을 확인하여야 한다.

[운행자동차의 배출가스 허용기준(제86조 관련)]

<table>
<tr><th colspan="2">차종</th><th>제작 일자</th><th>일산화탄소(CO)</th><th>탄화수소(HC)</th><th>공기과잉율</th></tr>
<tr><td rowspan="4" colspan="2">경자동차</td><td>1997/12/31 이전</td><td>4.5% 이하</td><td>1200ppm 이하</td><td rowspan="13">1±0.1 이내

• 기화기식 연료공급 장치 부착 자동차는 1±0.15이내

• 촉매 미부착 자동차는 1±0.20이내</td></tr>
<tr><td>1998/01/01부터
2000/12/31까지</td><td>2.5% 이하</td><td>400ppm 이하</td></tr>
<tr><td>2001/01/01부터
2003/12/31까지</td><td>1.2% 이하</td><td>220ppm 이하</td></tr>
<tr><td>2004/01/01 이후</td><td>1.0% 이하</td><td>150ppm 이하</td></tr>
<tr><td rowspan="4" colspan="2">승용자동차</td><td>1987/12/31 이전</td><td>4.5% 이하</td><td>1200ppm 이하</td></tr>
<tr><td>1988/01/01부터
2000/12/31 까지</td><td>1.2% 이하</td><td>휘발유/알콜자동차
: 220ppm 이하
가스자동차
: 400ppm 이하</td></tr>
<tr><td>2001/01/01부터
2005/12/31까지</td><td>1.2% 이하</td><td>220ppm 이하</td></tr>
<tr><td>2006/01/01 이후</td><td>1.0% 이하</td><td>120ppm 이하</td></tr>
<tr><td rowspan="5">승합
화물
특수
자동차</td><td rowspan="3">소
형</td><td>1989/12/31 이전</td><td>4.5% 이하</td><td>1200ppm 이하</td></tr>
<tr><td>1990/01/01부터
2003/12/31까지</td><td>2.5% 이하</td><td>400ppm 이하</td></tr>
<tr><td>2004/01/01 이후</td><td>1.2% 이하</td><td>220ppm 이하</td></tr>
<tr><td rowspan="2">중
대
형</td><td>2003/12/31 이전</td><td>4.5% 이하</td><td>1200ppm 이하</td></tr>
<tr><td>2004/01/01 이후</td><td>2.5% 이하</td><td>400ppm 이하</td></tr>
</table>

[운행자동차의 매연 허용기준]

차 종		제작 일자		매연(PM)	
				광투과식	여지 반사식
승합 화물 특수 자동차	소 형	1995/12/31 이전		60% 이하	40% 이하
		1996/01/01부터 2000/12/31까지		55% 이하	35% 이하
		2001/01/01부터 2003/12/31까지		45% 이하	30% 이하
		2004/01/01부터 2007/12/31까지		40% 이하	25% 이하
		2008/01/01 이후		20% 이하	10% 이하
	중·대형	1992/12/31 이전		60% 이하	40% 이하
		1993/01/01부터 1995/12/31까지		55% 이하	35% 이하
		1996/01/01부터 1997/12/31까지		45% 이하	30% 이하
		1998/01/01부터 2000/12/31까지	시내버스	40% 이하	25% 이하
			시내버스 외	45% 이하	30% 이하
		2001/01/01부터 2004/09/30까지		45% 이하	25% 이하
		2004/10/01부터 2007/12/31까지		40% 이하	25% 이하
		2008/01/01 이후		20% 이하	10% 이하
경자동차 및 승용자동차		1995/12/31 이전		60% 이하	40% 이하
		1996/01/01부터 2000/12/31까지		55% 이하	35% 이하
		2001/01/01부터 2003/12/31까지		45% 이하	30% 이하
		2004/01/01부터 2007/12/31까지		40% 이하	25% 이하
		2008/01/01 이후		20% 이하	10% 이하

비고 : 1. 휘발유사용자동차는 휘발유 · 알콜 및 가스(천연가스 포함)를 혼합하여 사용하는 자동차를 포함한다.
2. 알콜만을 사용하는 자동차는 위 표의 탄화수소 기준을 적용하지 아니한다
3. 경유사용자동차는 경유와 가스를 혼합하여 사용하거나 병용하는 자동차를 포함한다.
4. 수입자동차의 제작일자는 최초등록일자를 말한다.
5. 2000년 12월 31일 이전 제작 자동차중 휘발유 또는 가스를 연료로 사용하는 다목적형 승용자동차 및 8인승 이하의 승합차는 소형화물자동차의 기준을 적용한다.
6. "시내버스"라 함은 여객자동차운수사업법시행령 제3조제1호의 규정에 의한 시내버스 운송사업, 농어촌버스운송사업 및 마을버스 운송사업에 사용되는 자동차를 말한다.
7. 위 표의 적용기간 중 1993년 이후에 제작되는 자동차 중 과급기(Turbocharger) 또는 중간 냉각기(Intercooler)를 부착한 경유자동차의 매연 항목에 대한 배출 허용기준은 5%를 가산한 농도를 적용한다.

[운행자동차의 소음허용기준 (소음진동규제법 시행규칙 제 29조 및 제40조 관련)]

1. 1999년 12월 31일 이전에 제작되는 자동차

소음 항목 / 대상자동차 / 자동차 종류	배기소음[dB(A)] 1995년 12월 31일 이전에 제작된 자동차	배기소음[dB(A)] 1996년 1월 1일 이후에 제작된 자동차	경적소음[dB(C)] 모든 자동차
경자동차	103 이하	100 이하	115 이하
승용자동차	103 이하	100 이하	
소형화물자동차	103 이하	100 이하	
중량자동차	107 이하	105 이하	
이륜자동차	110 이하	105 이하	

2. 2000년 1월 1일 이후에 제작되는 자동차

소음 항목 / 자동차 종류		배기소음[dB(A)]	경적소음[dB(C)]
경자동차		100 이하	110 이하
승용 자동차	승용1	100 이하	110 이하
	승용2	100 이하	110 이하
	승용3	100 이하	112 이하
	승용4	105 이하	112 이하
화물 자동차	화물1	100 이하	110 이하
	화물2	100 이하	110 이하
	화물3	105 이하	112 이하
이륜 자동차		105 이하	110 이하

- 승용 1 : 엔진 배기량 800cc 이상 및 9인승 이하
- 승용 2 : 엔진 배기량 800cc 이상, 10인승 이상 및 차량 총중량 2톤 이하
- 승용 3 : 엔진 배기량 800cc 이상, 10인승 이상 및 차량 총중량 2톤 초과 3.5톤 이하
- 승용 4 : 엔진 배기량 800cc 이상, 10인승 이상 및 차량 총중량 3.5톤 초과
- 화물 1 : 엔진 배기량 800cc 이상, 차량 총중량 2톤 이하
- 화물 2 : 엔진 배기량 800 이상, 차량 총중량 2톤 초과 3.5톤 이하
- 화물 3 : 엔진 배기량 800 이상, 차량 총중량 3.5톤 초과

3. 2006년 1월 1일 이후에 제작되는 자동차

자동차 종류 \ 소음 항목		배기소음[dB(A)]	경적소음[dB(C)]
경자동차		100dB 이하	110dB 이하
승용 자동차	소형	100dB 이하	110dB 이하
	중형	100dB 이하	110dB 이하
	중대형	100dB 이하	112dB 이하
	대형	105dB 이하	112dB 이하
화물 자동차	소형	100dB 이하	110dB 이하
	중형	100dB 이하	110dB 이하
	대형	105dB 이하	112dB 이하
이륜자동차		105dB 이하	110dB 이하

[제작자동차 소음 허용기준]

2002년 1월 1일 이후에 제작되는 자동차

<table>
<tr><th colspan="3" rowspan="2">자동차종류 \ 소음 항목</th><th colspan="2">가속주행소음[(dB(A)]</th><th rowspan="2">배기소음 [dB(A)]</th><th rowspan="2">경적소음 [dB(C)]</th></tr>
<tr><th>가</th><th>나</th></tr>
<tr><td rowspan="2">경자동차</td><td colspan="2">가</td><td>74 이하</td><td>75 이하</td><td rowspan="2">100 이하</td><td rowspan="2">110 이하</td></tr>
<tr><td colspan="2">나</td><td>76 이하</td><td>77 이하</td></tr>
<tr><td rowspan="5">승용 자동차</td><td colspan="2">승용1</td><td>74 이하</td><td>75 이하</td><td rowspan="2">100 이하</td><td rowspan="2">110 이하</td></tr>
<tr><td colspan="2">승용2</td><td>76 이하</td><td>77 이하</td></tr>
<tr><td colspan="2">승용3</td><td>77 이하</td><td>78 이하</td><td>100 이하</td><td rowspan="3">112 이하</td></tr>
<tr><td rowspan="2">승용4</td><td>원동기출력 195마력 이하</td><td>78 이하</td><td>78 이하</td><td>103 이하</td></tr>
<tr><td>원동기출력 195마력 초과</td><td>80 이하</td><td>80 이하</td><td>105 이하</td></tr>
<tr><td rowspan="5">화물 자동차</td><td colspan="2">화물1</td><td>76 이하</td><td>77 이하</td><td rowspan="2">100 이하</td><td rowspan="2">110 이하</td></tr>
<tr><td colspan="2">화물2</td><td>77 이하</td><td>78 이하</td></tr>
<tr><td rowspan="3">화물3</td><td>원동기출력 97.5마력 이하</td><td>77 이하</td><td>77 이하</td><td>103 이하</td><td rowspan="3">112 이하</td></tr>
<tr><td>원동기출력 97.5마력 초과 195마력 이하</td><td>78 이하</td><td>78 이하</td><td>103 이하</td></tr>
<tr><td>원동기출력 195마력 초과</td><td>80 이하</td><td>80 이하</td><td>105 이하</td></tr>
<tr><td rowspan="3">이륜 자동차</td><td colspan="2">총배기량 175cc초과</td><td>80 이하</td><td>80 이하</td><td rowspan="2">105 이하</td><td rowspan="3">110 이하</td></tr>
<tr><td colspan="2">총배기량 175cc이하 · 80cc초과</td><td>77 이하</td><td>77 이하</td></tr>
<tr><td colspan="2">총배기량 80cc이하</td><td>75 이하</td><td>75 이하</td><td>102 이하</td></tr>
</table>

비고 : 1. 경자동차 중 "가"는 주로 사람을 운송하기에 적합하게 제작된 자동차에 적용한다.
2. 경자동차 중 "나"는 비고 1.외의 자동차에 적용한다.
3. 가속주행 소음 중 "나"는 직접분사식(DI) 디젤원동기를 장착한 자동차에 적용한다.
4. 가속주행 소음 중 "가"는 비고 3.외의 자동차에 적용한다.
5. 승용차 중 차량총중량 2톤 이상의 환경부장관이 고시하는 오프로드(off-road)형 자동차로서 원동기 출력 195마력미만인 자동차의 가속주행소음기준은 1dB(A)를 가산하여 적용하며, 원동기출력 195마력 이상인 자동차의 가속주행소음기준은 2dB(A)를 가산하여 적용한다.

PART 03

제3편

[관능에 의한 검사]

제 1 장 Chapter 1 자동차의 동일성 및 제원확인 검사 기준 및 방법

차대번호 등의 표기와 등록번호판이 자동차등록증에 기재된 차대번호 · 원동기형식 및 등록번호와 일치할 것이라는 기준에 대하여 차대번호 및 원동기형식의 표기와 등록번호판 확인을 통하여 검사한다.

1. 차대번호 및 원동기 형식에 의한 동일성 확인 검사기준 및 검사방법

1-1. 차대번호 형식(VIN : Vehicle Identification Number)

차대번호의 표기방식은 국제 표준화기구(ISO)에서 정한 기준에 따른다.

1-2. 차대번호 표기

제작 회사군(3자리), 자동차 특성군(6자리) 및 제작 일련번호(8자리) 등 총 17자리로 구성하며 각 군별 자릿수와 각 자리에는 숫자와 I, O, Q를 제외한 알파벳으로 표기한다.

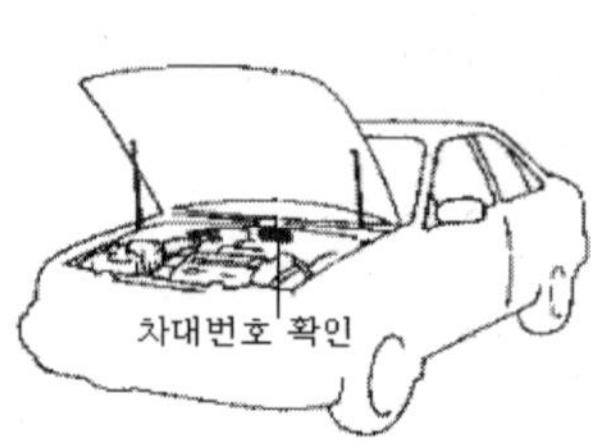

[차대번호 확인 위치(승용차)]

[차대번호 확인(승합자동차)]

[차대번호 확인(화물자동차)]

[별지 제1호 서식] (앞 쪽)

자 동 차 등 록 증

제 201604-04895호 최초등록일: 2009년 04월 09일

① 자동차등록번호	부산2구1234	② 차 종	중형 승용	③용도	자가용
④ 차 명	SM5 LPLi	⑤ 형식및모델연도	E1M20-LA-1		2009
⑥ 차 대 번 호	KNMA4C2CM9P119066	⑦ 원동기형식	ML20		
⑧ 사 용 본 거 지	부산광역시 동래구 충렬대로 101				
소유자 ⑨성명(명칭)	최고급	⑩ 주 민(법인) 등 록 번 호	190101-1834590		
소유자 ⑪주 소	부산광역시 동래구 충렬대로 101				

「자동차관리법」 제8조에 따라 위와 같이 등록하였음을 증명합니다. 이전

2016 년 04 월 26 일

【꼭 알아두셔야 할 사항】 ※상세-뒷면 "유의사항" 참조

1. 변경등록 : 법인상호, 소재지(주소) 변경시 30일 이내 신청 (위반시 30만원 이하 과태료)
   ▶ 대상 : 법인, 단체, 개인사업자, 영업용 타시도 전입자
2. 이전등록 : 상속(사망) 6개월, 매수 15일, 증여 20일 이내 신청 (위반시 50만원 이하 벌칙금)
3. 말소등록 : 상속(사망) 3개월 이내 신청 (위반시 50만원 이하 과태료)
   ▶ 대상 : 공동명의자 사망시에도 상속 이전하여야 함.

부산광역시차량등록사업소장

[차대번호 확인(자동차 등록증)]

1-2-1. 현대자동차 차대번호의 표기 부호(승용자동차)

제작 회사군			자동차 특성군						제작 일련 번호군							
K	M	H	D	N	4	1	A	P	3	U	1	2	3	4	5	6
①	②	③	④	⑤	⑥	⑦	⑧	⑨	⑩	⑪	⑫	⑬	⑭	⑮	⑯	⑰

① K : 제작국가(K : 대한민국, J : 일본, 1 : 미국)
② M : 제작회사(M : 현대, L : 대우, N : 기아, P : 쌍용 자동차)
③ H : 자동차 종별 구분(H : 승용자동차, F : 화물트럭, J : 승합차량)
④ D : 차종구분(C : 소나타2, E : 소나타3, F : 마이티, D : 아반떼 XD)
⑤ N : 세부차종 및 등급(L : 스탠다드, M : 디럭스 GL, N : 슈퍼 디럭스 GLS)
⑥ 4 : 차체형상(4 : 4도어 세단)
⑦ 1 : 안전장치
1 : 액티브 벨트(운전석+조수석)
2 : 패시브 벨트(운전석+조수석)
3 : 운전석(액티브 벨트+에어백)
4 : 운전석과 조수석(액티브 벨트+에어백) 조수석(액티브 벨트 또는 패시브 벨트)
⑧ A : 원동기 형식(N : 1500cc 가솔린 차량, D : 2000cc 가솔린 차량)
⑨ P : 운전석(P : 왼쪽 운전석, R : 오른쪽 운전석)
⑩ 3 : 제작연도(M : 1991, N : 1992, P : 1993, R :1994, S : 1995, T : 1996, V : 1997, W : 1998, X : 1999, Y : 2000, 1 : 2001, 2 : 2002, 3 : 2003, 4 : 2004, 5 : 2005……A : 2010, B : 2011……)
⑪ U : 제작공장 기호(C : 전주공장, U : 울산공장, M : 인도공장, Z : 터키공장)
⑫~⑰ 123456 : 차량 생산(제작) 일련번호

1-2-2. 기아 자동차 차대번호의 표기 부호(쏘렌토 2002)

제작 회사군			자동차 특성군						제작 일련 번호군							
K	N	A	J	C	5	2	1	8	2	A	1	2	3	4	5	6
①	②	③	④	⑤	⑥	⑦	⑧	⑨	⑩	⑪	⑫	⑬	⑭	⑮	⑯	⑰

① K : 제작국가(K : 대한민국, J : 일본, 1 : 미국)
② N : 제작회사(M : 현대, L : 대우, N : 기아, P : 쌍용 자동차)
③ A : 자동차 종별 구분(A : 승용자동차, C : 화물자동차, E : 전차종(유럽수출)
④⑤ : JC : 차종(JC : 쏘렌토, FE : 세라토, MA : 카니발, GD : 옵티마, FC : 카렌스)
⑥⑦ : 52 : 차체형상(52 : 5도어 스테이션 웨곤, 22 : 4도어 세단, 24 : 5도어 해치백, 62 : 5도어 밴)
⑧ 1 : 원동기 형식(1 : 쏘렌토 2500cc 커먼레일 엔진)
⑨ 8 : 확인란(1 : A/T+4륜 구동, 2 : 5단 수동, 3 : A/T, 4 : 4단 수동+4륜 구동, 5 : 5단 수동+4륜 구동, 6 : 4단 수동+서브 T/M, 7 : 5단 수동+서브T/M, 8 : A/T+4륜 구동, 9 : CVT)
⑩ 2 : 제작연도(M : 1991, N : 1992, P : 1993, R :1994, S : 1995, T : 1996, V : 1997, W : 1998, X : 1999, Y : 2000, 1 : 2001, 2 : 2002, 3 : 2003, 4 : 2004, 5 : 2005……A : 2010, B : 2011……)
⑪ A : 제작공장 기호(A : 화성(내수), S : 소화리(내수), K : 광주(내수), 6 : 소화리(수출), 5 : 화성(수출) 7 : 광주(수출)
⑫~⑰ 123456 : 차량 생산(제작) 일련번호

1-2-3. 쌍용자동차 차대번호의 표기 부호(체어맨 2002)

제작 회사군			자동차 특성군						제작 일련 번호군							
K	P	B	N	E	2	A	9	1	2	P	1	2	3	4	5	6
①	②	③	④	⑤	⑥	⑦	⑧	⑨	⑩	⑪	⑫	⑬	⑭	⑮	⑯	⑰

① K : 제작국가(K : 대한민국, J : 일본, 1 : 미국)
② P : 제작회사(M : 현대, L : 대우, N : 기아, P : 쌍용 자동차)
③ B : 자동차 종별 구분(A : 소형승용, B : 대형승용, F : 중형승용, K : 소형승합, J : 중형승합, H : 소형화물, G : 중형화물, C : 대형화물)
④ N : 차량기본 형식
⑤ E : 차체형상(C : 캡 오버, B : 본넛, S : 세미 트레일러, E : 키타형식, M : 단체구조, F : 프레임 구조)
⑥ 2 : 세부차종(2 : 승용)
⑦ A : 기타특성(A : 일반, B : 승용겸 화물, C : 지프, E : 기타, G : 밴, F : 덤프, K : 견인, J : 구난)
⑧ 9 : 원동기 구분(엔진 배기량으로 영문 및 아리비아 숫자로 표기)
⑨ 1 : 대조번호(1 : 미지정)
⑩ 2 : 제작연도(M : 1991, N : 1992, P : 1993, R :1994, S : 1995, T : 1996, V : 1997, W : 1998, X : 1999, Y : 2000, 1 : 2001, 2 : 2002, 3 : 2003, 4 : 2004, 5 : 2005……A : 2010, B : 2011……)
⑪ P : 제작공장 기호(P : 평택)
⑫~⑰ 123456 : 차량 생산(제작) 일련번호

1-3. 차대번호 및 원동기 형식

- 자동차등록증에 기재된 내용과 일치하여야 한다.
- 등록된 정보와 일치 하지 않는지 육안과 반사경 또는 산업용 전자내시경 등을 이용하여 각자표기방식의 동일성을 점검한다.

① 차대번호는 수입신고서 또는 말소사실증명서, 차대번호(원동기형식)표기 등 명령서 및 표시 시행신고서 등 출처를 증명하는 서류에 기재되어 있는 형식과 동일해야 한다.

② 원동기형식은 제원표 또는 말소사실 증명서, 원동기형식 및 차대번호(원동기형식)표기 등 명령서 및 표시 시 행신고서 등 출처를 증명하는 서류에 기재되어 있는 형식과 동일해야 한다.

③ 차대번호 및 원동기형식은 부식, 사고 등으로 식별이 곤란하게 되어 있지 않아야 한다. 육안 또는 필요시 사포, 철브러쉬 등을 이용해 점검한다.

④ 차대번호 및 원동기형식은 임의로 각자의 도말(塗抹), 이식(利殖), 변조 등이 없어야 한다. 육안 또는 필요시 사포, 철브러쉬 등을 이용하여 자형(각인의 규격), 이식, 변조 등을 점검한다.

⑤ 주어진 자동차에서 차대번호를 찾아 기록표에 기록하시오.

<table>
<tr><td rowspan="4">검사항목</td><td>학년/학반</td><td>학번</td><td>성명</td><td rowspan="2">지도교수
확인</td><td rowspan="2"></td></tr>
<tr><td></td><td></td><td></td></tr>
<tr><td colspan="2">구분 1</td><td colspan="2">구분 2</td><td>구분 3</td></tr>
<tr><td>제작회사군
(부호)</td><td>자동차종별
(부호)</td><td>자동차특성군
(부호)</td><td>원동기표시
(부호)</td><td>제작
연도</td></tr>
<tr><td>차대번호</td><td></td><td></td><td></td><td></td><td></td></tr>
</table>

2. 등록번호판 및 봉인에 의한 동일성 확인 검사기준 및 검사방법

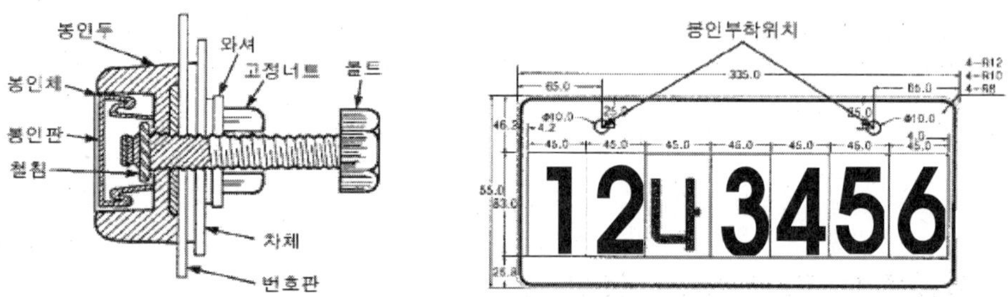

[자동차 번호판 봉인 양식]

① 등록번호가 자동차등록증에 기재된 내용과 일치해야 한다. 등록번호가 불일치하는지 육안으로 점검한다.

② 등록번호판 봉인은 최초 발부된 것과 일치해야 한다. 봉인이 임의변경 되었는지 육안을 통해 점검한다.

③ 차량중심선을 기준으로 등록번호판의 좌우가 대칭이 되어야 한다.(다만 자동차의 구조 및 성능 상 차량중심선에 부착하는 것이 곤란한 경우에는 그러하지 아니함) 등록번호판의 위치가 형식승인 또는 자기인증 등의 제원과 상이하지 않을 경우 육안에 따라 이상 유무를 점검한다.

④ 자동차의 앞쪽과 뒤쪽에서 볼 때에 차체의 다른 부분이나 장치 등에 의하여 등록번호판이 가려지지 않아야 한다. 형식승인 또는 자기인증 등의 제원과 상이하지 않을 경우 육안에 따라 이상 유무를 점검한다.

⑤ 뒤쪽 등록번호판의 부착위치는 차체의 끝으로부터 65cm 이내이어야 한다.

• 차체 최후단(범퍼 연결장치 등을 포함한다)으로부터 등록번호표 중심사이와의 최대거리를 차량 중심선에 평행하게 측정한다.

• 형식승인 또는 자기인증 등의 제원과 상이하지 않을 경우 육안에 따라 이상 유무를 점검한다.

⑥ 등록번호판 및 봉인은 견고하게 부착되어 분실이 없어야 한다. 설치상태와 등록번호판 또는 봉인이 분실 되었는지 육안 또는 필요 시 손으로 흔들어 점검한다.

⑦ 등록번호판 및 봉인은 손상 또는 흙먼지 등에 의한 오손, 탈색이 되지 않아야 한다. 육안을 통한 찢어짐, 구겨짐, 오손, 현저한 탈색 등 변색여부 등을 점검한다.

⑧ 등록번호를 알아보기 곤란하게 하는 등화를 설치해서는 안된다. 불법등화가 설치되었는지 육안을 통해 점검한다.(예, 봉인 훼손 및 탈락, 번호판 식별불가, 번호판 훼손, 번호판 탈색, 번호판 각도 개조, 네온등화 설치 등)

3. 자동차의 제원 측정방법

3-1. 자동차의 제원측정 조건

① 자동차는 공차상태여야 하고 직진방향으로 바퀴를 놓은 상태로 수평한 면(이하 "기준면"이라 한다)에 놓여 있어야 한다.

② 타이어의 공기압력은 보통의 주행에 필요한 표준공기압(압력범위가 있는 경우에는 그 중간값, 표준공기압이 없는 경우에는 제작자가 제시한 공기압력)으로 한다.

③ 자동차의 고정 탑재장치는 탑재된 상태로 하며 접을 수 있는 장치(사다리, 크레인 등을 말한다)는 접은 상태로 한다.

④ 외개식의 창 환기장치등은 닫은 상태로 휩식 안테나, 후사경(브라켓을 포함한다)등은 제거한 상태로 하며 포올 안테나는 최저의 상태로 한다.

⑤ 좌석의 위치가 전·후 또는 상·하로 이동할 수 있는 구조의 좌석은 각 좌석의 기준위치에 고정한 상태로 한다. 다만, 좌석을 기준위치에 고정할 수 없는 경우에는 상방 또는 전방으로 고정할 수 있는 가장 가까운 위치로 한다.

⑥ 좌석등받이의 부착각도를 조정할 수 있는 구조의 경우에는 기준위치에 고정 상태로 한다.

⑦ 견인장치를 부착한 경우에는 드로우아이의 중심축이 연직인 상태에서 측정한다.

⑧ 측정단위는 mm로 한다.

⑨ 피견인 자동차의 경우 높이에 관계되는 항목의 측정은 제원표상의 명시된 형식의 연결트랙터에 연결된 상태로 한다.

3-2. 자동차의 제원

- 제원표 또는 외관도 상의 자기인증된 등록사항의 제원과 동일하여야 한다.
- 길이, 너비 및 높이 등 가가의 제원에 대하여 측정기준에 따라 추 및 줄자 등 계측기를 이용하여 측정하고 등록사항의 제원과 비교 점검한다.

3-3. 돌출부의 돌출거리

자동차의 길이, 너비, 높이 이외의 돌출거리는 자동차의 길이, 너비, 높이의 측정점을 기준으로 측정한다.

3-4. 제원이 변경된 경우

각종 구조 및 장치의 변경으로 인한 제원이 등록된 제원과 비교하여 다를 경우[별표2]에서 정하는 범위 안에서 적합한 것으로 인정할 수 있다.

3-5. 자동차의 구조 및 장치

- 자기인증 또는 구조변경 승인된 등록사항과 동일해야 한다.
- 자동차의 구조 및 장치가 등록사항에 대하여 불법구조변경 및 기타 구조장치 임의변경 여부를 점검한다.

4. 제원측정

4-1. 길이

4-1-1. 자동차의 길이는 다음의 기준을 초과하여서는 안된다.

① 길이 : 13m 이내(단, 연결 자동차는 16.7m 이내)

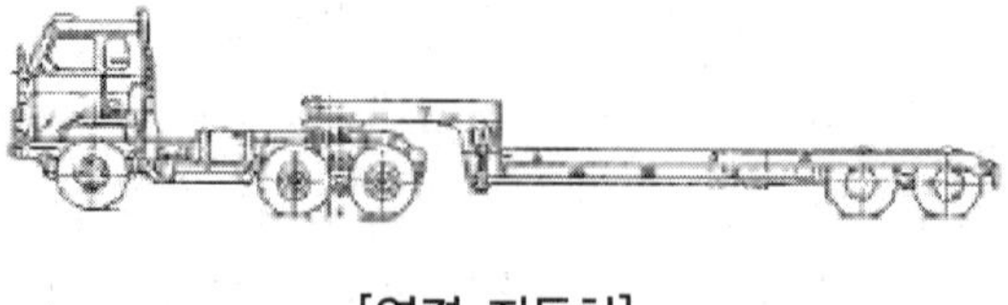

[연결 자동차]

② 측정방법

- 자동차의 최전단과 최후단을 기준면에 투영시켜 차량 중심선에 평방향의 최대거리를 측정한다.
- 자동차의 차량 중심선에 평행한 최전단과 최후단 각각의 끝단에서 추를 매달아 기준면과 수직인 점에 측정지점 “A”, “B”를 표시하고 자동차를 이탈 시킨 후 두 지점간의 거리를 줄자를 이용하여 측정한다.

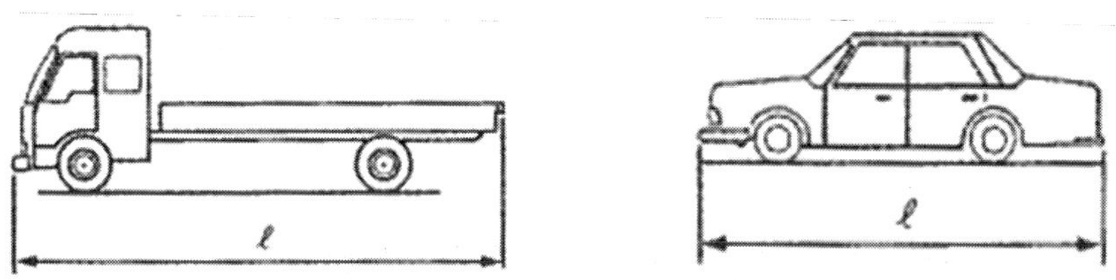

[자동차 길이 측정]

4-2. 너비

4-2-1. 자동차의 너비는 다음의 기준을 초과하여서는 안된다.

① 너비 : 2.5m 이내

② 측정방법

- 자동차의 너비는 전면 또는 후면을 투영시켜 차량중심선에 직각인 방향의 최대거리를 측정한다.
- 자동차의 차량 중심선에 직각인 방향의 좌측과 우측 각각의 끝단에서 추를 매달아 기준면과 수직인 점에 측정지점 "A", "B"를 표시하고 자동차를 이탈시킨 후 두 지점간의 거리를 줄자를 이용하여 측정한다.

③ 승용자동차의 후사경, 환기장치 또는 밖으로 열리는 창의 너비는 25cm 이내여야 한다. 너비는 후사경 최외측 끝단에 추를 매달아 기준면과 수직인 측정지점(A)와 자동차 차체 최외측에 추를 매달아 기준면과 수직인 측정지점(B)을 정한 후 차량 중심면에 수직인 선과 평행하도록 A와 B점을 통과하는 직선의 최대거리이다.

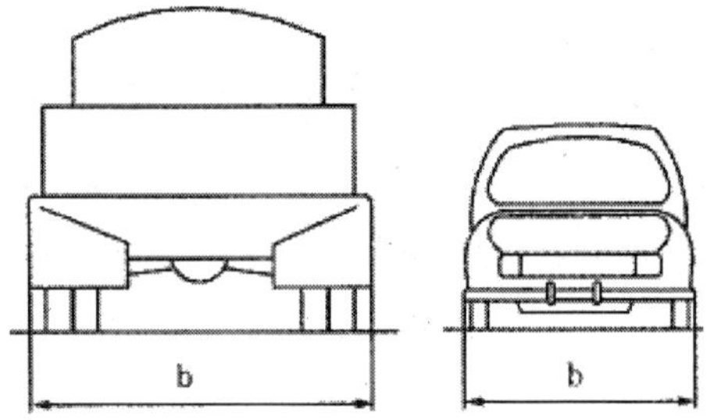

[자동차 너비 측정]

4-3. 높이

4-3-1. 자동차의 높이는 다음의 기준을 초과하여서는 안된다.

① 높이 : 4m 이내

② 측정방법

전면, 후면 또는 측면을 투영시켜 차량중심선에 수직인 방향의 최대거리를 측정한다.

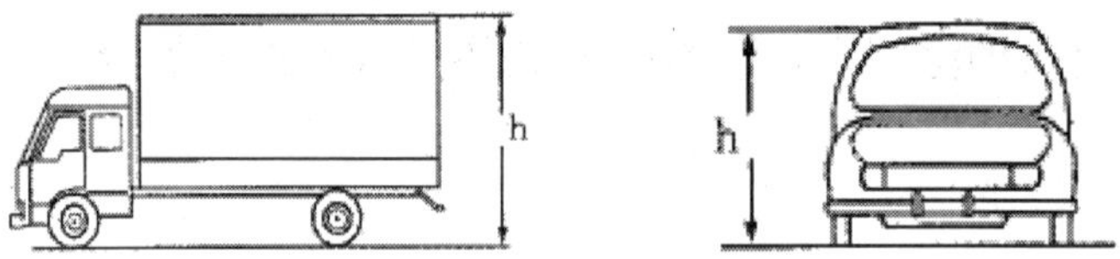

[자동차 높이 측정]

4-4. 자동차 중량, 접지부분 및 접지압력 등의 제원측정

4-4-1. 자동차의 중량은 다음 기준에 초과해서는 안된다.

① 차량총중량 : 20톤

차량총중량=차량중량+최대 적재량+승차정원×65kg (13세 미만인 경우에는 1.5인을 승차정원을 1인으로 계산)

- 승합자동차 : 30톤
- 특수자동차 : 40톤

② 축중 : 10톤

③ 윤중 : 5톤

- 차량중량측정기 또는 제동시험기 중량계를 이용하여 측정한다.

4-4-2. 조향바퀴의 윤중의 합

- 차량중량 및 차량총중량의 각각에 대하여 20% 이상일 것.(단, 3륜의 경형 및 소형자동차의 경우에는 18% 이상일 것.)
- 앞바퀴 중량분포 허용기준이 미달 인지 차량중량측정기 또는 제동시험기 중량계를 이용하여 측정한다.

4-4-3. 차량중량 허용차

① 승용자동차 : ±60kg

② 중형자동차 : ±100kg

③ 대형자동차 : ±3%

- 중량 허용치를 초과하는지 차량중량측정기 또는 제동시험기 중량계를 이용하여 측정한다.

4-4-4. 차량중량 측정조건

① 자동차중량 측정조건

- 자동차는 공차 또는 적차상태로 한다.
- 측정단위는 kg으로 하고 끝단위는 0 또는 5로 끝맺음한다.

② 자동차중량 및 공차 시 축중 측정조건

- 자동차를 수평상태로 하여 각 차축마다 중량을 측정하고 그 합을 차량중량으로 한다.
- 차량총중량 기준초과인지 차량중량측정기 또는 제동시험기 중량계를 이용하여 측정한다.

4-4-5. 접지부분 및 접지압력은 다음 기준에 적합해야 한다.

① 접지부분은 소음의 발생이 적고, 도로를 파손할 위험이 없는 구조이어야 한다.

② 무한궤도를 장착한 자동차의 접지압력은 무한궤도 1㎠당 3kg을 초과하지 않아야 한다.

4-5. 오우버행 등의 제원측정

4-5-1. 자동차의 차체의 오우버행 측정기준은 다음과 같다.

① 차체의 오우버행은 제일 앞의 차축의 중심에서 차체전단까지와 제일 뒷차축의 중심에서 차체후단까지의 거리를 측정한다.

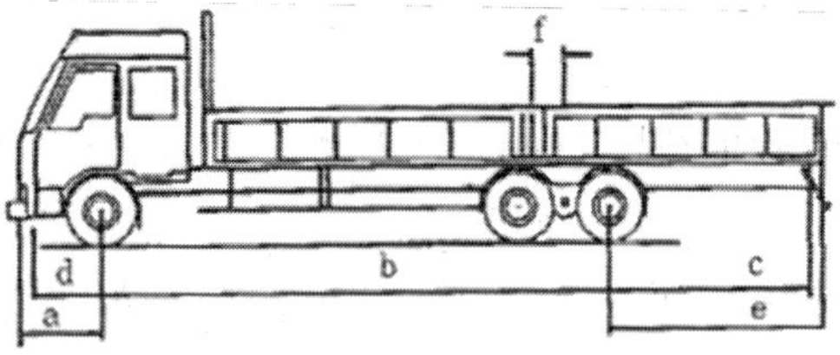

a : 앞 차체 오버행	b : 축간거리 (제1축간거리+제2축간거리)
c : 뒤 차대 오버행	d : 앞 차대 오버행
e : 뒤 차체 오버행	f : 하대 오프셋량

[자동차 오버행]

② 차대의 오우버행은 제일 앞의 차축의 중심에서 차대전단까지와 제일 뒷차축의 중심에서 차대후단까지의 거리를 측정한다.

③ 차체의 오우버행 측정 시 범퍼·후크·핀 등은 포함하지 않은 상태로 한다.

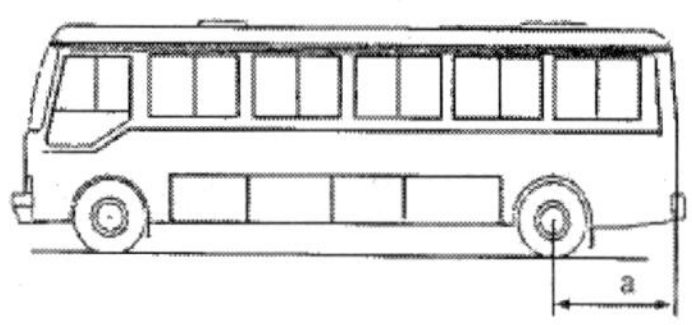

a : 범퍼, 후크, 핀 등이 포함되지 아니한 오버행

[범퍼, 후크, 핀 등이 포함되지 아니한 오버행]

4-5-2. 자동차의 차체 오우버행은 다음 각목의 허용한도 이내이어야 한다.

① 소형자동차 : C/L≦11/20

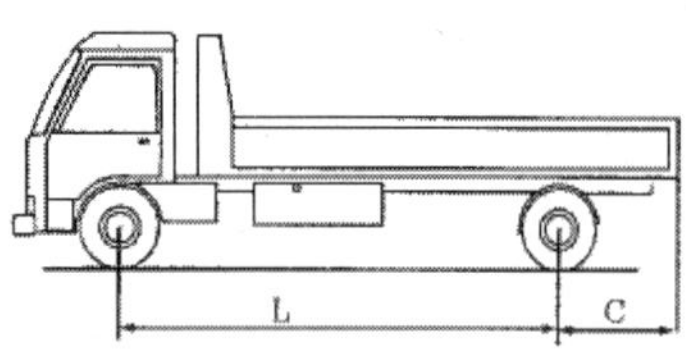

L : 축간거리 C : 오버행

[경형 및 소형 자동차의 오버행 허용한도]

② 벤형 화물자동차, 승합자동차 등 화물을 밖으로 적재할 우려가 없는 자동차 : C/L≦2/3

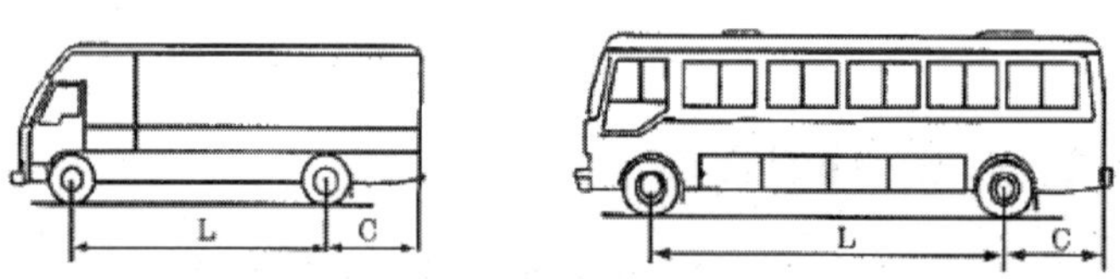

[벤형 화물자동차, 승합자동차등 화물을 밖으로 적재할 우려가 없는 자동차의 오버행 허용한도]

③ 기타의 자동차 : C/L≦1/2

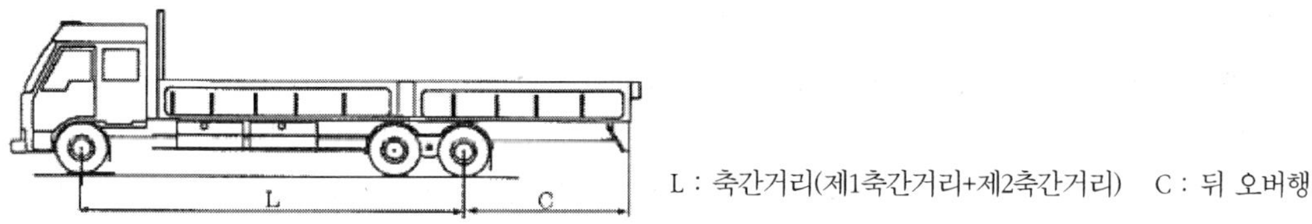

[기타의 자동차의 오버행 허용한도]

4-5-3. 축간거리는 전 · 후 차축 중심간의 수평거리를 측정한다.

축이상의 자동차에 있어서는 앞쪽으로부터 제1 · 제2축간거리 등으로 분리하여 측정하여야 하며 무한궤도형의 자동차에 있어서는 무한궤도의 접지부 길이를 피견인자동차의 경우에는 연결부 (5륜을 말한다)의 중심에서 후차축 중심까지의 수평거리를 측정한다.

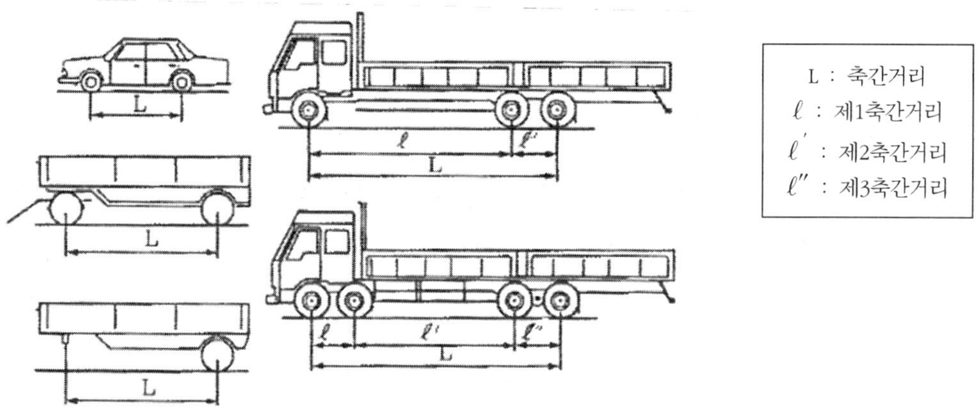

[자동차의 축간거리]

4-5-4. 윤간거리 측정

윤간거리는 좌 · 우의 바퀴가 접하는 수평면에서 바퀴의 중심선과 직각인 바퀴 중심간의 거리를 측정한다. 복륜의 자동차의 경우에는 복륜 중심간의 거리를 측정한다.

[단륜(單輪)과 복륜의 윤간거리]

4-5-5. 하대옵셋 측정

하대 옵셋은 하대 내측길이의 중심(하중중심이 중앙에 있지 아니한 경우에는 그 하중의 중심점)에서 후차축의 중심(후차축이 2축인 경우에는 전 · 후 차축의 중앙, 하중중심이 두 차축의 중앙에 있지 않은 경우에는 그 하중 중심점)까지의 차량중심선 방향의 수평거리를 측정한다. 다만, 탱크로리 등의 형상이 복잡한 경우에는 용적중심을, 견인자동차의 경우에는 연결부(5륜)의 중심을 하대 바닥면의 중심으로 한다.

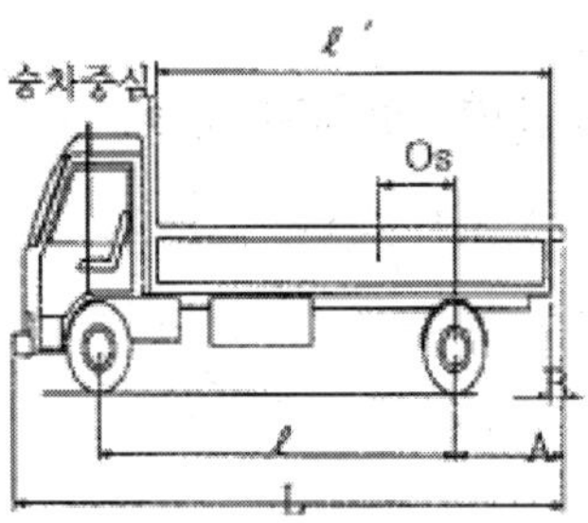

A : 뒤 차축 중심에서 차체 최후단까지의 거리
B : 하대 내측의 뒤끝에서 차체 최후단까지의 거리
L : 차량의 전체길이
ℓ: 축간거리
ℓ' : 하대 내측길이
Os : $\frac{\ell'}{2} - (A - B)$

[자동차의 하대 옵셋 측정]

4-6. 최저지상고의 제원측정

4-6-1. 공차상태의 자동차에 있어서 접지부분외의 부분은 지면과의 사이에 12cm 이상의 간격이 있어야 한다.

다만 특수 작업용 자동차, 경주용 자동차 등 국토해양부장관이 당해 자동차의 제작 목적상 필요하다고 인정하는 자동차의 경우에는 그러하지 아니하다.

4-6-2. 줄자 등으로 계측장비 이용 또는 검사장 바닥에 최저 지상고 높이 기준 구조물 설치 측정한다.

① 기준면과 자동차 중앙부분의 최하부와의 거리를 측정한다.

② 이때 중앙부분이란 차륜내측 너비의 80%를 포함하는 너비로서 차량 중심선에 좌 · 우가 대칭이 되는 너비를 말한다.

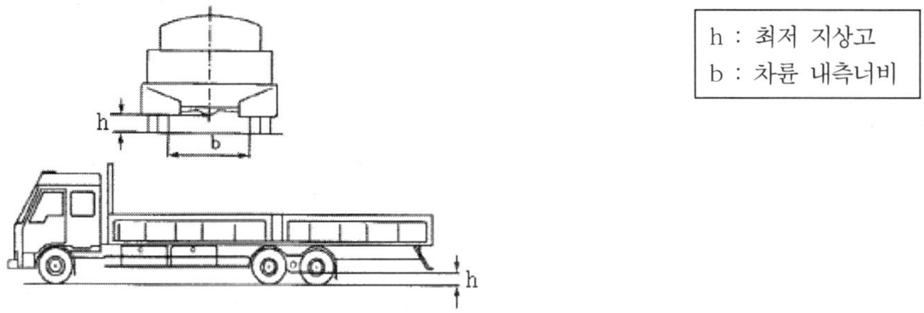

[자동차의 최저 지상고]

4-7. 상면 지상고

① 측정방법 : 기준면에서 적재함 바닥까지의 수직거리를 측정한다.

② 다만 작은 돌기물 및 국부적인 요철부분 등은 제외한다.

4-8. 물품적재장치의 치수

(1) 적재장치의 내측길이는 일반형 화물자동차는 차량중심선에 평행한 적재함 내부의 앞뒤 끝면 사이의 최단거리 밴형 화물자동차의 경우에는 승객실 최후방 좌석 등받이(머리지지대 제외)높이의 격벽에서 적재장치의 최후단 바닥의 좌우 중간점까지의 차량길이 방향 수평거리를 측정한다.

(2) 적재장치의 내측너비는 차량중심선에 직각인 좌우 내측측벽 사이의 최단거리를 측정하여야 하며 밴형 및 상자형은 적재장치 내측높이의 2분의1의 위치에서 차량 중심선에 직각인 수평한 내측직선 간이 거리를 측정 하어야 한다. 다만, 창유리와 교차할 경우에는 창유리 아래의 가장자리와 연결되는 내측측면 벽간의 거리를 측정한다.

(3) 적재장치의 내측높이는 일반형 화물자동차는 적재함 바닥면으로부터 측벽상단(보조대를 설치하였을 경우에는 보조대의 상단) 밴형 또는 상자형의 자동차는 적재함 천전까지의 최대 수직거리를 측정한다. 다만, 적재함 바닥에 파형의 굴곡이 있는 경우에는 아래 그림에 있어 a부의 총면적이 b부의 총면적보다 적을 때는 파형굴록 아래면에서 a와 b부의 면적이 같거나 a부의 면적이 b부의 면적보다 클 때에는 파형굴곡 윗면에서 측정한다.

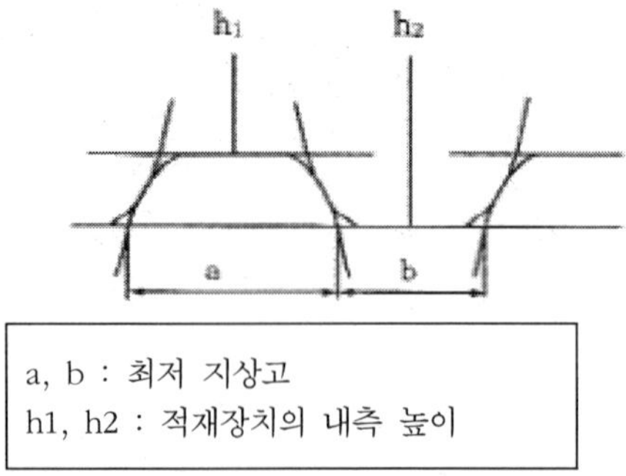

[자동차의 적재장치의 높이]

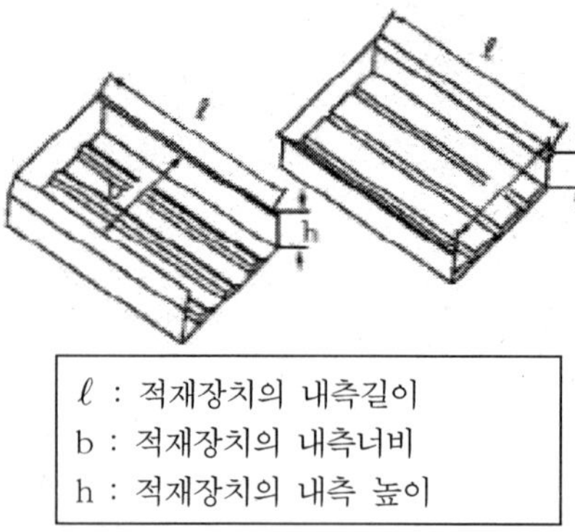

[물품 적재장치의 길이, 너비, 높이]

4-9. 최대안전경사각도의 측정

4-9-1. 검사기준

공차상태의 자동차(연결자동차 포함)는 좌 · 우 각각 35도 기울인 상태에서 전복되지 않아야 한다.

① 측정조건

- 자동차는 공차상태로 하고 좌석은 정위치에 창유리 등은 닫은 상태로 한다.
- 측정단위는 도(°)로 하고 소수 첫째자리까지 측정한다.

② 측정방법

- 경사각도 측정기에 설치된 차륜 정지장치에 좌측 또는 우측의 모든 차륜을 밀착한다.
- 차륜 정지장치 반대측의 모든 차륜이 경사각도 측정기의 답판에서 떨어지는 순간 답판이 수평면과 이루는 각도를 좌측방향과 우측방향에 대하여 각각 측정한다.
- 이 경우, 공기스프링장치를 가진 자동차에 대하여는 레벨링밸브가 작동하지 않은 상태로 한다.
- 차륜 정지장치는 다음 그림 중 하나를 선택하는 것으로 한다.
- 부적합 및 시정권고 사항 : 최대안전경사각도 허용기준 미달

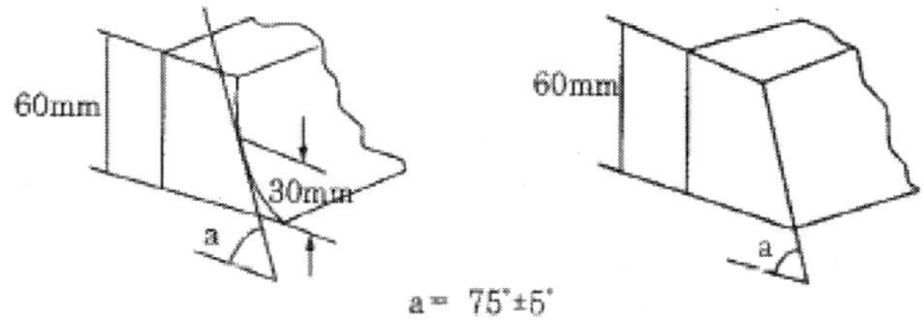

[차륜 정지장치]

4-9-2. 최대 안전 경사각도의 산출 식

- 오른쪽 : $\beta = \tan^{-1}\frac{Br}{H}$
- 왼쪽 : $\beta = \tan^{-1}\frac{B\ell}{H}$

β : 최대 안전 경사각도(°)	H : 무게 중심 높이
Br : 우측 안정폭	$B\ell$: 좌측 안정폭

4-10. 최소회전반경(R)의 측정

4-10-1. 검사기준

바깥쪽 앞바퀴 자국의 중심선을 따라 측정할 때 12m를 초과해서는 안된다.

① 측정조건

- 측정자동차는 공차상태 이어야 한다.
- 측정자동차는 측정 전에 충분한 길들이기 운전을 하여야 한다.
- 측정자동차는 측정 전 조향륜 정렬을 점검하여 조정한다.
- 측정 장소는 평탄 수평하고 건조한 포장도로이어야 한다.

② 측정방법

- 변속기어를 전진 최하단에 두고 최대의 조향각도로 서행하며, 바깥쪽 타이어의 접지면 중심점이 이루는 궤적의 직경을 우회전 및 좌회전시켜 측정한다.
- 측정 중에 타이어가 노면에 대한 미끄러짐 상태와 조향장치의 상태를 관찰한다.
- 좌 및 우회전에서 구한 반경 중 큰 값을 당해 자동차의 최소회전반경으로 하고 안전기준에 적합한지를 확인한다.
- 부적합 및 시정권고사유 : 최소회전반경 기준 초과

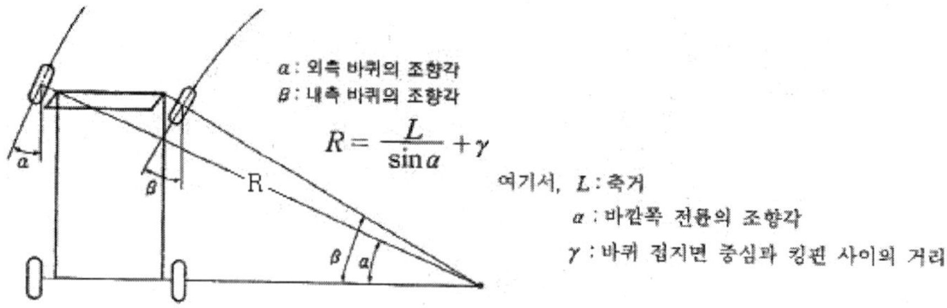

[최소회전 반경]

5. 승차정원 측정

5-1. 승차정원의 산출식

승차정원=좌석인원+입석인원+승무인원

5-1-1. 연속좌석의 승차정원

연속좌석의 승차정원은 해당 좌석의 너비를 40cm(어린이의 좌석의 경우에는 27cm)로 나눈 정수값으로 한다.

5-1-2. 입석인원

① 입석인원의 통로 유효 폭 30cm를 제외한 총 입석 면적을 0.14㎡로 나눈 정수값으로 한다.

$$\text{입석정원} = \frac{\text{입석면적}(\text{m}^2)}{0.14(\text{m}^2/1\text{인})}$$

② 입석인원은 자동차운수사업법에 의한 운송 사업용 자동차와 국토교통부장관이 특별히 인정한 자동차에 한하여 산정할 수 있다.

5-2. 측정방법

5-2-1. 좌석정원의 예

연속좌석의 승차인원은 다음 예를 같이 산정한다.

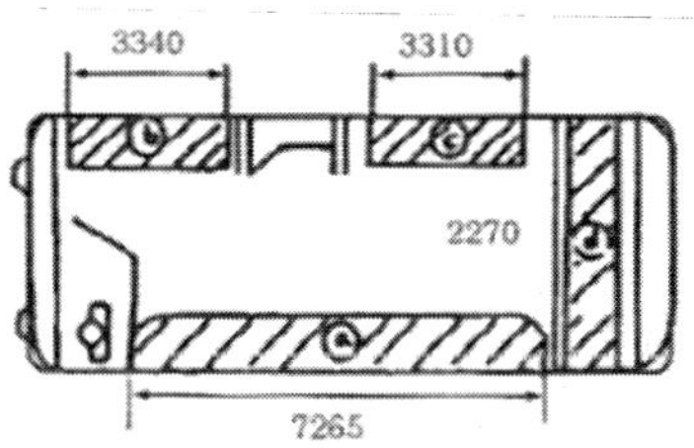

[연속 좌석의 승차정원(단위 : mm)]

ⓐ $\frac{7265}{400}$ = 18인 ⓑ $\frac{3340}{400}$ = 8인 ⓒ $\frac{3310}{400}$ = 8인 ⓓ $\frac{2270}{400}$ = 5인

∴ 연속좌석의 승차인원 = 18인+8인+8인+5인 = 39인 이다.

5-2-2. 입석인원은 다음의 예와 같이 계산한다.

① 전향 좌석의 경우

- 승강구에서 차실 내로 통하는 통로 폭(b) 30cm를 제외한다.
- 뒤 연속 좌석의 앞부분 25cm를 제외한다.
- 차실의 유효높이가 180cm 이상이고 바닥면이 평탄한 부분에 한 한다.

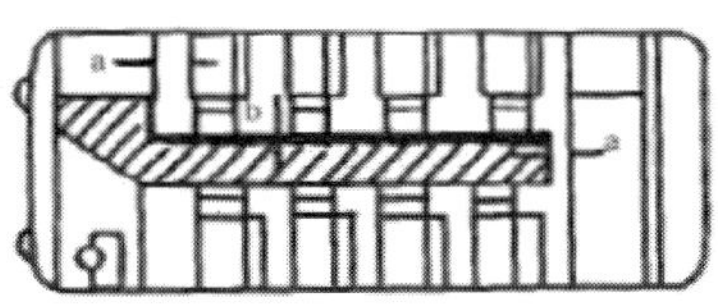

■ 입석산정에서 제외되는 통로
▨ 입석산정의 면적(a : 25cm 이상, b : 30cm 이상)

[전향 좌석의 경우 입석인원]

② 연속 좌석의 경우

- 승강구에서 차실 내로 통하는 통로 폭(b) 30cm를 제외한다.
- 뒤 연속 좌석의 앞부분 25cm를 제외한다.
- 차실의 유효 높이가 180cm 이상이고 바닥면이 평탄한 부분에 한 한다.

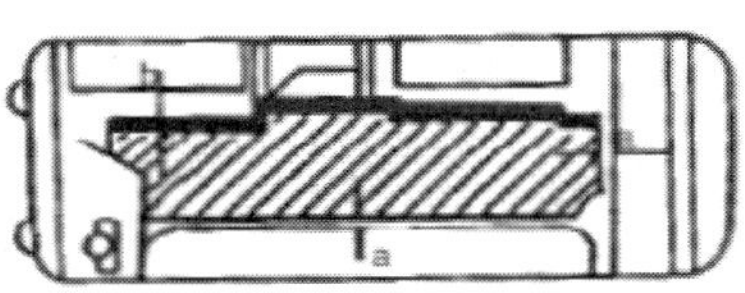

■ 입석산정에서 제외되는 통로
▨ 입석산정의 면적(a : 25cm 이상, b : 30cm 이상)

[연속 좌석의 경우 입석인원]

[예제1] 아래 그림을 보고 물음에 답하시오(단위는 mm)

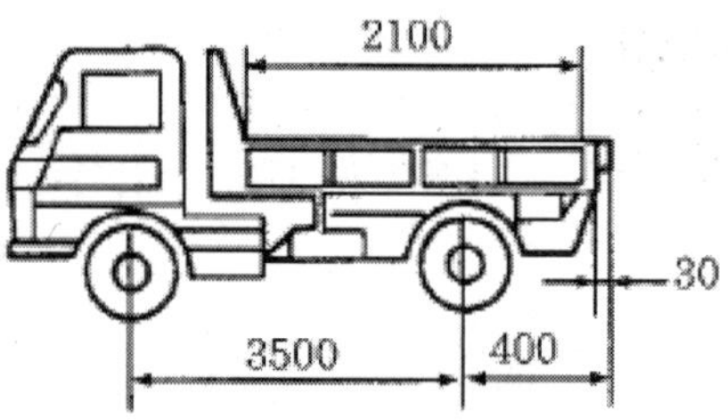

1) 위 그림에서 차체 오버행을 확인 한 후 양부 여부를 판정하시오.

(sol) 차체 오버행은 뒷차축 중심에서 차체 맨 끝단까지의 거리(훅, 핀 등은 제외)이며, 소형자동차는 C/L≦11/20 이므로

$\frac{400}{3500} = 0.114 \leq \frac{11}{22}$이므로 양호하다.

2) 위 그림의 화물 자동차의 하대 오프셋은 얼마인가?

(sol) $Os = \frac{\ell'}{2} - (A-B)$ 에서

$\frac{2100}{2} - (400-30) = 680\text{mm}$

[예제2] 어느 자동차의 실내의 크기가 가로 1.59m, 세로 4.0m일 때 입석정원은 몇 명인가?

(sol) 1인이 차지하는 입석면적은 0.14㎡이므로

$\frac{1.58 \times 4.0}{0.14} = 45.14$ ∴45명

[예제3] 승합자동차의 좌석 정원이 30명이며, 통로의 유효면적을 빼고 난 부분이 가로 1.2m, 세로 4.5m라면 승차정원은 몇 명인가?(단, 승무원은 2명이다.)

(sol) 승차정원=좌석인원+입석인원+승무인원

$30 + \frac{1.2 \times 4.5}{0.14} + 2 = 70.6$ ∴ 70명

[예제4] 어린이 전용 자동차의 연속 좌석 너비가 2.50m 경우 13세 미만의 어린이 좌석 정원은 몇 명인가?

(sol) 연속 좌석정원=$\frac{\text{좌석의 너비}(cm)}{27(cm/1\text{인})}$: 13세 미만의 어린이 좌석정원

$\frac{250}{27} = 9.25$ ∴ 9명

6. 최대 적재량 측정

6-1. 산출조건

① 제5륜 하중의 산출은 최대 적재량의 산출에 준 한다.

② 탱크로리 등의 자동차는 당해 자동차의 용기와 적재물의 비중을 고려하여 최대 적재량을 산출한다.

6-2. 산출방법

(1) 덤프형 화물자동차

① 소형 자동차의 경우$= \dfrac{\text{최대적재량}}{V(m^3)} \geq 1.3(ton/m^3)$

② 기타 자동차의 경우$= \dfrac{\text{최대적재량}}{V(m^3)} \geq 1.5(ton/m^3$

$$V(m^3) = A \times B \times C$$

V : 하대용적 A : 하대길이
B : 하대너비 C : 하대높이

(2) 탱크로리 및 특수구조의 자동차

① 원형 탱크용적$(V) = \dfrac{\pi d^2}{4} \times \ell$

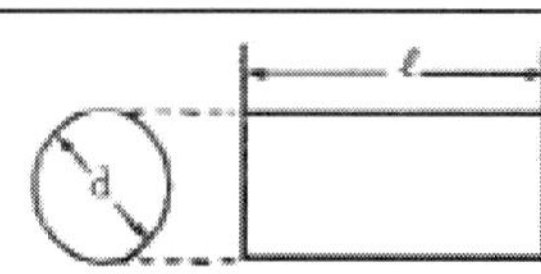

② 볼록 원통형 탱크용적$(V) = \dfrac{\pi d^2}{4} \times (\ell + \dfrac{\ell_1 + \ell_2}{3})$

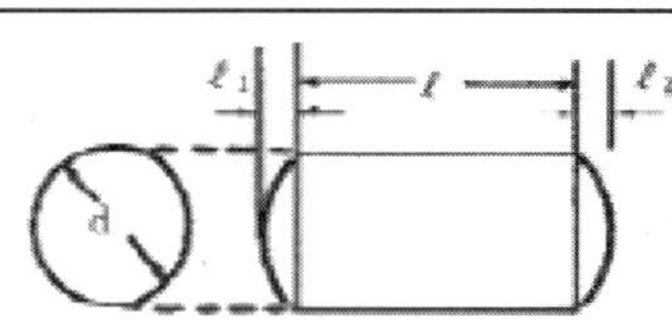

③ 타원형 탱크용적$(V) = \dfrac{\pi ab}{4} \times \ell$

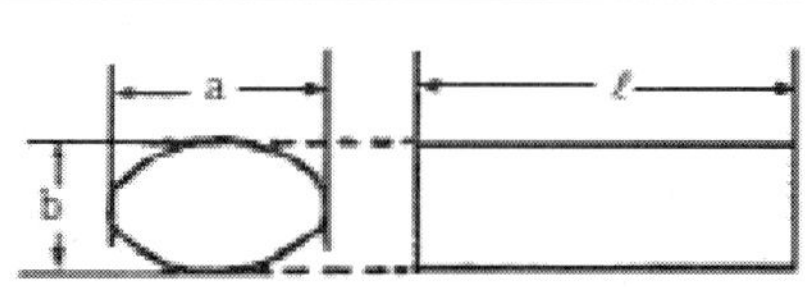

④ 볼록 타원형 탱크용적 $V) = \frac{\pi ab}{4} \times (\ell + \frac{\ell_1 + \ell_2}{3})$

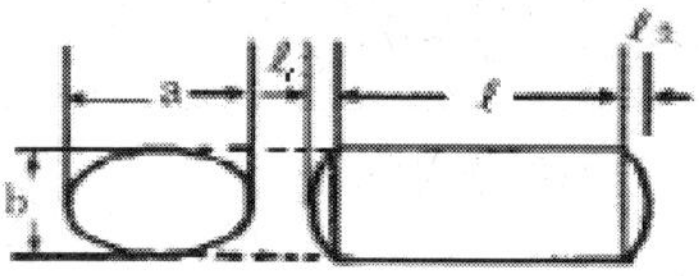

[예제5] 안지름이 400mm, 길이 1000mm인 원통탱크의 내 용적은 몇 ℓ인가?

(sol) $V = \frac{\pi d^2}{4} \times \ell = \frac{3.14 \times 40^2}{4} \times 100 = 125.600㎤ = 125.6\ell$

[예제6] 아래 그림에 표시된 타원형 탱크의 용적은 몇 ℓ인가?

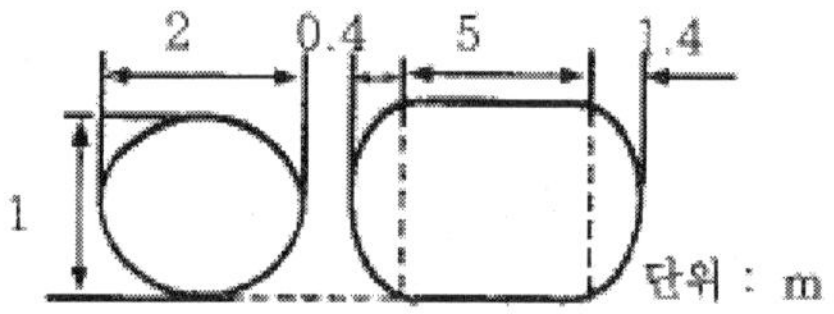

(sol) $V = \frac{\pi ab}{4} \times (\ell + \frac{\ell_1 + \ell_2}{3}) = \frac{3.14 \times 2 \times 1}{4} \times (5 + \frac{0.4 + 1.4}{3}) = 8.79 = 8790\ell$

7. 차량 총중량 측정

7-1. 차량 총중량

차량총중량 = 차량중량+최대적재량+{승차정원x65kg(13세미만의 자인 경우에는 1.5인을 승차정원 1인으로 계산한다)} 또는, W = wf+wr+P1+P2+ · · · · · · · +Pn

W : 차량총중량 wf : 공차상태의 전축중
wr : 공차상태의 후축중 P1, P2, Pn : 적재물 또는 승차인원의 하중

7-2. 2 차축식(2 車軸式)

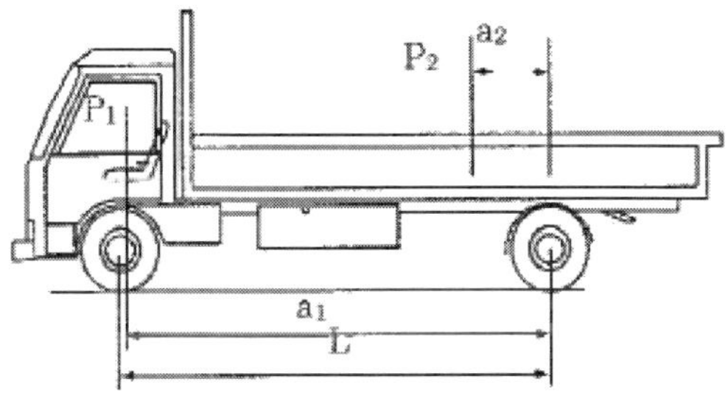

(a)

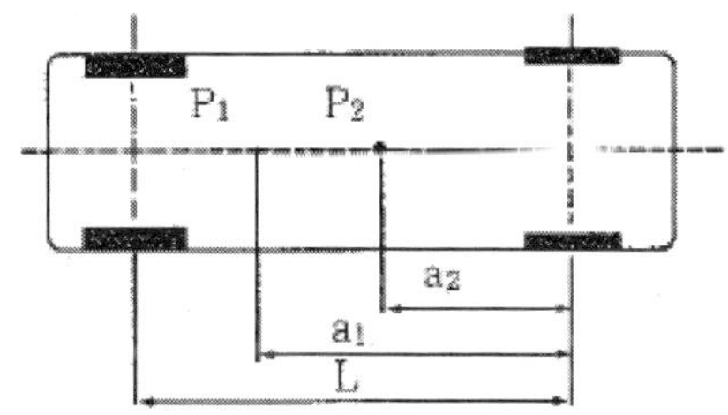

(b)

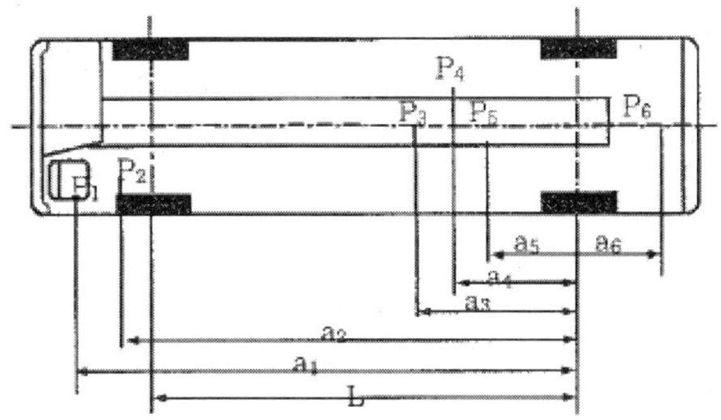

(c)

① 적차상태의 전 축중 : 적차상태의 전축중은 다음 산식에 의한다.

$$Wf = wf + \frac{P_1a_1 + P_1a_2 + P_3a_3 + \cdot \cdot \cdot + Pnan}{L}$$

② 적차상태의 후 축중 : 적차상태의 후축중은 다음 산식에 의한다.

$$Wr = W - Wf$$

W : 차량총중량	L : 축간거리
Wf : 적차상태의 전축중	wf : 공차상태의 전축중
Wr : 적차상태의 후축중	wr : 공차상태의 후축중

P1,P2...Pn : 승차정원 하중 및 적재화물 하중
a1,a2,...an : 하중작용점부터 후차축까지의 수평 거리
(후축에 대하여 전축과 반대방향에 있을 경우에는 마이너스(부)의 값으로 함)

7-3. 후 2차축식(後 2車軸式)

① 적차상태의 전 축중 $(Wf) = wf + \dfrac{P_1a_1 + P_2a_2 + \cdot\ \cdot\ \cdot\ + P_na_n}{L-K}$

② 적차상태의 후 전축중 $(Wrf) = wrf(P_1 + P_2 + Pf) \times \dfrac{1/2+K}{\ell}$

③ 적차상태의 후 후축중 $(Wrr) = W - (Wf + Wrf)$

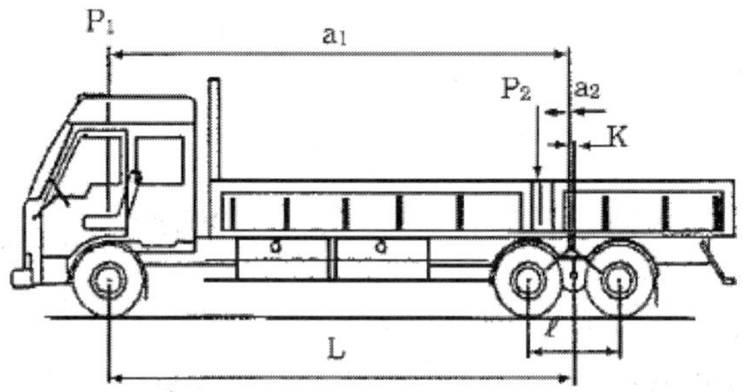

W : 차량 총중량	Wf : 적차상태의 전 축중
wf : 공차상태의 전 축중	Wrf : 적차상태의 후 전축중
Wrr : 적차상태의 후 후축중	wrf : 공차상태의 후 전축중
P_1 : 승차인원 하중	P_2 : 적재 물품하중

Pf : P_1과 P_2의 전축에 걸리는 하중의 몫(적차 전축중-공차시 전축중)

L : 축간거리(전축 중심과 뒤 2축 중심간의 수평거리)

ℓ : 후2 축간의 거리

a_1 : 승차 인원 하중의 무게 중심으로부터 트러니언 축 중심에 이르는 수평거리

a_2 : 적재 물품 하중의 무게중심으로부터 트러니언 축 중심에 이르는 수평거리

7-4. 전 2차축식(前 2 車軸式)

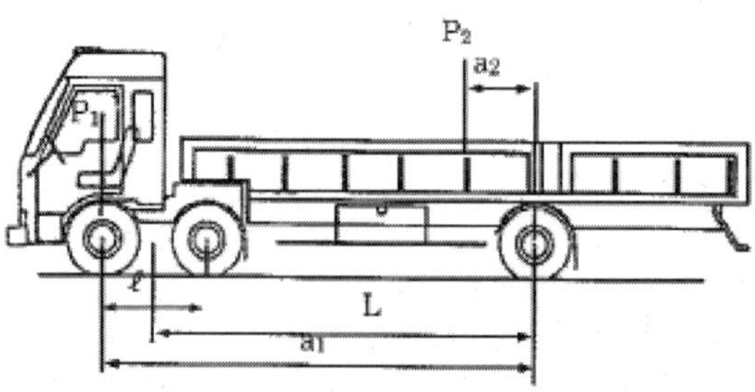

Wf : 전차상태의 전 축중
wf : 공차상태의 전 축중
ℓ : 전 2축간의 축간거리
wff : 공차상태의 전 전축중
wfr : 공차상태의 전 후축중
Pf : P_1과 P_2의 전축에 걸리는 몫
Wr : 적차상태의 후 축중
W : 차량 총중량
P_1 : 승차인원의 하중
P_2 : 적재물품의 하중
a_1 : 승차인원 하중의 무게중심으로부터 후축에 이르는 수평거리
a_2 : 적재 물품 하중의 무게중심으로부터 후축에 이르는 수평거리

① 적차상태의 전 축중 $(Wf) = wf + \dfrac{\ell/2(wff - wfr)}{L} + Pf$

② 적차상태의 후 축중 $(Wr) = W - Wf$

③ P_1과 P_2의 전축에 걸리는 몫 $(Pf) = \dfrac{P_1a_1 + P_2a_2 + \cdot\cdot\cdot + P_na_n}{W}$

7-5. 연결 자동차

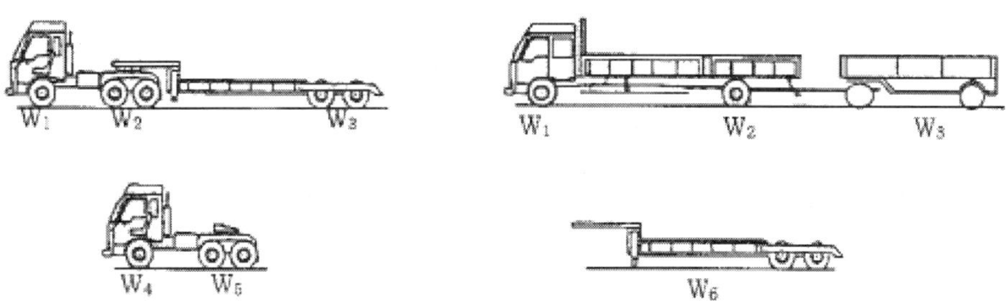

W_1 : 연결시 견인자동차
W_2 : 연결시 견인자동차의 후축중
W_3 : 연결시 피 견인자동차의 후축중
W_4 : 견인자동차의 전축중
W_5 : 견인자동차의 후축중
W_6 : 피 견인자동차의 차량 중량

① 견인자동차의 차량 총중량
=차량중량+적차상태 피견인 자동차의 제5륜 하중+(승차정원×65kg)

② 피 견인자동차의 차량 총중량
=공차상태의 제5륜 하중+공차상태의 후륜 하중+최대 적재량

7-6. 피 견인자동차의 중량측정 방법

① 공차상태에서 연결 자동차와 연결한 상태로 각 축중을 측정한다.

② 피 견인자동차를 분리한 상태에서 견인자동차의 각 축중을 측정한다.

연결 자동차의 중량= $W_1 + W_2 + W_3$ ·················㉮

견인 자동차의 중량= $W_4 + W_5$ ·······························㉯

피견인 자동차의 중량=㉮-㉯

7-7. 타이어의 부하율(%)

$$\text{타이어 부하율}(\%) = \frac{\text{적차(공차)시 전(후)륜의 부담하중}}{\text{전(후)륜의 타이어의 허용하중} \times \text{전(후)타이어의 갯수}} \times 100$$

7-8. 조향륜의 하중분포

① $\text{공차상태의 조향륜의 하중분포}(\%) = \dfrac{\text{적차시 조향륜 윤중의 합}}{\text{차량중량}} \times 100$

② $\text{적차상태 조향륜의 하중분포}(\%) = \dfrac{\text{적차시 조향륜 윤중의 합}}{\text{차량 총중량}} \times 100$

[예제7] 승차정원 50명(어른) 공차상태의 전후 축중이 각각 1700kgf, 2100kgf이고, 최대 적재량이 6000kgf인 자동차의 총중량은 몇 kgf인가?

(sol) W = wf+wr+P1+P2+ · · · · · · · · · · · +Pn

$= (50 \times 65) + 1700 + 2100 + 6000 = 13050(kgf)$

[예제8] 전축중이 1800kgf이고, 타이어 부하율이 90%인 자동차에 크레인을 장착하여 전축중이 400kgf 증가하였다. 구조변경 후 타이어 부하율과 안전 기준 적합여부는?

(sol) $\dfrac{(1800+400) \times 0.9}{1800} \times 100 = 110\%(\text{부적합})$

8. 길이 · 너비 등에 대한 특례 기준

[길이 너비 등에 대한 특례기준(제114조제1항 관련)]

항목	특례 기준	대상차종
길이	19m 이내	• 연결자동차 • 굴절자동차
너비	2.75m 이내	• 콘테이너운송용 풀카고트럭, 풀카고트레일러 및 저상트레일러 • 보도용자동차(TV중계차 등)
최대안전 경사각도	30도	• 콘크리트 운반전용의 자동차 • 최고속도가 60km/h 이하인 화물 및 특수 자동차
최소회전반경	15.5m이내	• 보도용자동차(TV중계차 등) • 특수구조자동차 등 건설교통부장관이 당해 자동차의 제작특성상 필요하다고 정하는 자동차
완충장치	설치예외	• 노면 청소작업차 • 특수구조자동차 등 건설교통부장관이 당해 자동차의 제작특성상 필요하다고 정하는 자동차
서리 및 안개 제거장치, 환기장치	설치예외	• 최고속도가 25km/h 미만인 자동차

9. 제원의 허용차

제원 종별	길이 (mm)	너비 (mm)	높이 (mm)	윤거 (mm)	축거 (mm)	오우버행 (mm)	객실 및 하대			차량중량(kg)
							길이	너비	높이	
경형 및 소형자동차	±40	±30	±50	±30	±30	±30	±30	±30	±30	±60
중형자동차 및 대형자동차	±50	±40	±60	±40	±30	±40	±50	±30	±30	중형자동차 : ±100 대형자동차 : ±3%

주: 1. 제4조 · 제6조 · 제38조 · 제46조 · 제49조 · 제59조 · 제60조 · 제75조· 제80조의 규정에 의한 기준을 초과하는 자동차에 적용함에 있어서는 "+"의 허용차를 인정하지 아니한다.
2. 자동차 등화장치의 부착위치 허용차는 제원중 길이 · 너비 · 및 높이의 허용차를 준용한다.
3. 승용자동차와 이륜자동차의 제원 및 등화장치의 허용차는 경형 및 소형자동차의 허용차를 적용한다.

제 2 장 Chapter 2 원동기 및 동력전달장치 검사 기준 및 방법

1. 원동기의 검사

1-1. 원동기의 시동 시 원활하게 작동하여야 한다.

참고

- 원동기 최대 출력은 차량총중량 1톤 당 출력이 10ps 이상이어야 한다.
- 오차범위 : 최고 출력의 경우 : ±5%(양산자동차), ±2%(제작자동차)
  기타 부분출력의 경우 : ±6%
- 가속능력은 정지상태에서 최초 200m까지 도달하는 시간(초)은 20+0.4G(G : 차량총중량 ton) 이내일 것
- 등판능력은 11°30′의 경사면을 올라갈 수 있을 것
- 최고속도는 60km/h 이상일 것

1-1-1. 시동 시 기동전동기, 시동스위치 등 시동장치가 원활히 작동되는지를 소리 등으로 점검한다.

① 기동전동기가 작동하지 않거나 시동이 원활하게 작동되지 않음

② 기동전동기는 작동되나 시동되지 않음

③ 시동스위치 등 시동장치 작동불량

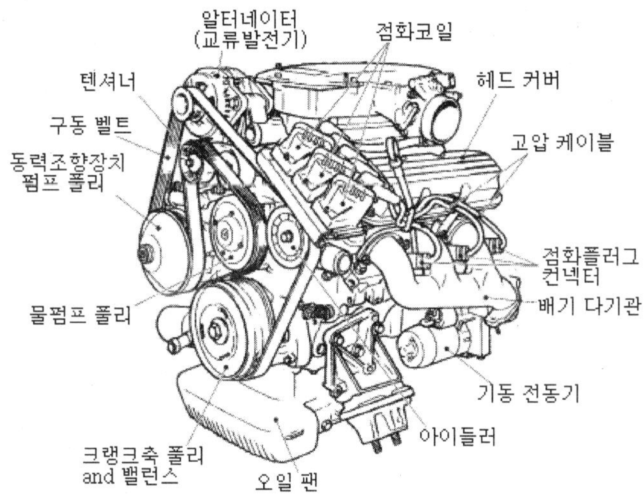

[원동기의 외부구조]

1-1-2. 점화 및 충전장치 계통

점화 및 충전장치 계통(점화코일, 점화플러그, 발전기, 축전지, 전기배선 등)의 설치 및 작동 상태, 손상, 변형, 접속불량, 전기배선의 단선, 탈락 등

1-1-3. 배터리와 기동전동기 및 발전기 테스터기 이용 축전지, 기동전동기 전압강하, 발전기 전압 등 점검

① 배터리 과충전, 충전 불가, 내부용량 불량

② 발전기 충전전압 부족, 과충전, 충전 불가, 전압조정기 불량

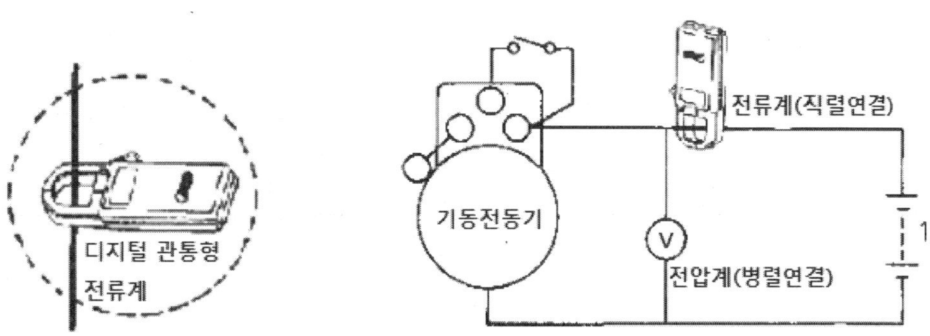

[기동전동기 전류소모시험(전압계, 전류계 연결방법]

<table>
<tr><td colspan="2" rowspan="4">기동전동기시험</td><td>학년/학반</td><td>학번</td><td>성명</td><td rowspan="2">지도
교수
확인</td><td rowspan="2"></td></tr>
<tr><td></td><td></td><td></td></tr>
<tr><td colspan="2">① 측정(또는 점검)</td><td colspan="3">② 판정 및 정비(또는 조치) 사항</td></tr>
<tr><td>측정값</td><td>규정(정비한계)값</td><td>판정</td><td colspan="2">정비 및 조치할 사항</td></tr>
<tr><td colspan="2">전압강하시험</td><td></td><td></td><td>□양호□불량</td><td colspan="2"></td></tr>
<tr><td colspan="2" rowspan="2">전류소모시험</td><td rowspan="2"></td><td>산출근거</td><td rowspan="2">□양호□불량</td><td colspan="2" rowspan="2"></td></tr>
<tr><td></td></tr>
<tr><td colspan="2">전기자코일
(단선, 단락, 접지)</td><td></td><td></td><td>□양호□불량</td><td colspan="2"></td></tr>
<tr><td rowspan="2">솔 레
노이드</td><td>풀인</td><td></td><td></td><td>□양호□불량</td><td colspan="2" rowspan="2"></td></tr>
<tr><td>홀드인</td><td></td><td></td><td>□양호□불량</td></tr>
</table>

기동전동기 전압강하 및 전류소모 시험 시 규정값

<table>
<tr><th>배기량</th><th>크랭킹 전압</th><th>크랭킹 전류</th><th>측정요령</th><th>비고</th></tr>
<tr><td>1000cc 이하</td><td>9.6V 이상</td><td>70~90A</td><td rowspan="4">10초 이내</td><td rowspan="2">• 전압강하가 높은 원인
① 배선 접촉 불량
② 배터리 성능저하
③ 기동전동기 불량</td></tr>
<tr><td>1000~1500cc</td><td>↑</td><td>90~120A</td></tr>
<tr><td>1600~2500cc</td><td>↑</td><td>120~150A</td><td rowspan="2">• 전류소모가 높은 원인
① 브러시와 정류자 또는 납땜 부분의 접촉 불량
② 회로개방
③ 전기자코일 단락, 접지불량
④ 계자코일 접지불량
⑤ 브러시 마모 등</td></tr>
<tr><td>2500cc 이상</td><td>↑</td><td>150~220A</td></tr>
</table>

발전기 출력전압(조정전압)

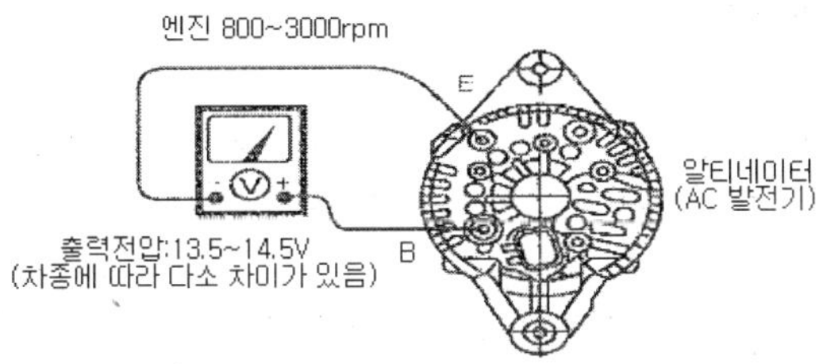

[발전기 출력전압 점검 방법]

참고 : 발전기 출력전류 점검

- 무부하 출력전류 시험 : 이 실험은 엔진 공회전 상태(750±50rpm)에서부터 서서히 엔진 회전수를 3,000rpm까지 상승하여 출력되는 전류가 10A 이하에 있으면 정상이다.
- 최대 출력전류 시험(부하시험) : 이 실험은 엔진 회전수를 2500~3000rpm 범주에서 유지한 채로 부하를 최대한 걸어 가능한 짧은 시간(5초 이내)에 실험을 하여야 한다.

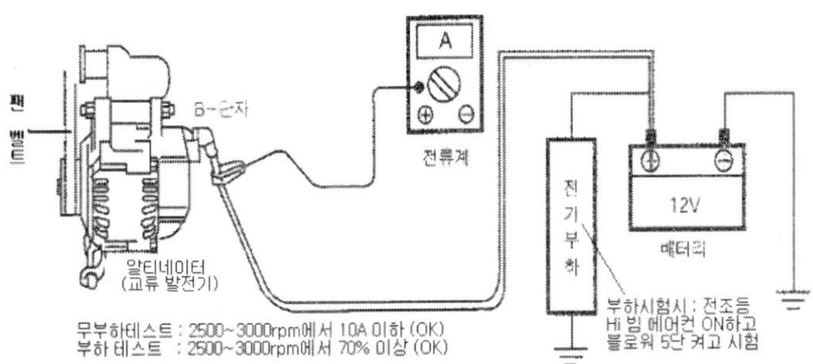

[발전기 출력 전류 점검 방법]

<table>
<tr><td rowspan="4" colspan="2">AC 발전기시험</td><td>학년/학반</td><td>학번</td><td colspan="2">성명</td><td rowspan="2">지도
교수
확인</td><td rowspan="2"></td></tr>
<tr><td></td><td></td><td colspan="2"></td></tr>
<tr><td colspan="2">① 측정(또는 점검)</td><td colspan="4">② 판정 및 정비(또는 조치) 사항</td></tr>
<tr><td>측정값</td><td>규정(정비한계)값</td><td>판정</td><td colspan="3">정비 및 조치할 사항</td></tr>
<tr><td colspan="2">충전(출력)전압</td><td></td><td>13.5~14.5V</td><td rowspan="3">□ 양호□ 불량</td><td rowspan="3" colspan="3"></td></tr>
<tr><td rowspan="2">충전전류</td><td>무부하</td><td></td><td>10A 이하</td></tr>
<tr><td>부하</td><td></td><td>정격출력의 70% 이상</td></tr>
</table>

참고 : 암 전류(방전전류) 측정

암 전류란 차량에 사용되는 전장 부품에서 소모되는 미량의 소모 전류로 자동차의 시동키를 제거하여도 ECU내부의 기억소자에 정보를 보호하기 위해 공급되는 백업 전원 및 시계 등에 공급되는 미량의 전류의 소모량을 말하는데 이 값이 너무 큰 경우에는 배터리를 완충하여도 일정시간이 경과 후 재시동하면 암전류에 의한 배터리 방전으로 시동이 걸리지 않는 경우가 있다. 이러한 경우에는 대개 시중에서 별도로 편의 장치나 액세서리 등을 설치하는 경우 많이 나타나는 현상으로 암 전류를 측정하여 원인을 제거하지 않으면 안된다.

- 암 전류 규정값 : 승용차의 경우 35mA이하로 정하고 있지만 최근에 사용하는 자동차는 전장품의 증가로 이 보다 큰 경우도 있다.

- 암 전류측정 요령
  ① 모든 도어는 닫고
  ② 시동 키 OFF상태에서
  ③ 전류계를 직렬로 연결하여 측정 할 것[배터리(+) 또는 접지(-)선에 연결]

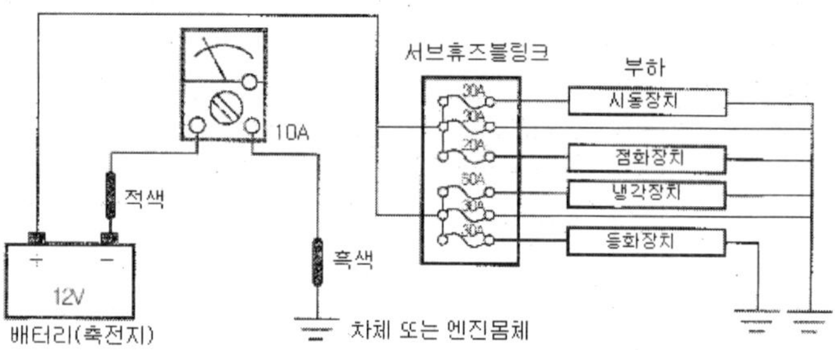

[암 전류 점검 방법]

- 측정요령 : 전류계를 위 회로와 같이 연결하고 퓨즈 박스에 있는 퓨즈를 하나씩 제거하여 보면 어느 순간 전류계의 지침이 급격히 떨어지는 것을 확인 할 수 있다. 이때 제거한 퓨즈로부터 연결된 부하 측에 규정치를 초과하는 암 전류가 발생하고 있는 것으로 본다.

- 암 전류가 발생되는 예 : 디젤엔진 경우에 예열 플러그에 전원 공급용 릴레이의 접점이 지속적으로 접촉되어 배터리 방전으로 이어지는 경우가 있고, 가솔린차량의 경우에는 엔진 메인릴레이 접점이 지속 접촉하여 나타나는 경우도 있다. 또한 발전기 B단자를 제거하여 보면 쉽게 발견할 수 있는데 이때 B단자 케이블을 제거하면 암 전류의 측정치가 급격히 하락하는 경우 발전기 내부의 정류 다이오드의 Short(단락)를 의심해볼 수 있다.

<table>
<tr><td rowspan="4">점검항목</td><td>학년/학반</td><td>학번</td><td colspan="2">성명</td><td rowspan="2">지도
교수
확인</td><td rowspan="2"></td></tr>
<tr><td></td><td></td><td colspan="2"></td></tr>
<tr><td colspan="2">① 측정(또는 점검)</td><td colspan="4">② 판정 및 정비(또는 조치) 사항</td></tr>
<tr><td>측정값</td><td>규정(정비한계)값</td><td>판정</td><td colspan="3">정비 및 조치할 사항</td></tr>
<tr><td>방전전류</td><td></td><td>30mA 이하</td><td>□ 양호□ 불량</td><td colspan="3"></td></tr>
</table>

1-1-4. 연료장치 계통

연료장치 계통(연료탱크, 연료파이프, 연료필터, 연료펌프 등) 설치 및 작동상태, 손상, 변형, 전기배선의 단선, 탈락, 접속불량 등 점검

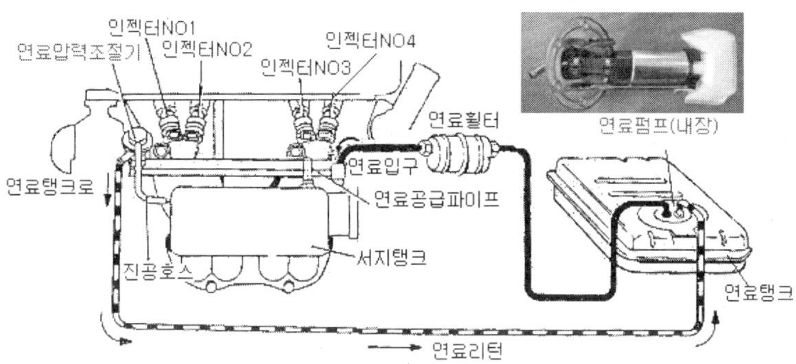

[전자제어 가솔린 연료장치]

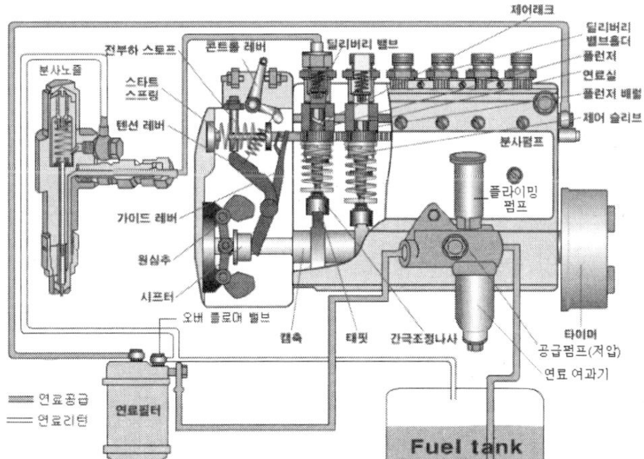

[독립형 분사펌프의 연료공급 장치]

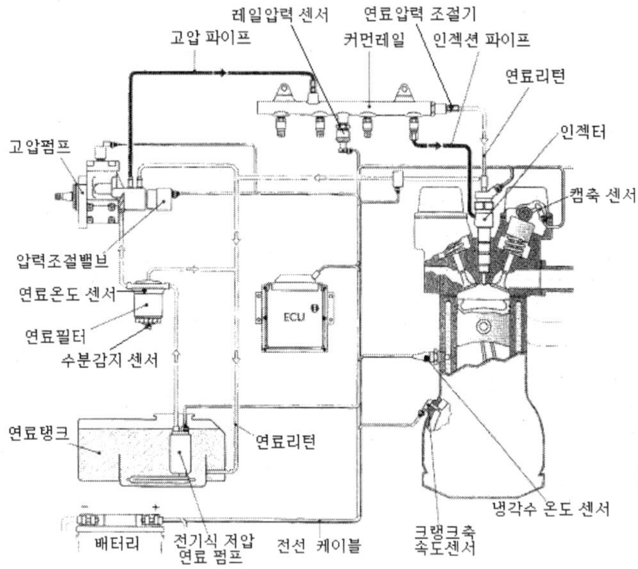

[전기식 저압연료 펌프 CRDi 엔진]

1-1-5. 배기가스재순환장치(EGR), 퍼지컨트롤 솔레노이드밸브(PCSV)의 설치 및 작동상태, 진공호스 및 불로바이가스 순환호스 점검

(1) EGR·PCSV 설치 및 작동상태, 진공호스 불량 시에는 부적합 및 시정권고를 한다.

- EGR 점검방법 (전자 EGR 제외)

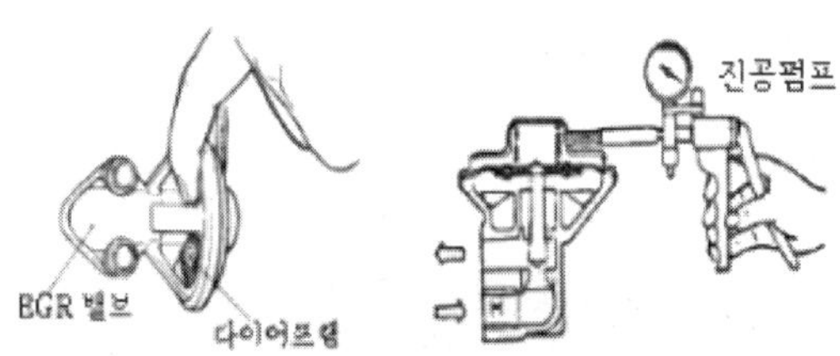

[EGR 밸브점검]

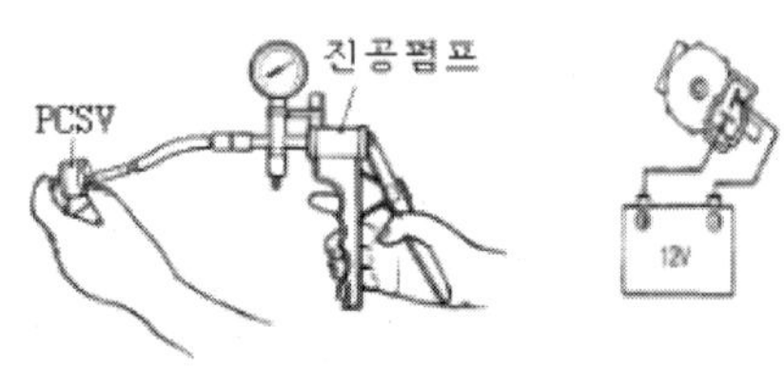

[PCSV 점검]

① 스로틀바디에서 진공호스 분리
② 핸드진공펌프에 진공호스 연결
③ 진공호스를 빼낸 니플은 플러그로 막음
④ 원동기를 시동하여 공회전 유지
⑤ 진공을 가함 : 공전이 불규칙함
⑥ 진공을 가하여 변함이 없으면 EGR의 다이아프램 파손, 플랜저 고착 등의 원인으로 작동 불가

• PCSV 점검방법

① 시동 off

② 스로틀바디에서 진공호스 분리

③ 핸드진공펌프에 진공호스 연결

④ 진공호스를 빼낸 니플은 플러그로 막음

⑤ 하니스 커넥터 분리

⑥ 진공을 가압상태에서 외부전원 또는 자동차 배터리 이용 전원 공급 및 해제

→ 전원 미공급 : 진공유지

→ 전원 공급 : 진공해제

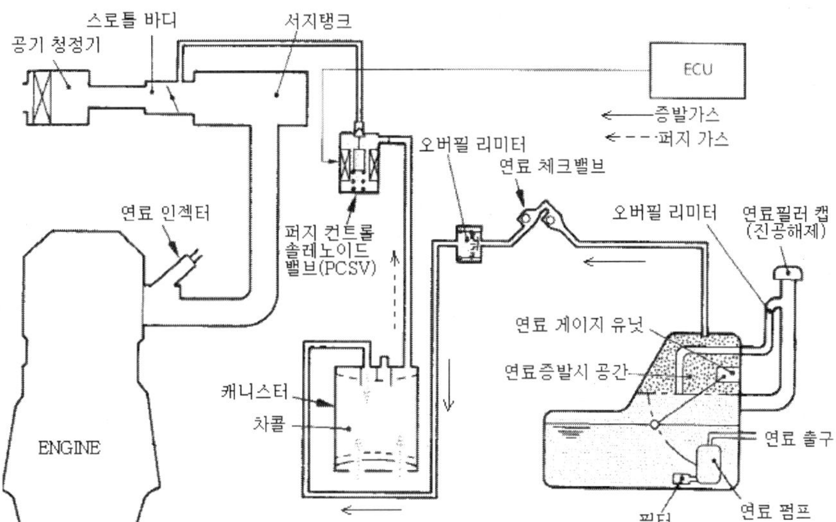

[연료 증발가스 정화장치

참고

오버필 리미터(overfill limiter)는 압력 밸브와 진공 밸브로 구성되어, 연료 탱크 내에 진공이 형성되면 진공 밸브가 열려 대기압이 공급되도록 하고, 연료 탱크 내의 압력이 규정 압력보다 높게 되면 압력 밸브가 열려 연료의 증발 가스를 캐니스터에 공급하는 역할을 한다.

1-1-6 .기타 원동기 부속품 설치 및 작동 상태

1-2. 원동기 공회전 상태 및 가속상태

원동기 공회전 상태 및 가속상태에서 심한 진동 및 이상음이 없어야 한다.

① 공전속도(rpm)가 정상유무

② 공회전시 진동 및 이상음 점검

③ 1500rpm 이상으로 가속하면서 공회전시와 가속 시에 가속불량, 진동 및 이상음 점검

- 가속 시 가속불량, 진동 및 이상음 발생 시에는 부적합 및 시정권고를 한다.
- 기어중립
- 주차브레이크 작동
- 앞뒤 바퀴에 고임목 또는 안전바를 설치
- 왼발로 브레이크페달을 밟은 상태에서 오른발로 가속페달 제어

1-3. 원동기의 설치상태가 확실해야 한다.

(1) 원동기 블록, 헤드개스킷 등 손상 여부를 육안점검 및 점검해머를 이용하여 두들겨 보거나 전자내시경 또는 작업등 및 반사경 이용 육안검사가 되지 않은 부위의 균열, 변형, 파손 등 점검 원동기 블록 또는 헤드개스킷 손상 시에는 부적합 및 시정권고를 한다.

(2) 원동기 설치 마운팅과 주변 부품 등을 점검해머를 이용하여 두들겨 보거나 육안에 의한 손상, 변형, 볼트 풀림 볼트 풀림 및 탈락 등을 점검

(3) 마운팅, 롤 스토퍼, 발전기 벨트, 에어컨 벨트 등 고무의 경화, 균열 변형, 손상 점검

(4) 발전기 등 각종 벨트 장력과 이상소음 점검

- 참고 : 손가락으로 눌렀을 때 적정장력(7~10mm) 유지

1-4. 오일의 상태

윤활계통에서 오일의 누유가 없고 유량이 적정할 것, 오일의 상태 등을 점검한다.

(1) 오일팬, 오일필터, 헤드부위, 터보장치 등 윤활계통의 누유점검

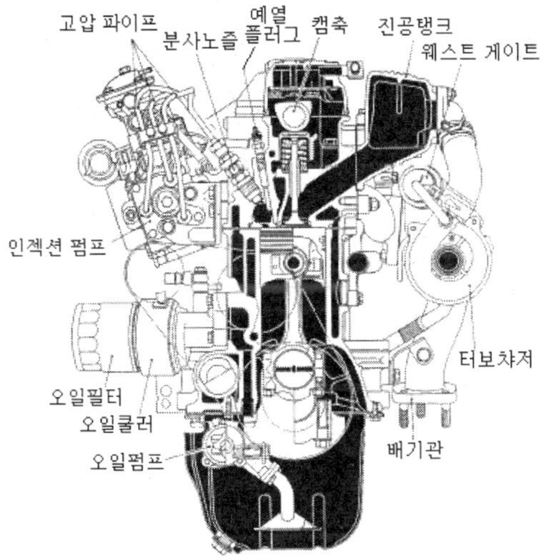

[디젤 엔진 터보챠저 장착위치]

(2) 유량점검 절차

① 정상온도까지 워밍업

② 자동차를 평탄한 곳에 정차

③ 원동기정지 (오일 팬의 유면이 안정될 때까지 점검 약 5분 이상 소요)

④ 레벨게이지를 뽑아 헝겊으로 닦은 후 다시 꽂아 측정한다.

(3) 점도, 색깔, 카본 등 이물질의 오염상태 점검

① 점검방법

- 레벨게이지를 이용한 오일 상태점검
- 오일주입구 캡을 열어 실린더헤드 내부 점검

① 점검사항

- 우유빛 : 냉각수 및 수분 유입
- 짙은 암갈색 및 카본 등 이물질의 오염상태 점검

1-5. 냉각계통의 설치상태

냉각수 유량 및 상태가 적정할 것, 방열기(라디에이터), 워터펌프, 고무호스, 실린더 블록, 서모스탯(수온 조절기) 등 냉각계통의 설치상태가 확실해야 하고 손상 또는 냉각수의 누출이 없어야 한다.

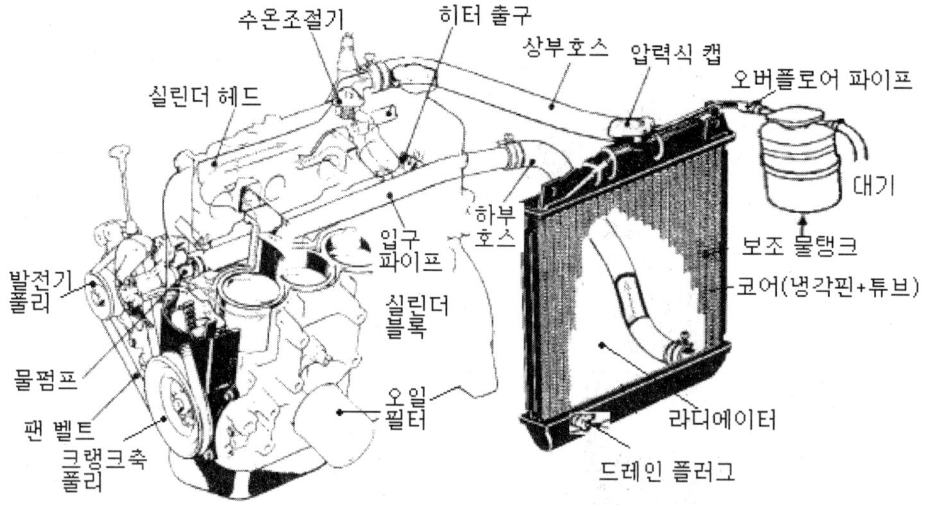

[밀봉 압력식 냉각장치]

(1) 냉각수 유량 및 상태 점검

① 냉각수 보조탱크의 최고 최저점 이내의 적정량 점검

② 냉각수 캡을 1단만 돌려 수증기 제거 후 캡을 열어 냉각수 상태점검

참고

- 진한 갈색(녹물) : 냉각수 및 냉각장치 불량
- 오일 혼입 : 실린더 헤드 및 개스킷 불량

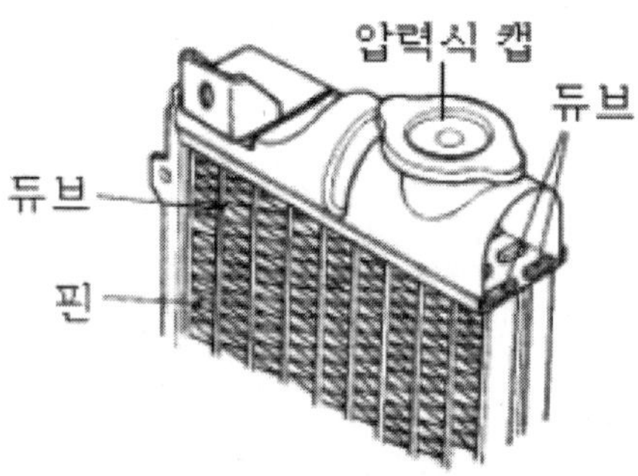

[라디에이터]

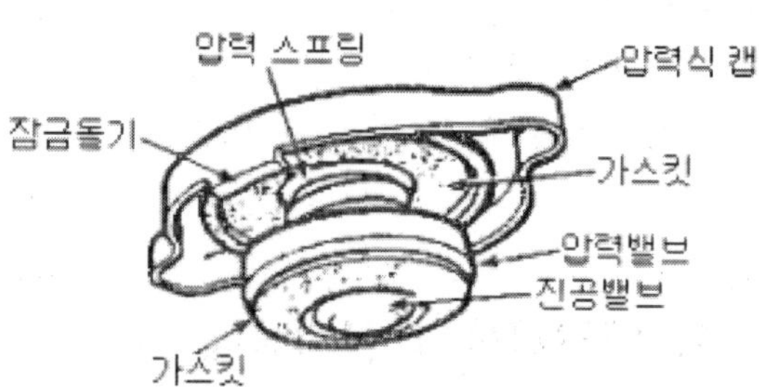

[압력식 캡의 구조]

(2) 원동기를 정지시키고 방열기, 워터펌프, 고무호스, 실린더블록, 서모스탯 등 냉각계통 설치 및 작동상태, 균열, 변형, 파손 등 육안 및 점검해머 이용점검 (육안검사가 되지 않는 부분은 전자 내시경 또는 작업등 및 반사경 이용)

(3) 고무호스 및 팬벨트의 강화, 균열, 변형, 파손 등 점검

(4) 팬벨트 장력 및 소음발생 점검

손가락으로 눌렀을 때 정적장력(7~10mm) 유지

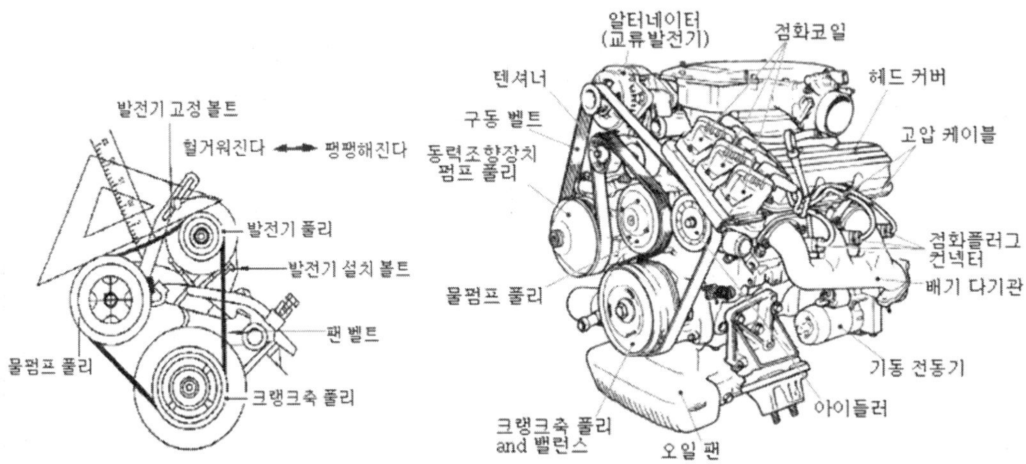

[팬벨트 장력 점검]

(5) 방열기, 워터펌프, 고무호스, 실린더블록, 서모스탯 등 냉각계통의 누수 여부 육안 점검

1-6. 센서의 정상작동여부

원동기의 원활한 작동을 위한 각종 센서(공기, 산소, 흡기온도, 스로틀포지션, MAP, 수온 및 크랭크각 센서 등) 및 정상작동여부 등을 점검한다.

(1) 전자 진단장치를 진단 커넥터에 연결하여 원동기 각종 센서 및 제어장치 점검

- 점검방법
  ① 1차 진단결함코드 확인 시 기억소거
  ② 해당 센서 설치상태(접촉불량, 단선 및 단락 등) 점검
  ③ 재점검하여 진단결함코드 재점검

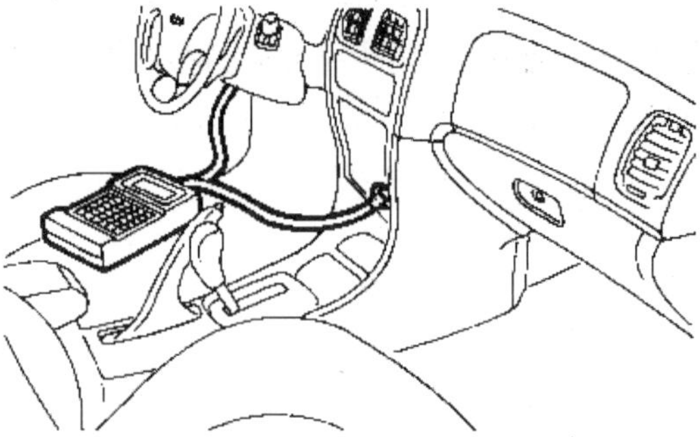

[전자 진단장치 설치]

(2) 주어진 자동차에서 기관 전자제어 시스템을 점검하여 기록표에 기록하시오.
(점검 전 각종 센서와 액츄에이터의 장착위치를 파악한다.)

<table>
<tr><td rowspan="4">검사항목</td><td>학년/학반</td><td>학번</td><td>성명</td><td rowspan="2">지도교수
확인</td><td rowspan="2"></td></tr>
<tr><td></td><td></td><td></td></tr>
<tr><td colspan="2">① 점검(또는 측정)</td><td colspan="2" rowspan="2">② 정비 또는 조치사항</td><td rowspan="2">득점</td></tr>
<tr><td>고장부위</td><td>내용 및 상태</td></tr>
<tr><td rowspan="2">기관전자
제어시스템</td><td></td><td></td><td colspan="2"></td><td></td></tr>
<tr><td></td><td></td><td colspan="2"></td><td></td></tr>
</table>

2. 동력전달장치

2-1. 동력전달장치의 연결부 등

설치 및 작동상태, 손상, 변형, 누유 및 이상소음이 없어야 한다.

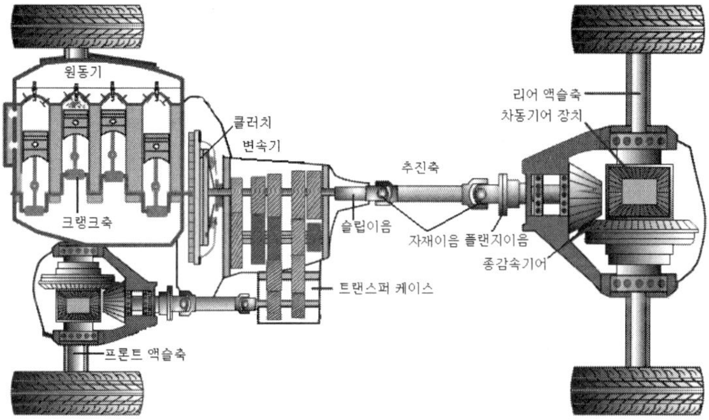

[동력전달장치(4WD)]

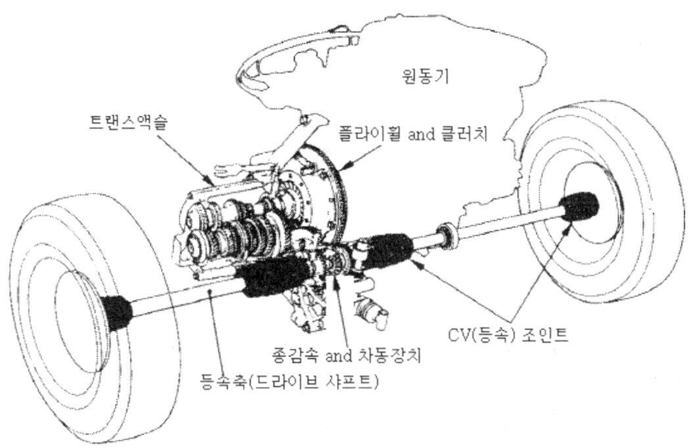

[동력전달장치 FF car]

(1) 변속기 설치상태, 작동 시 이상소음 발생, 손상, 누유 점검

- 점검방법 : 점검해머와 육안검사

(2) 기어변속레버를 작동시켜 작동상태 불량 또는 기어빠짐 점검

(3) 변속기(트랜스미션) 오일 유량점검

- 점검방법(자동변속기)
  ① 정상 온도까지 워밍업
  ② 자동차를 평탄한 곳에 정차
  ③ 주차브레이크 작동 및 브레이크 페달 밟고 있는 상태에서
  ④ 변속레버를 [P-R-N-D-2-L-2-D-N-R-P]의 순서로 각 위치에서 수초(약3초)간 유지하면서 이동시켜 최종 [P]위치에 놓음

⑥ 규정 범위 유량점검

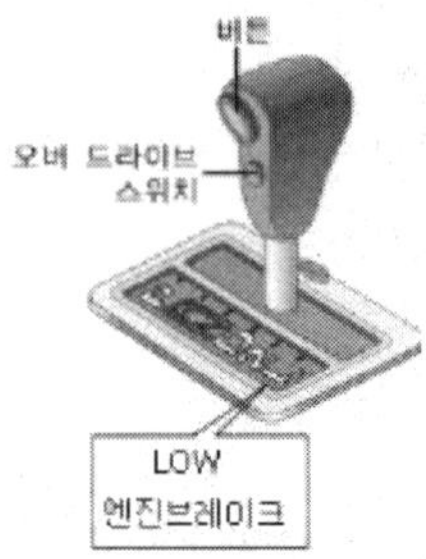

[변속레버]

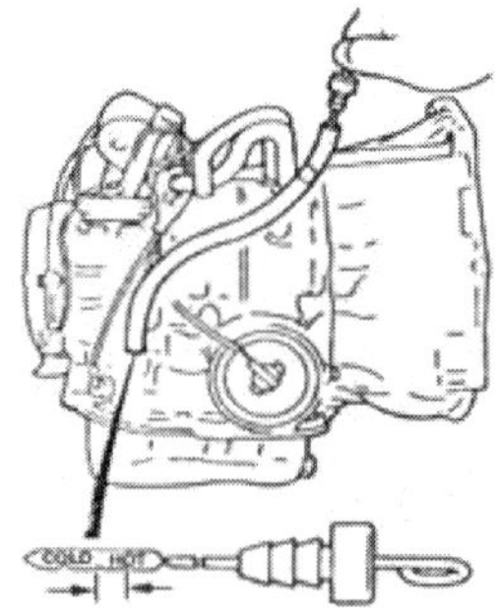

[오일레벨 게이지]

(4) 색깔, 이물질, 거품 등 오염 상태 점검

① 점검방법 : 레벨게이지를 이용한 오일 점검

② 점검 사항

- 자동변속기오일은 다른 오일과의 구분을 위해 붉은 염료가 추가되어 있어 투명 적갈색에서 주행거리가 증가하면서 검붉은 색으로 변함 (단, 색상으로 주행거리를 판단해서는 안됨)
- 오일 색깔 및 이물질 등의 오염 상태 점검
  - 갈색 : 가혹한 상태 또는 고온주행
  - 검은색 : 알루미늄 부싱 및 기어마멸 분말이 섞인 경우
  - 유백색 : 수분 다량 혼입
  - 니스색 : 상당한 고온에서 노출되어 고체화 됨
  - 알루미늄 또는 쇳가루 발생
  - 토크컨버터 내부의 스테이터 부싱마멸
    가. 원웨이 클러치 불량(알루미늄가루)
    나. 댐퍼클러치 마모로 철판 접촉시
  - 거품
    가. 점도가 높은 오일 사용
    나. 적정 오일량 이상 주입

(5) 등속조인트, 추진축, 연결부(조인트), 종감속 장치 등의 설치 및 작동상태, 유격, 손상, 변형, 누유 여부 검사

- 점검방법 : 점검해머와 육안검사

  ① 추진축의 스플라인부 또는 유니버셜 조인트에 과도한 유격과 볼트, 너트 탈락 또는

파손이 없어야 하며, 각부(요크 플랜지, 조인트 요크, 베어링 커버 등)는 잘 조여져 있어야 함

② 유니버셜 조인트와 베어링에 유격이 없고 플렉시블 조인트에 손상이 없을 것

③ 구동축의 이완이나 유격이 없을 것

(6) 동력 전달장치 임의 변경 점검

2-2. 클러치페달 및 케이블의 설치 및 작동상태, 손상 및 클러치 페달 자유높이, 유격이 적정하여야 한다.

(1) 클러치 작동 시 이상소음 및 끊김 불량, 접속 시 떨림 발생과 클러치 케이블의 심한 늘어짐 및 손상 점검. 점검은 점검해머와 육안 검사를 통해 이루어진다.

(2) 클러치 마스터실린더 또는 어퍼레이팅 실린더(릴리스 실린더) 설치 및 작동상태, 손상, 변형 및 오일누유 점검. 점검은 점검해머와 육안 검사를 통해 이루어진다.

(3) 클러치 연결호스(파이프) 설치상태, 손상, 변형 및 누유 점검

- 점검방법 : 유격이 적당하지 않을 경우 곧은 자를 이용하여 클러치 페달을 손으로 가볍게 눌러 페달의 이동 거리 측정

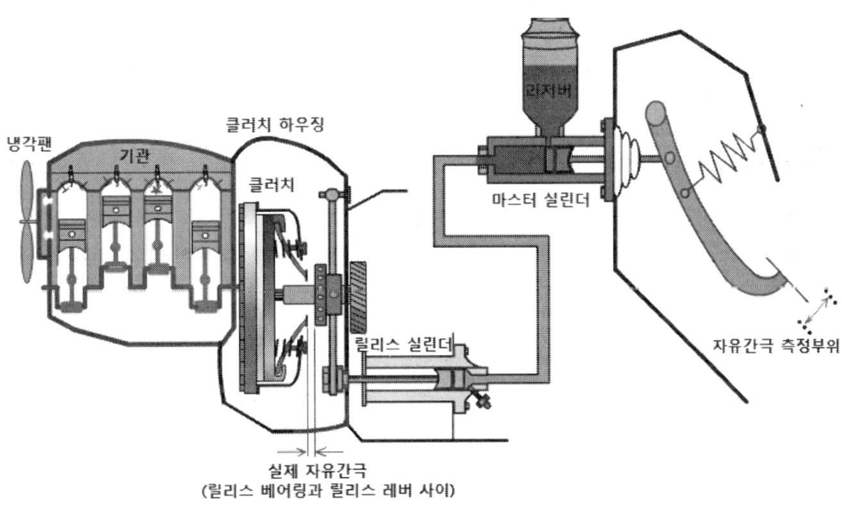

- 참고 : 클러치페달의 자유 높이(유격)

  ① 현대 : 6~13mm ② 기아 : 3~5mm

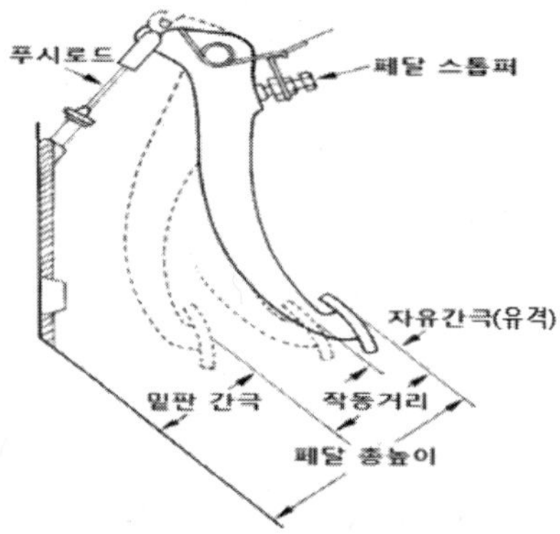

[클러치 페달 자유높이]

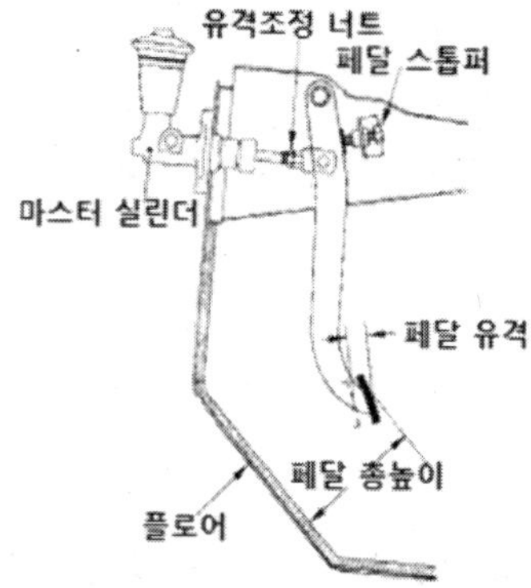

[클러치페달 자유높이 조정너트]

(4) 클러치 페달 점검

<table>
<tr><td rowspan="4">검사항목</td><td>학년/학반</td><td>학번</td><td>성명</td><td colspan="2" rowspan="2">지도교수
확인</td><td rowspan="2"></td></tr>
<tr><td></td><td></td><td></td></tr>
<tr><td colspan="2">① 점검(또는 측정)</td><td colspan="3">② 정비 또는 조치사항</td><td rowspan="2">득점</td></tr>
<tr><td>측정값</td><td>규정(정비한계)값</td><td>판정
(□에 √ 표)</td><td colspan="2">정비 및 조치사항</td></tr>
<tr><td>자유높이(유격)</td><td></td><td>6~13mm</td><td rowspan="2">□ 양호
□ 불량</td><td colspan="2" rowspan="2"></td><td rowspan="2"></td></tr>
<tr><td>페달높이</td><td></td><td>150~180mm</td></tr>
</table>

2-3. 주행 중 출력이 부족할 경우

엔진 출력 저하인지 자동변속기 내부 슬립으로 인한 출력저하 인지 자동변속기 스톨시험을 통하여 점검한다.

(1) "D" 또는 "R" 레인지에서 자동변속기 스톨시험 실시하여 동력전달의 이상 유무를 점검한다.

- 시험방법
  ① 자동차가 워밍업이 되었을 때 자동 변속기 오일량 점검
  ② 앞 · 뒤 바퀴에 고임목 또는 안전 바를 설치
  ③ 주차브레이크를 작동시키고, 브레이크 페달을 밟는다.
  ④ 엔진 시동
  ⑤ 변속레버를 "R" 레인지로 선정하고 가속페달을 안전히 밟은 상태로 엔진의 최고 속도를 측정
- 적정 rpm : 2,200~2,600rpm

- 주의
  ① 필요 이상으로 스로틀 밸브를 완전히 열고 있거나 5초 이상 지속시키지 말 것
  ② "N" 레인지로 선정하고 기관을 1~2분 공회전시켜 자동변속기 오일을 냉각시킨 후 재시험
  ③ 같은 방법으로 "D"-"2"-"L"시험

(2) 각 레인지에서 규정 값 이상일 경우

- 참고 : 자동변속기 내부의 각 클러치 및 브레이크 마찰재(전진 클러치, 후진 클러치, 원웨이 클러치 등)의 과대 마모로 인한 슬립

(3) 각 레인지에서 규정값 이하일 경우

- 참고 : 엔진 결함 또는 자동변속기의 토크컨버터 내부 불량

(4) 자동변속기 스톨 시험

<table>
<tr><td rowspan="4">검사항목</td><td>학년/학반</td><td>학번</td><td colspan="2">성명</td><td rowspan="2">지도교수 확인</td><td rowspan="2"></td></tr>
<tr><td></td><td></td><td colspan="2"></td></tr>
<tr><td colspan="2">① 점검(또는 측정)</td><td colspan="3">② 정비 또는 조치사항</td><td rowspan="2">득점</td></tr>
<tr><td>측정값</td><td>규정(정비한계)값</td><td>판정
(□에 √ 표)</td><td colspan="2">정비 및 조치사항</td></tr>
<tr><td>스톨시험</td><td></td><td>2,200~2,600rpm</td><td>□ 양호
□ 불량</td><td colspan="2"></td><td></td></tr>
</table>

2-4. 센서의 정상작동여부

자동 변속기의 원활한 작동을 위한 각종 센서(유온센서, 입·출력속도센서, 각종 솔레노이드, 차속센서회로 등) 및 제어장치의 설치상태 및 정상작동 여부 점검

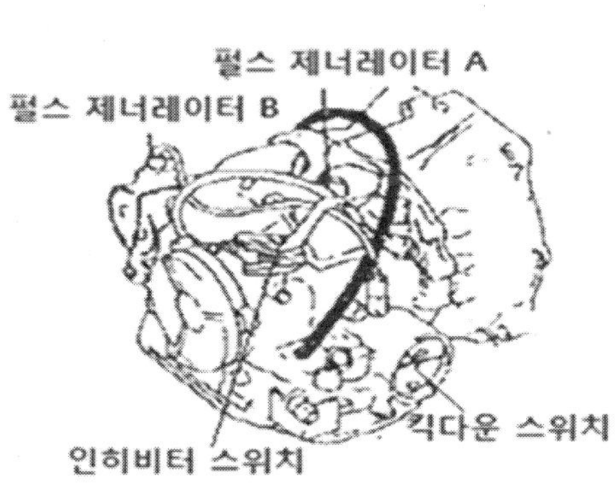

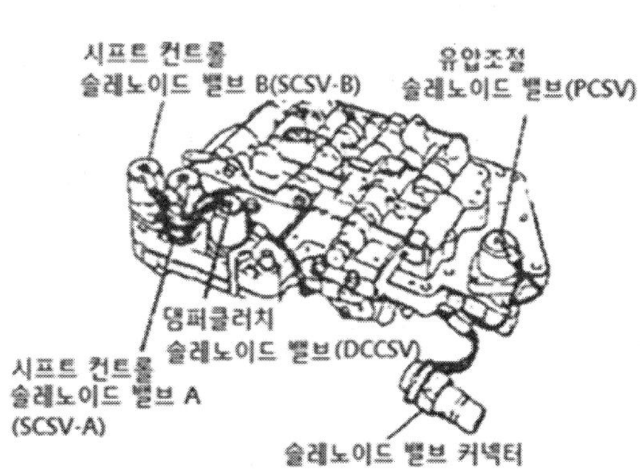

(1) 자동변속기 펄스 제너레이터 점검

<table>
<tr><td rowspan="4">검사항목</td><td>학년/학반</td><td>학번</td><td colspan="2">성명</td><td rowspan="2">지도교수
확인</td><td rowspan="2"></td></tr>
<tr><td></td><td></td><td colspan="2"></td></tr>
<tr><td colspan="2">① 점검(또는 측정)</td><td colspan="3">② 정비 또는 조치사항</td><td rowspan="2">득점</td></tr>
<tr><td>이상부위</td><td>내용 및 상태</td><td>판정
(□에 √ 표)</td><td colspan="2">정비 및 조치사항</td></tr>
<tr><td>펄스 제너레이터
"A", "B"</td><td></td><td></td><td>□ 양호
□ 불량</td><td colspan="2"></td><td></td></tr>
</table>

- PG-A(입력속도 센서), PG-B(출력속도 센서)의 저항값을 측정하여 판정한다.
- 저항값은 일반적으로 240~260Ω 정도면 양호하다.
- PG-A 또는 PG-B 중 하나가 불량이면 두 개 다 교환한다.

(2) 자동변속기 댐퍼클러치 및 압력제어 솔레노이드 밸브 점검

<table>
<tr><td rowspan="4">검사항목</td><td>학년/학반</td><td>학번</td><td colspan="2">성명</td><td rowspan="2">지도교수
확인</td><td rowspan="2"></td></tr>
<tr><td></td><td></td><td colspan="2"></td></tr>
<tr><td colspan="2">① 점검(또는 측정)</td><td colspan="3">② 정비 또는 조치사항</td><td rowspan="2">득점</td></tr>
<tr><td>이상부위</td><td>내용 및 상태</td><td>판정
(□에 √ 표)</td><td colspan="2">정비 및 조치사항</td></tr>
<tr><td>댐퍼클러치 및
압력제어 S/V</td><td></td><td></td><td>□ 양호
□ 불량</td><td colspan="2"></td><td></td></tr>
</table>

- 기준값은 차종별로 다르므로 시험위원이 제시한 값을 참조한다.
- 댐퍼클러치 및 압력제어 솔레노이드 밸브의 기준값은 일반적으로 21~24Ω 정도이면 양호하다.

(3) 전자 진단장치를 진단 커넥터에 연결하여 자동변속기의 각종 센서 및 제어장치를 점검한다.

- 점검방법
  ① 1차 진단결함코드 확인 시 기억소거
  ② 해당 센서 설치상태(접촉 불량, 단선 및 단락 등 점검) 점검
  ③ 재점검하여 진단결함코드 재점검

제 3 장
Chapter 3

자동차 주행 장치 검사 기준 및 방법

1. 주행 장치

1-1. 타이어에 작용되는 하중

적차상태에서 타이어에 작용되는 하중이 당해 타이어의 제작자가 표시하는 최대 허용하중의 범위이내일 것

(1) 타이어 측면의 Max Load 수치를 검사한다.
  ① 최대허용하중 표시의 예
  ② Max Load 470kg(1036LBS)AT : 타이어가 470kg(1036파운드)를 견딜 수 있다는 의미

(2) 최대허용하중이 표시되지 아니한 경우에는 당해 타이어제작국가의 공업규격에서 정한 최대허용하중을 적용한다.

(3) 최대 허용하중이 미표시 타이어 검사 시 타이어의 제조사에 제조국가가 불분명함.

1-2. 타이어의 상태

타이어가 금이 가고 갈라지거나 코드 층이 노출될 정도의 손상이 없어야 하며, 요철형 무늬의 깊이를 1.6mm 이상 유지할 것

(1) 타이어 표면과 요철형 무늬(트레드)의 손상 및 변형을 육안으로 검사한다.

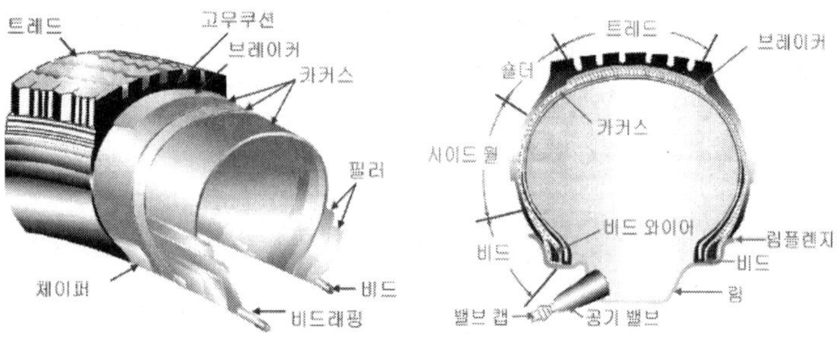

[타이어의 구조]

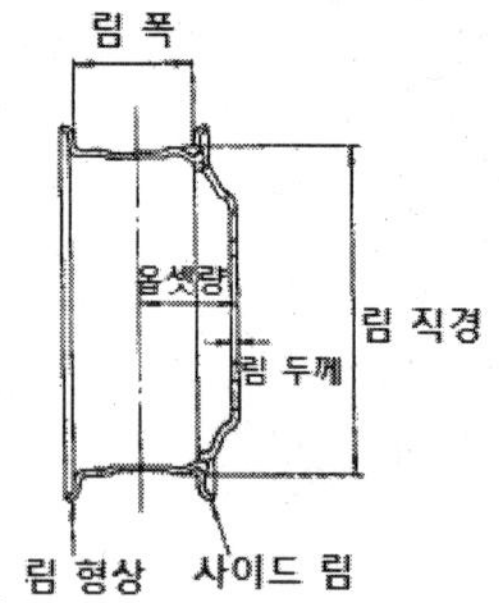

[휠의 치수]

〈휠(Wheel)의 치수(예) : 7.00 T × 20-162-12t〉

① 7 : 림 폭(inch)	② T : 림 형상
③ 20 : 림 직경(inch)	④ 162 : 옵셋량(mm)
⑤ 12t : 림 두께(mm)	

① 타이어가 갈라지거나 금이 가는 등의 손상이 있음
② 타이어의 코드층이 노출됨
③ 타이어의 요철형 무늬(트레드) 편마모
④ 타이어의 사이드월부의 불균일

(2) 자동차는 공차상태로 하고 타이어는 표준공기압으로 한다.

(3) 타이어의 요철형 무늬(트레드) 깊이를 계측기로 측정한다.
① 타이어 접지부의 임의의 한 점에서 120도 각도가 되는 지점이다. 접지부의 1/4 또는 3/4지점 주위의 트레드 홈의 깊이를 측정한다.
② 트레드 마모표시(1.6mm로 표시된 경우에 한한다)가 되어 있는 경우에는 마모표시를 확인한다.

(4) 타이어 측면에 표시된 요철형 무늬(트레드)의 마모한계 표시부를 육안으로 확인한다.

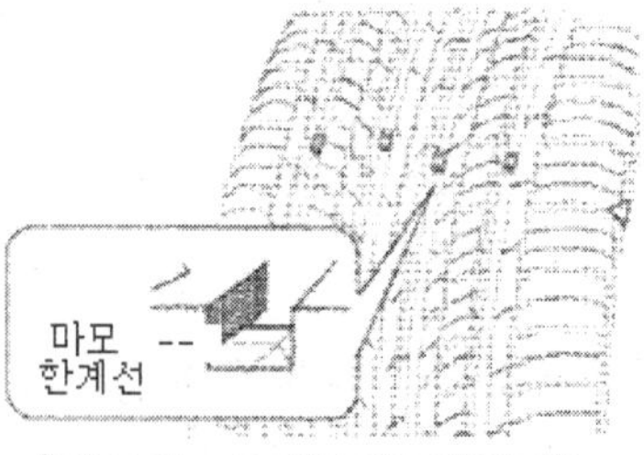

[타이어 마모한도(육안점검)]

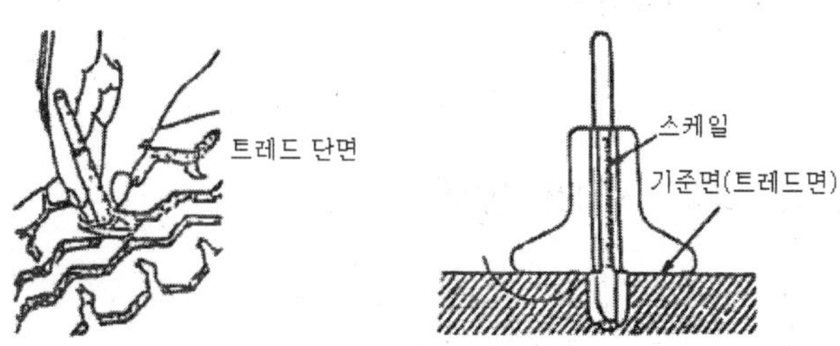

[타이어 마모한도 측정]

1-3. 자동차의 타이어 및 기타 주행 장치

자동차의 타이어 및 기타 주행 장치의 각부는 견고하게 결합되어 있어야 하며, 갈라지거나 금이 가고 과도하게 부식되는 등의 손상이 없어야 한다.

1-3-1. 전후 차축의 외관 및 휠디스크, 림의 부식, 변형

점검방법 : 햄머 또는 육안 등에 의해 검사

1-3-2. 휠 또는 타이어 돌출 여부

1-3-3. 휠의 수나사, 암나사가 견고하게 조여 있어야 한다.

점검방법 : 햄머 또는 육안 등에 의해 검사

1-3-4. 허브베어링 유격점검 및 이상음 검사

(1) 허브베어링 유격점검 시 각 축에 대하여 플레이디텍터 또는 유압잭 등을 이용하여 프리휠링
(2) 각 바퀴에 유압잭 등을 이용하여 프리휠링 상태에서 회전시켜 이상음 발생여부 확인

1-4. 타이어 공기압이 적정해야 한다.

1-4-1. 공기압을 계측기로 검사한다.

[타이어 공기압 측정]

- 가급적 완전히 식은 상태로 점검한다.
- 차종 별, 제조사별 규정 공기압이여야 한다.

1-5. 공기 노출여부

타이어 공기주입밸브 및 요철형 무늬(트레드)에 못 등으로 인한 공기 누출여부를 확인한다.

1-5-1. 타이어 각 부위의 공기 부출여부를 육안 또는 비눗물 검사한다.

① 공기주입 밸브 주위 공기 누출여부 확인

② 못 등으로 인한 요철형 무늬(트레드) 손상 또는 공기 누출여부 확인

1-6. 타이어압력모니터링(TPMS) 시스템

타이어압력모니터링(TPMS) 장착 자동차의 시스템 이상 유무를 확인한다. 전자 진단장치를 이용하여 센서 이상유무 확인한다.

2. 타이어 규격 표기법 종류

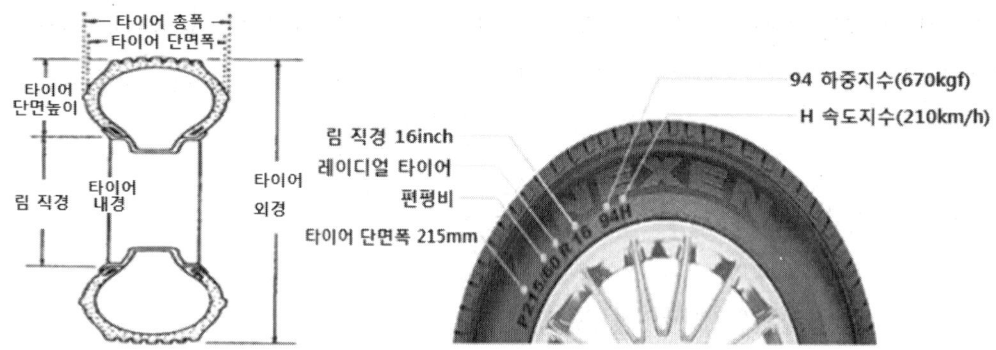

[타이어 규격 표시법]

2-1. 타이어의 규격 표기

메트릭 표기법, 뉴메릭 표기법 등 여러 표기로 사용되어왔으나 최근 ISO에서 정한 표기법을 많이 사용하고 있다.

2-1-1. ISO 표기법 (유럽 ETRTO 규정)

(1) 205/60 R 15 89H

① 205 → 타이어 단면폭(205mm)

② 60 → 편평비 60% (60시리즈)
③ R → 레디얼 타이어 구조
④ 15 → 타이어 내경 15인치(림경 15inch)
⑤ 89 → 최대하중지수(580kg)
⑥ H → 최고속도(210km)

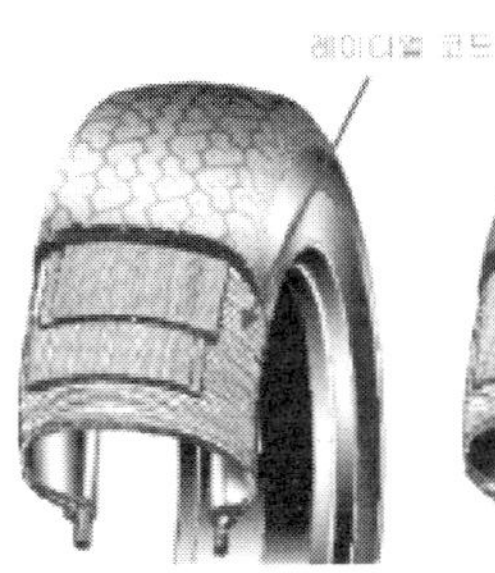

[레이디얼 타이어]

[보통 타이어]

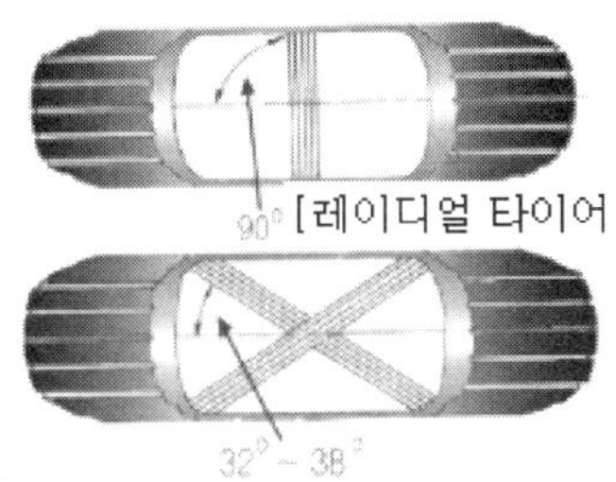

[레이디얼 타이어]
[보통 타이어]

참고 : 레이디얼 타이어의 장점

① 접지성이 좋아 로드 홀딩이 우수하다.
② 고속 주행 시 안전성이 우수하다.
③ 선회 시 사이드슬립이 적어서 코너링 포스가 우수하다.
④ 연료소비율이 10% 감소될 수 있다.
⑤ 특수 배합한 고무와 발열에 따른 성장의 영향이 적은 레이온 코드로 만든 강력한 벨트를 4매를 사용하였기 때문에 일반 타이어에 비해 수명이 65% 증가 된다.
⑥ 타이어 편평비를 크게 할 수 있다.
⑦ 스탠딩 웨이브 현상이 잘 일어나지 않는다.

2-1-2. P-METRIC 표기법 (북미 TRA 규정) : P 215/60 R 14

(1) P → 승용차용임을 나타내는 Passenger의 약자.

(2) 기타는 ISO 표기법과 같음

(3) 뉴 메릭 표기법 : 6.00-12.00

① 6.00 → 타이어 단면폭 6inch
② - → 바이어스 구조
③ 12 → 타이어 내경 12inch

(4) 경트럭 미터법 : LT 235/75 R 15

① LT → 경트럭용(LT : Light Truck)
② 235 → 타이어 단면폭 235mm
③ 75 → 편평비 75%(75시리즈)
④ R → 래디얼 구조
⑤ 15 → 타이어 내경 15inch

(5) 플로테이션(FLOTATION) 표기법 : 30X9.50 R 15

① 30 → 타이어 외경 30inch
② 9.50 → 타이어 단면폭 9.5inch
③ 15 → 타이어 내경 15inch

2-2. 타이어 속도 기호와 속도 표시

타이어의 최대속도를 표시하는 기호로, 속도기호에 상응하는 한계속도는 다음의 표와 같다.(최고 한계속도로 주행할 수 있음을 나타낼 뿐이며, 최고속도로의 주행을 보증하는 것은 아니다.)

Speed Symbol	Speed km/hr	Speed Symbol	Speed km/hr
A1	5	K	110
A2	10	L	120
A3	15	M	130
A4	20	N	140
A5	25	P	150
A6	30	Q	160
A7	35	R	170
A8	40	S	180
B	50	T	190
C	60	H	210
E	70	V	240
F	80	W	270
G	90	Y	300
J	100	Z	above 300km/hr

2-3. 공기압 환산

kPa	bar	psi(lbf/in2)	kgf/㎠
100	1.0	15	1.0
150	1.5	22	1.5
200	2.0	29	2.0
250	2.5	36	2.6
300	3.0	44	3.1
350	3.5	51	3.6
400	4.0	58	4.1
450	4.5	65	4.6
500	5.0	73	5.1
550	5.5	80	5.6
600	6.0	87	6.1
650	6.5	94	6.6
700	7.0	102	7.1
750	7.5	109	7.7
800	8.0	116	8.2
850	8.5	123	8.7
900	9.0	131	9.2
950	9.5	138	9.7
1,000	10.0	145	10.2
1,050	10.5	152	10.7

참고

① m(meter) =1inch = 0.025m(25.4mm), 1mile = 1609m(1.609km)
② kg(kilogram) = 1pound(1b) = 0.4536kg
③ Pa(Pascal) = 1bar = 100kpa, 1pound per square inch(p.s.i or lbf / in^2) = 6.895kPa
④ m/s(meter per second) = 1km per hour (km/hr) = 0.27778m/s
⑤ 1mile per hour (m.p.h) = 0.470m/s(1.60935km/h)

2-4. 타이어 공기압 관리

(1) 타이어 안전관리에서 가장 중요한 것은 공기압이며, 1개월 단위로 점검해야 한다. 타이어는 적정 공기압을 넣었을 때 비로소 타이어로서 제 기능을 발휘하지만, 반대의 경우에는 마모, 주행안전성, 연비, 타이어 파손 등에 결정적인 영향을 미치는 요인으로 작용한다. 승용차의 적정 공기압은 28~32psi 이며 고속 주행 시 10~15% 높여주는 것이 좋다.(1kgf/㎠≒14.2psi)

(2) 공기압이 적정하지 못할 경우 요철형무늬(트레이드)와 노면의 밀착도가 떨어지기 때문에 접지력은 물론 마찰력이나 제동력, 핸들링은 자연히 악화될 수밖에 없다. 또한 타이어의 탄성력이 결여되면서 스텐딩 웨이브(Standing Wave) 현상이나 마모로 인한 파손이 우려되며 승차 역시 떨어지기 마련이다.

2-4-1. 타이어 & 공기압과 경제성의 상관관계

구분	공기압 0.2bar 부족할 때	공기압 0.4bar 부족할 때	공기압 0.6bar 부족할 때
연비	1% 연비증가	2% 연비증가	4% 연비증가
타이어수명	10% 수명감소	30% 수명감소	45% 수명감소

2-4-2. 공기압 상태에 따른 자동차의 성능 비교

성능	공기압 상태	
	부족	과다
부하능력(Load Capacity)	저하	상승
굴곡(Deflection)	상승	저하
접지면적(Contact Area)	상승	저하
접지압((Contact Pressure)	저하 (숄더 집중)	저하
스프링 정수(Spring Rate)	저하	상승
승차감(Ride Comfort)	상승	저하
노면마찰(Friction)	상승	저하
회전저항(Rolling Resistant)	상승	저하
주행 시 온도 상승(Temperature)	상승	저하
코너링 파워(Cornering Power)	저하	상승

일반 내구성(Endurance)	낮음	낮음
고속 내구성(High Speed Endurance)	낮음	높음
내마모(Anti Abrasion)	낮음 (숄더마모증대)	높음
요철형 무늬(트레드) 외상(Trade Hunt)	낮음	높음
요철형 무늬(트레드) 파열(Trade Impact Burst)	-	높음
사이드 월 파괴(Side wall burst)	조기 마모	고장 빈발
분리(Separate)	열에 의해 파괴 쉬움	발생율 높음

2-5. 타이어 깊이(Trad Depth)에 따른 제동거리(젖은 노면)

구분	타이어 깊이(mm)				
	1.0	1.6 (법적한계치)	2.8	4.0	7.0
고속도로(100km/hr)	105m	91m	74m	60m	53m
자동차전용(80km/hr)	82m	68m	52m	41m	36m
시내도로(60km/hr)	36m	32m	28m	25m	22m

주) ① 신제품의 경우 타이어 깊이는 약 8.0mm이다.
② ABS장착 차량 기준이며, 시험결과는 노면 상태에 따른 마찰계수에 따라 차이 있을 수 있음.
③ [제동거리]라 함은 운전자가 풋-브레이크를 실제로 작동해서 자동차가 정지할 때까지의 거리임.

2-6. 수막현상(하이드로 플래이닝 : Hydroplaning)

자동차가 물이 고인 노면을 고속으로 주행하면 타이어가 노면에 닿아서 회전하는 것이 아니고 물위를 떠서 주행하는 현상이 나타난다. 수막현상은 타이어가 마모되어 홈 깊이가 줄어들면 빗길 주행 중 홈을 통해 물을 배수시키는 타이어의 성능이 떨어져 더욱 심화되며, 브레이크 및 핸들조작이 어렵고 견인력이 없어진다. 이러한 현상을 방지하기 위해서는 마모한계(1.6mm)이하인 타이어를 절대 사용해서는 안된다.

- 공기압 관리 : 공기압이 높을수록 접지 압력도가 심해지므로 고속도로 주행 시 표준 공기압보다 3~4psi를 더 넣어준다.(1kgf/㎠≒14.2psi)
- 타이어 마모 : 마모가 심할수록 이 현상은 심해지므로, 항상 주의를 기울여 검사해야하며, 마모 한계인 1.6mm 이하는 사용해서는 안 된다. 요철형 무늬(트레드) 패턴 및 주행

속도 차량의 진행 방향과 요철형무늬(트레드) 홈의 방향이 같은 패턴이 배수성이 우수하며, 고속 주행 시 물이 고여 있는 것은 피해야 한다.

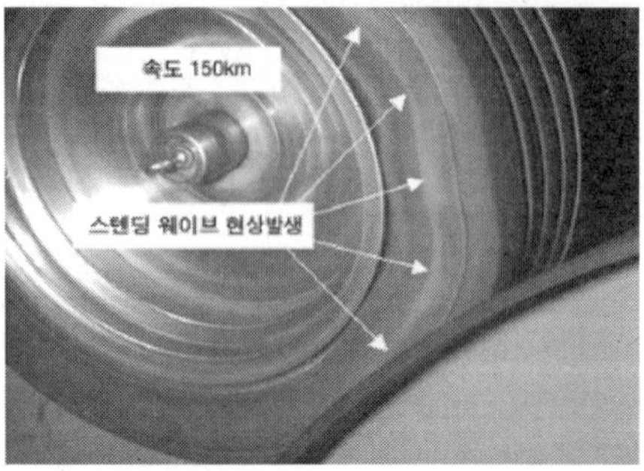

[스탠딩 웨이브 현상]

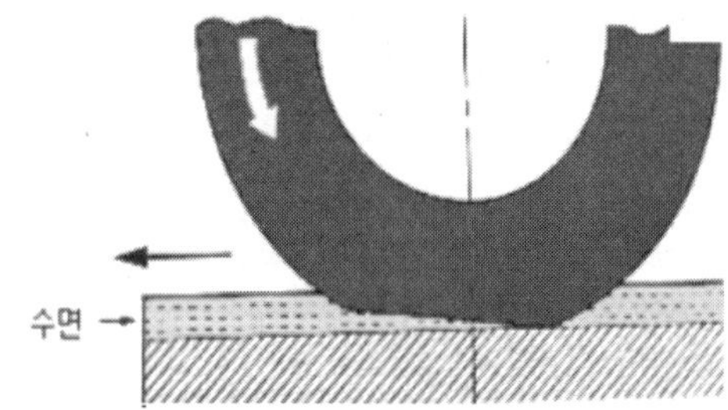

[수막현상]

2-7. 스탠딩 웨이브(Standing Wave) 현상

자동차가 고속으로 주행하여 타이어의 회전속도가 빨라지면 접지부에서 받은 타이어의 변형(주름)이 다음 접지 시점까지도 복원되지 않고 접지의 뒤쪽에 진동의 물결이 되어 남는다. 이러한 파도치는 현상을 스탠딩 웨이브(Standing Wave)라고 한다. 일반구조의 승용차용 타이어의 경우, 대략 150km/h 전후의 주행속도에서 스탠딩 웨이브 현상이 발생한다. 단 조건이 나쁠 때는 150km/h 이하의 저속력에서 발생하는 일이 있으므로 주의가 필요하다. 스탠딩 웨이브를 일으킨 상태에서 주행을 계속하면 타이어는 강제적으로 진동수가 빠른 변형을 받기 때문에 회전저항이 급격히 증가하고, 자동차의 가속성이 저하되어 차량의 속도 증가에 문제가 생기고, 타이어의 온도는 급격히 상승하여 불과 몇 분 사이에 타이어는 갈기갈기 파괴되어 버리는 매우 위험한 현상을 일으킨다. 스탠딩 웨이브 발생 시에는 요철형 무늬(트레드)부의 고무가 작은 조각이 되어 떨어져 나가면서 자동차 바닥을 툭툭 치므로 조금만 유의하면 즉시 발견할 수 있다. 레이디얼 타이어의 경우는 바이어스 타이어에 비해 이 현상이 일어나는 속도가 낮아지게 된다. 스탠딩웨이브를 방지하기 위해서는 타이어 설계 면에서 구조나 재질, 카커스(타이어의 뼈대)를 구성하는 플라이 코드의 각도를 변화시키는 등 다양한 배려가 이루어져 있으므로 타이어 사이드부에 있는 속도표시를 유념하여 제한 속도 내에서만 고속 주행해야 한다. 고속주행의 기회가 많은 경우에는 이와 같은 고속주행에 보다 적합한 타이어를 장착하던지 승용차 타이어의 경우 공기압을 0.2~0.3kg/㎠ 높게 하는 것이 필요하다.

- 스탠딩 웨이브 현상 방지법

① 타이어 공기압을 10~20% 정도 높인다.

② 강성이 큰 타이어를 사용한다.
③ 전동저항을 감소시킨다.

- 하이드로 플래닝(수막)현상 방지법
  ① 리브형 타이어를 사용한다.
  ② 트레드 마멸이 적은 타이어를 사용한다.
  ③ 타이어 공기압을 높인다.
  ④ 트레드에 카프(carf : V형) 모양으로 셰이빙(Shaving)가공한 타이어를 사용한다.
  ⑤ 타이어 폭을 좁게 한다.

- 타이어에서 발생되는 소음들
  ① 험(hum) 소음 : 자동차가 직진 주행 시 트레드 디자인에 같은 간격으로 배열된 피치가 노면을 규칙적으로 치는 데서 발생되는 소음 즉, 윙윙 또는 웅웅하는 소음이다.
  ② 스퀼(squeal) 소음 : 급격한 가속이나 제동 또는 선회 시에 타이어가 노면과의 사이에 미끄러짐이 발생하면서 나는 소음 즉, 끼~이익 끼~이익하는 소음이다.
  ③ 럼블(rumble) 소음 : 자동차가 거친 노면 주행시 타이어에서 덜커덩 또는 우러렁 하면서 차량 실내로 전달되는 진동소리이다(자갈 등을 치는 소리).
  ④ 스퀄치(squelch)소음 : 주행방향과 수직으로 파여 있는 리브의 진동으로 나는 소음이다.
  ⑤ 패턴(Pattern)소음 : 자동차가 주행할 때 타이어 표면의 홈 안에 있는 공기가 밖으로 나오면서 나는 소리다. 손바닥을 두드릴 때 소리가 나는 것과 같은 원리다.

- 타이어에서 일어나는 현상들
  ① Flat spot : 장기 주차 시 차량의 하중에 의해 타이어에 변형이 발생하고, 차량이 다시 주행하게 될 때 정상적으로 복원되지 않는 현상을 플랫 스포트라 한다.
  ② Run flat : 펑크가 나도 일정시간 동안 주행이 가능한 타이어를 런 플랫 타이어라 한다.

[참고] 트레드 패턴의 종류

[러그 패턴] [리브 패턴] [슈퍼 트랙션패턴] [리브러그 패턴] [블록 패턴] [오프드 로드패턴]

2-8. 타이어 공기압 경보 시스템 (TPMS : Tire Pressure Monitoring System)

타이어는 자동차의 하중을 지지하고, 노면에서 발생되는 충격을 흡수함과 동시에 자동차의 구동력, 제동력, 조향력 등을 노면에 전달하여 자동차의 운동을 유지하는 작용을 한다. 타이어에서 적절한 제동력과 조향력을 발휘하기 위해서는 타이어의 공기압이 적절한 상태를 유지해야 한다. 그러나 타이어 공기압은 육안으로 확인하는 것이 매우 어려운데, 최근에는 타이어 공기압과 온도를 자동으로 측정하여 설정 압력보다 낮을 때 운전자에 경고 신호를 주는 타이어 압력 모니터링 시스템이 개발되어 차량에 장착되고 있다. 따라서 운전자가 자동차 타이어 공기압력을 적정 수준으로 유지하도록 함으로써 사고를 미연에 방지하고 주행 안전성을 향상시키는데 도움을 준다.

국내의 자동차는 2013년 01월 01일부터 출시되는 승용자동차와 차량 총중량 3.5톤 이하인 전차종(승합, 화물, 특수자동차)에는 TPMS를 의무적으로 장착해야 한다.

2-8-1. 시스템 구성

TPMS 시스템은 타이어 공기압과 온도를 감지하는 센서와 그 센서의 신호를 전달받는 수신기로 구성된다.

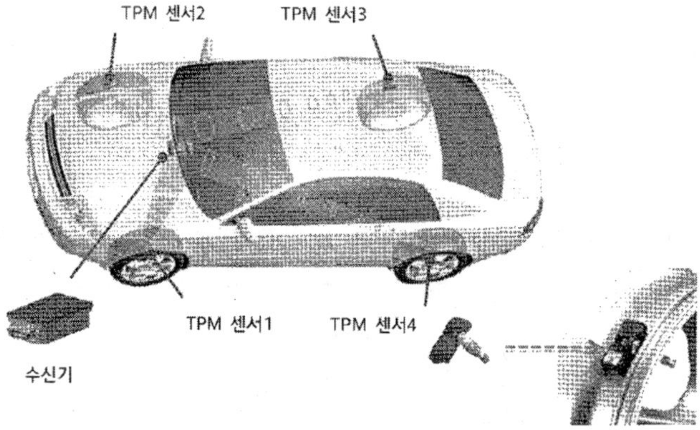

[시스템 구성]

센서의 신호를 받은 수신기는 타이어의 공기압이 기준 공기압 대비 20% 이하로 떨어지게 되면 CAN 통신을 통해 계기판에 경고등을 점등한다.

2-8-2. 작동원리

센서는 타이어 내부의 온도와 압력을 측정하여 측정한 데이터를 무선통신을 이용하여 수신기로 전달한다. 수신기는 센서로부터 데이터를 수신하고 그 신호를 분석하여 공기압이 저하되었거나 시스템 이상 시 경고등 제어를 수행한다. 센서 내부의 가속도 센서로부터 4G 이상의 가속도 검출 시에, 대략 15km/h 이상에서 타이어의 주행상태를 감지해서 수신기로 RF 신호를 보내는 방식을 적용하고 있다. 한번 설치한 센서 모듈은 같은 모듈에 전자부품과 함께 몰딩되기 때문에 배터리 교환이 불가능하다. 배터리 사용 기간은 약 10년이다. 수신기의 경고등 제어방식은 트레드 램프를 통해 수행하는데 공기압 저하 시에는 트레드 램프를 점등하고 시스템 이상 시에는 트레드 램프를 60초간 점멸한 후에 점등으로 전환한다.

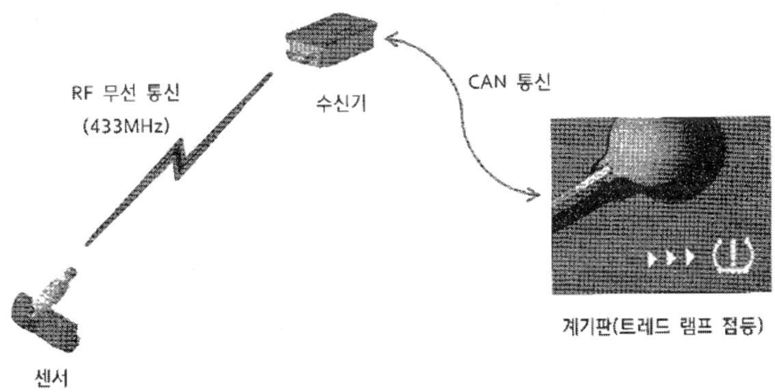

[시스템 작동 흐름도]

제 4 장 Chapter 4 완충 · 연료장치 검사 기준 및 방법

1. 완충장치 검사

1-1. 판스프링 및 코일스프링 완충장치

각부는 갈라지거나 금이 가고 탈락되는 등의 손상이 없어야하며 균열, 절손, 변형, 처짐 및 기름등의 누출이 없을 것

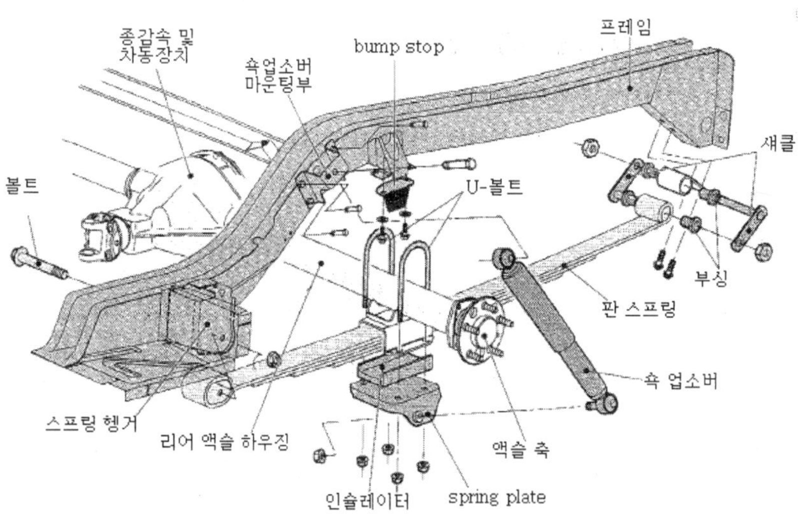

[리어 액슬 어셈블리 및 판 스프링]

- 점검방법 : 스프링 및 쇽업소버 등 각부의 손상 및 기름 등의 누출여부를 육안 또는 점검해머를 이용하여 점검

1-1-1. 판스프링 점검

(1) 스프링 판의 설치상태, 균열, 절손, 변형, 처짐 또는 과도한 돌출 등 점검
(2) 스프링아이의 결함이 있는지 점검
(3) 센터볼트, U-볼트(클립밴드)의 절손, 이완 등 손상
(4) 스프링 앵커브래킷 핀, 고무부싱과 섀클의 양쪽 핀 등 설치상태, 균열, 파손, 변형 등 점검
(5) 스프링 앵커브래킷 핀, 부싱과 섀클의 양쪽 핀의 심한 마모, 손상, 변형 및 유격 점검
- 핀과 부싱의 유격
  ① 12mm 직경 핀의 경우 2mm 이상
  ② 25mm 직경 핀의 경우 3mm 이상
  ③ 직경이 25mm 이상인 핀의 경우 핀 직경의 10% 이상

1-1-2. 코일스프링 점검

(1) 스프링의 양쪽 끝 위치가 정확한지 설치상태 점검
(2) 각 코일 스프링의 균열, 파열, 변형, 처짐 등 점검
(3) 스프링 마운트 균열, 파열, 과도한 손상 또는 부식여부를 점검
(4) 어퍼암, 로어암의 설치상태, 손상, 변경 및 부식 점검

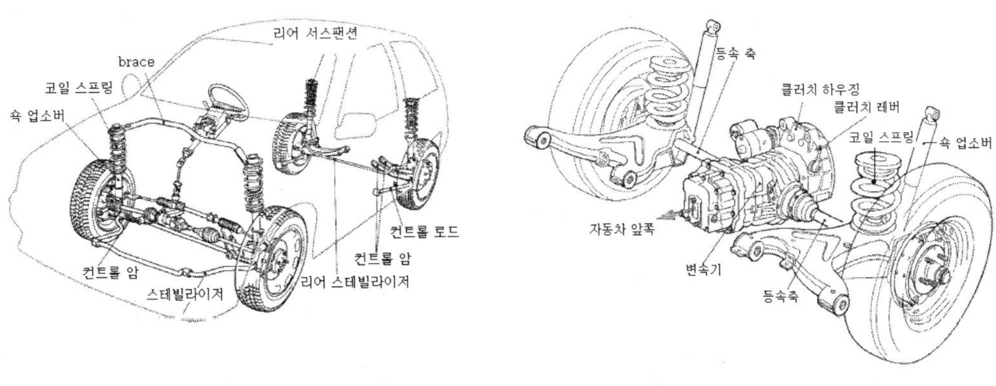

[승용 자동차 코일 스프링]

1-2. 기름 및 가스 점검

유체/가스/공기 완충장치의 손상, 변형, 또는 기름 누유 및 가스 누출이 없을 것

1-2-1. 유체/가스/공기 서스펜션의 다음의 사항을 점검한다.

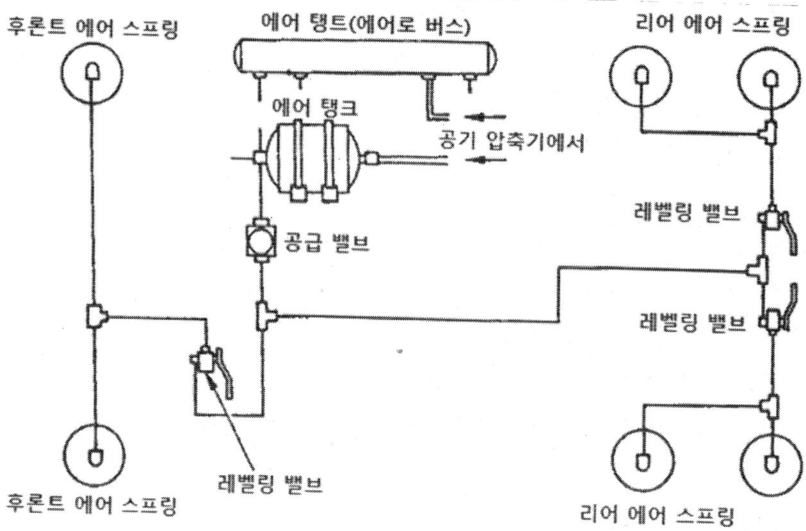

[공기 스프링 서스펜션]

(1) 완충장치와 축압기의 설치상태, 손상 및 변형 등 점검

(2) 기름 누유 및 가스 누출 점검

(3) 서스펜션 장치의 유체 공급 파이프 및 연결 파이프 손상, 변형 및 부식 등 점검

(4) 공기챔버(벨로우즈) 설치상태, 손상, 변형 및 공기 누출 점검

(5) 레벨링(수평유지) 밸브의 정상작동 여부를 점검

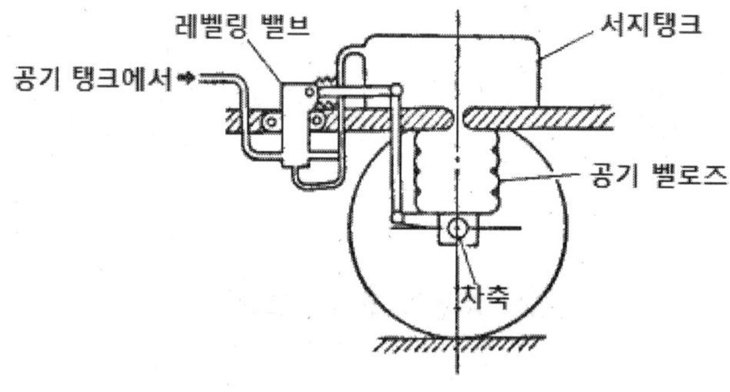

[공기 벨로즈 및 레벨링 밸브]

1-3. 토션바 등 완충장치

토션바 등 완충장치를 구성하는 각종바(bar) 및 앞(arm)이 견고하게 설치되고 부식, 심각한 변형, 마모 등이 없을 것

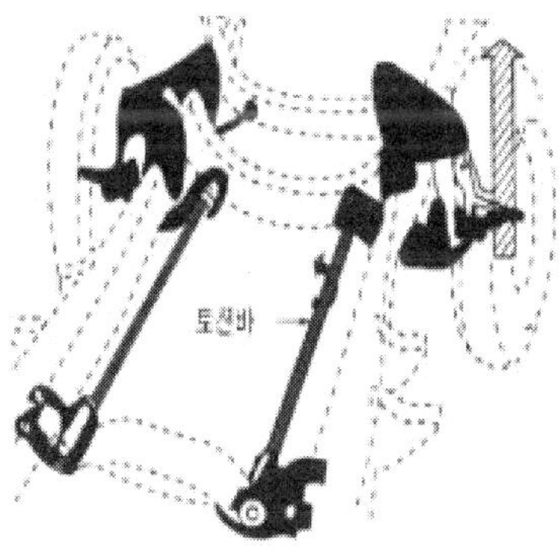

[토션바 완충장치]

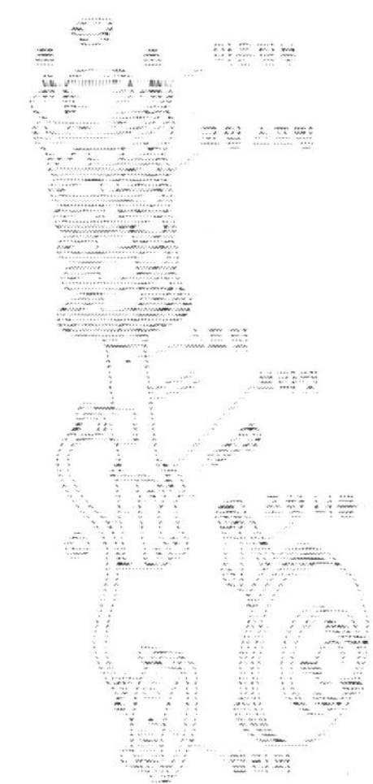

[맥퍼슨 스트럿]

(1) 토션바, 완충장치 어셈블리, 스트러트바, 서스펜션 암, 맥퍼슨 스트러트 하우징 등의 균열, 파열, 부식, 볼 조인트의 과도한 유격, 고정상태 불량 등이 있는지 점검

(2) 좌우 스프링은 심한 차이가 없어야 하며, 판스프링은 전후, 좌우 불균형이 없을 것

(3) 차체의 기울어짐을 줄이기 위한 스태빌라이저는 견고하게 설치되어 손상, 변형 및 부식이 없을 것

(4) 차축이나 추진축의 토크 반발력을 지지하는 토크 로드는 견고하게 설치되어 손상, 변형 및 부식이 없을 것

① 육안을 통한 좌우 스프링의 불균형 등 변형 여부 점검
② 육안 또는 필요시 점검 해머를 이용하여 설치상태, 손상, 변형 및 부식 점검
③ 육안 또는 필요시 점검 해머를 이용하여 설치상태, 손상, 변형 및 부식 점검

1-4. 쇽업소버의 상태

쇽업소버의 장착상태가 정상이며 손상, 변형, 누유가 없을 것

① 육안을 통한 쇽업소버의 손상, 변형 및 누유 점검

② 쇽업소버 및 피벗 부싱의 상태를 점검하고 자동차의 각 모서리를 아래로 눌렀다 놓음을 반복하여 차체의 복원상태를 보고 쇽업소버 등 완충장치를 점검

③ 쇽업소버 시험기로 완충상태를 점검

1-5. 불법개조

완충장치를 임의로 변경하여 자동차의 높이를 상승시키는 등의 불법개조가 없을 것

① 육안을 통해 쇽업소버의 비정상적인 연결상태, 판스프링의 2중 연결에 의한 높이 상태 등, 자동차의 높이 변경 여부를 확인한다.

② 계측기를 이용하여 차체의 높이 변경여부 확인

1-6. 전자제어 현가장치(ECS) 점검

<table>
<tr><td rowspan="4">검사항목</td><td>학년/학반</td><td>학번</td><td>성명</td><td rowspan="2">지도교수
확인</td><td rowspan="2"></td></tr>
<tr><td></td><td></td><td></td></tr>
<tr><td colspan="2">① 점검(또는 측정)</td><td colspan="2" rowspan="2">② 정비 또는 조치사항</td><td rowspan="2">득점</td></tr>
<tr><td>이상부위</td><td>내용 및 상태</td></tr>
<tr><td>전자제어현가장치
(ECS)</td><td></td><td></td><td colspan="2"></td><td></td></tr>
</table>

2. 연료 장치(일반사항) 점검

2-1. 연료장치

- 연료장치는 자동차의 움직임에 의하여 연료가 새지 아니할 것
- 연료탱크 · 필터, 인젝터, 연료파이프 등 연료계통 및 접합부위에서 누유가 있는지 육안점검

2-2. 연료주입구

- 연료주입구는 배기관 끝으로부터 300mm 이상 떨어져 있어야 하며, 전기 단자 및 전기개폐기로부터 200mm 이상 떨어져있을 것
- 육안 점검 또는 필요시 주입구 설치위치를 줄자를 이용하여 점검

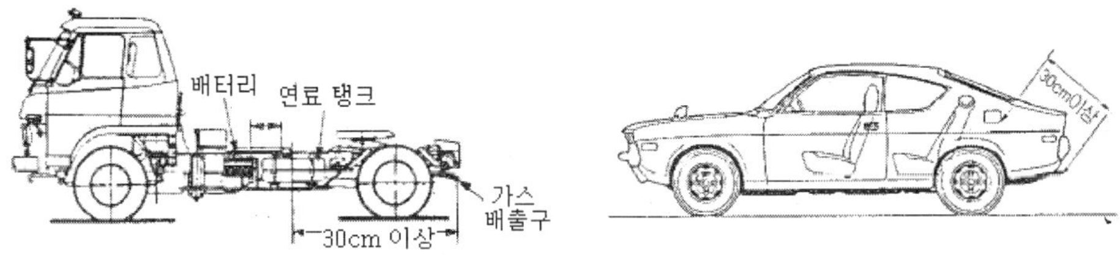

2-3. 연료탱크 · 주입구 및 가스배출구

- 연료탱크 · 주입구 및 가스 배출구는 차실 안에 설치하지 않아야 하며, 연료탱크는 차실과 벽 또는 보호판 등으로 격리되는 구조일 것
- 연료탱크, 주입구, 가스배출구의 설치 위치 및 연료탱크의 설치상태 육안점검

2-4. 연료장치의 상태가 원활하고 손상 · 변형이 없을 것

① 연료탱크 · 주입구 · 펌프 및 필터, 캐니스터, 연료파이프, 액면표시장치, 솔레노이드밸브 등
- 시동 및 관능검사를 통한 작동상태, 손상, 변형 점검

② 연료 캡은 주입구는 연료증발가스 및 연료가 새지 않아야 한다.
- 육안 또는 필요시 연료 캡 시험기를 이용하여 연료 캡 불량 점검

③ 조속기의 설치상태 및 연료 분사량을 임의로 조작할 수 없도록 봉인되어 있을 것
- 육안 및 점검해머를 이용하여 설치상태 및 봉인의 손상, 탈락 점검(필요시 봉인을 손으로 직접 당겨보아 탈락유무 점검)

④ 연료장치의 임의 변경이 없을 것.
- 육안으로 육안점검 : 연료장치 임의 변경

2-5. 조속기(거버너 : 디젤 연료장치의 분사량 제어장치) 봉인 종류

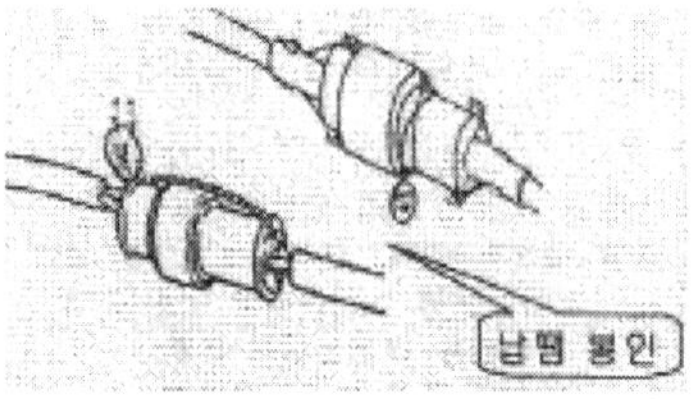

[납땜 봉인]

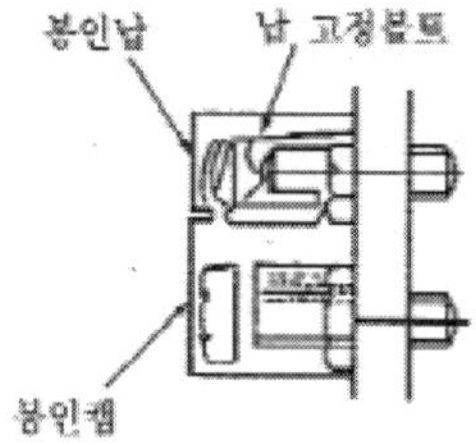

[봉인cap 방법]

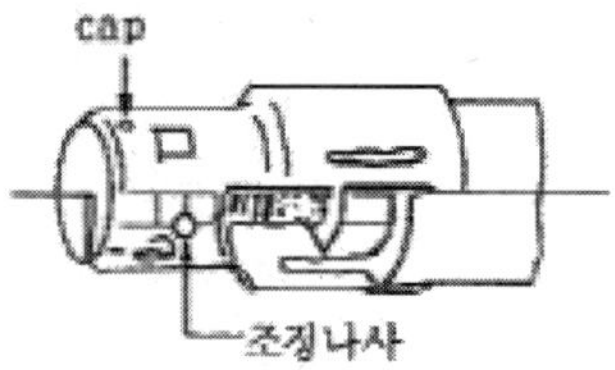

[cap/seal 봉인 방법]

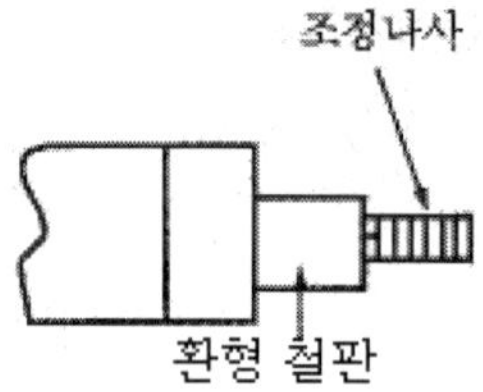

[용접 방법]

① 납 봉인 방법 : 3선 이상으로 꼰 철선과 납덩이를 사용하여 압축봉인, 이 경우 조정나사 등에는 재봉인을 위하여 구멍을 뚫어 놓아야 한다.

② cap seal 봉인방법 : 조속기 조정나사에 cap을 사용하여 봉인

③ 봉인 cap 방법 : 조속기 조정나사를 cap고정 bolt로 고정하고 cap을 씌운 후 그 표면에 납으로 봉인

④ 용접방법 : 조속기 조정나사를 고정시킨 후 환형철판 등으로 용접하여 봉인하여야 한다.

3. 연료장치(액화석유가스 및 천연가스) 점검

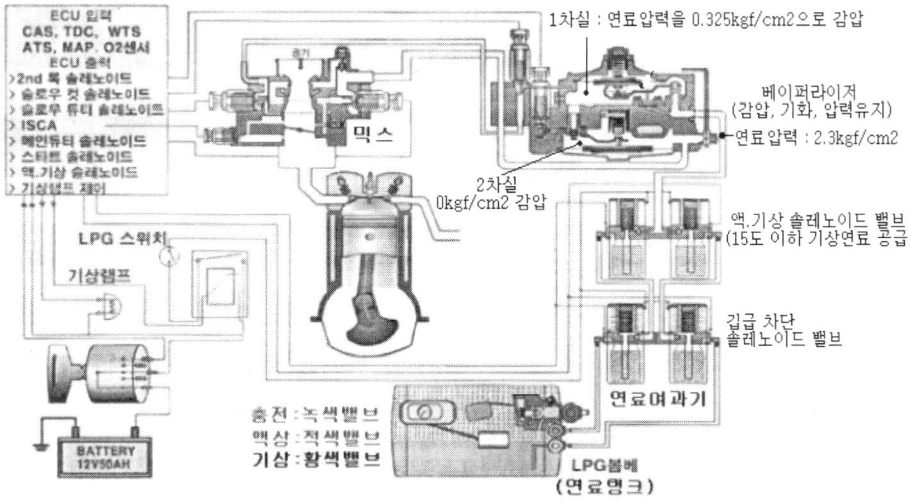

[액화석유가스(LPG) 연료계통]

3-1. 가스누출

- 액화석유가스, 천연가스를 연료로 사용하는 자동차는 가스 누출이 없을 것
- 액화석유가스 또는 천연가스 누출감지기로 가스 누출 여부 점검

3-2. 연료장치의 용기 부착

- 자동차의 진동 · 긴급발차 또는 정지에 의하여 손상되거나, 고정부위가 풀어지지 아니하도록 견고하게 부착하고 가능한 차실에 가까운 위치에 부착할 것
- 점검 해머 및 육안점검을 통한 설치 고정 장치의 손상, 볼트 풀림 및 탈락 등 점검

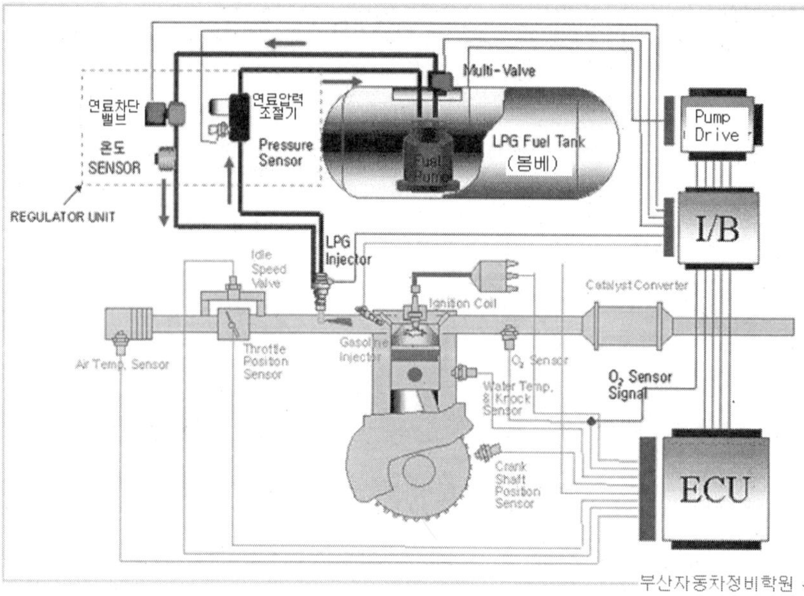

[LPi 연료장치]

[LPi 엔진 연료장치(4그룹)의 주요 구성품의 기능 정리]

구성품	기능
연료펌프 모듈	연료펌프와 멀티밸브로 구성되어 있으며, 탱크내 LPG를 펌프에 의해 고압 액상을 송출한다.
레귤레이터 유니트	연료 컷 솔레노이드 밸브, 온도센서, 압력센서가 장착되어 연료탱크 압력보다 약 5bar 정도 높게 조정된다.
흡기 메니폴드 유니트	흡기 메니폴드, 인젝터, 연료라인으로 구성되며 연소실로 연료를 공급한다.
펌프 드라이버 어셈블리	펌프에 장착된 모터를 5단 제어하는 기능을 한다. (485rpm, 1000rpm, 1500rpm, 2000rpm, 2800rpm)

3-3. 용기는 관련 법규에 따른 검사에 합격한 것일 것

육안을 통한 합격품 여부 점검

3-4. 용기의 격리 및 밀폐

용기는 누출된 가스 등이 차실내로 유입되지 아니하도록 차실과 벽 또는 보호판으로 격리되거나 가스가 누출되지 아니하도록 밸브주변이 견고한 재질로 밀폐되어 있고, 충격 등으로부터

용기를 보호할 수 있는 구조이어야 할 것

- 육안 및 점검 해머를 이용한 점검
- 점검방법
  ① 차실과 벽 또는 보호판(풀 컨테이너방식)으로 격리되어 있거나,
  ② 밸브주변이 견고한 재질로 밀폐(세미 컨테이너방식)되어 있는지 점검
  ③ 자동차의 자동차 하부 또는 측면에 부착할 경우 용기 및 용기부속품등을 보호할 수 있는 보호판 설치유무

3-5. 용기는 차체 밖으로 공기가 통하는 곳에 설치할 것.

다만 용기의 부착장소가 외기에 의하여 환기되지 않을 경우 다음 예시와 같은 환기통을 4개소 이상 설치하고 그 위치는 배기관 및 배기가스의 열 영향을 받지 않는 곳에 할 것.

① 풀 콘테이너(용기가 고정된 콘테이너 케이스 내에 설치된 것)를 설치한 경우 : 콘테이너로부터 대기 중으로 환기통 1개소 이상 설치

② 세미 콘테이너(용기밸브 및 안전밸브 등이 고정된 콘테이너 케이스 내에 설치된 것)를 설치한 경우 : 콘테이너로부터 대기 중으로 환기통을 1개소 이상, 용기부착장소에 환기통을 1개소 이상 설치

③ 환기통 내에 충전용 배관(호스 포함)의 설치를 금지한다. 다만 충전용 배관을 제외한 액 · 기상 배관의 설치는 가능하나, 이 경우 환기통 면적에서 환기통 내 배관이 차지하는 면적을 제외한 순수 환기 가능면적이 직경 30mm인 원의 단면적 이상이어야 한다.

④ 천연가스를 연료로 사용하는 경우 용기 등이 밀폐된 장소에 설치 시 누출된 가스를 차체 밖으로 방출시키기 위하여 2개 이상의 양호한 구조로 환기구를 설치할 것

- 육안 및 줄자를 이용하여 설치개수 및 환기통 형상 점검

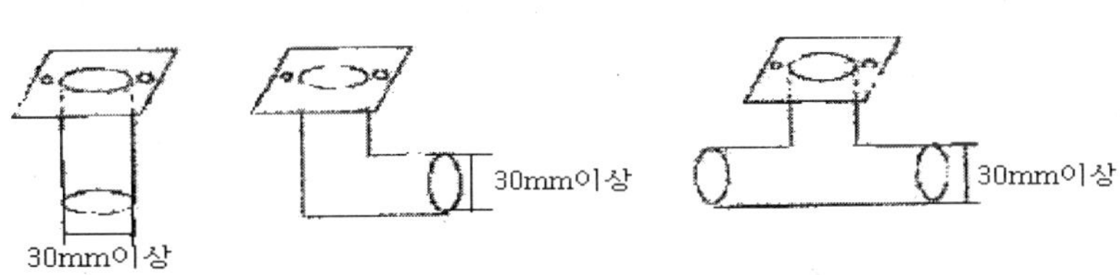

[환기통의 형상]

3-6. 용기 및 연료파이프에는 보호장치를 할 것

연료파이프의 이음새 등 필요한 곳에 보호장치가 견고히 설치되어 있는지 육안 점검

3-7. 필요한 방열장치를 할 것

- 용기 및 연료파이프에는 배기관 및 소음방지장치의 발열에 의하여 직접 영향을 받지 아니하도록 필요한 방열장치를 할 것
- 점검기준 : 용기 및 연료파이프외면과 배기관 또는 소음방지장치 외면과의 간격은 100mm 이상일 것, 다만, 철판 격벽을 설치하는 경우에는 그 간격을 40mm까지 단축할 수 있다.
- 육안 또는 줄자 또는 곧은 자를 이용하여 점검

3-8. 보호판을 설치할 것

- 용기를 자동차 하부 또는 측면에 부착할 경우 용기본체, 용기밸브 그 밖의 용기부속품 등을 보호할 수 있도록 보호판을 설치할 것
- 육안 점검

3-9. 액면표시장치 및 충전밸브

- 액면표시장치 및 충전밸브는 운전자가 자동차 하부에 들어가지 않더라도 자동차의 측방이나 후방에서 충전밸브 조작이 가능하거나 액면표시장치확인이 가능하도록 용기를 설치하여야 한다.
- 자동차의 측방 또는 후방에서 충전밸브를 조작 및 액면표시장치 확인 가능여부 육안 또는 필요시 직접 조작 점검

3-10. 충전밸브의 조작이나 액면표시장치의 확인을 위한 덮개 설치 시

- 또는, 충전밸브의 조작이나 액면표시장치의 확인을 위한 덮개의 설치 시 별도의 공구사용 없이 개폐가 가능한 해치형의 구조(고무 패킹 등을 사용하여 차외부와의 기밀은 유지)인

경우에만 인정하며 다만 액면표시장치 덮개의 경우 투명한 플라스틱 유리등을 사용하여 확인이 가능한 경우 개폐가 불가능한 경우에도 인정한다.

- 자동차의 측방과 후방에서 충전밸브를 조작 점검과 액면표시장치 확인이 가능한지 육안 점검

3-11. 연료게이지를 이용한 확인

- 또는, 자동차의 연료게이지를 이용하여 85%이상 과충전 시 과충전 여부의 확인이 가능한 구조인 경우도 적합한 것으로 인정한다.
- 자동차의 측방 또는 후방에서 확인 불가한 구조일 때 연료게이지 상 과충전 확인 가능여부 육안 점검

3-12. 최저지상고 등 안전기준에 적합하여야 한다.

줄자 등의 계측장비 이용 또는 검사장 바닥에 최저지상고 높이 기준 구조물 설치 · 측정

3-13. 용기 및 용기밸브의 손상 방지

- 용기 및 용기밸브 등은 추돌, 충돌 등으로 인한 손상을 방지하기 위하여 차체의 최후단으로부터 300mm 이상, 차체의 최외측면으로부터 200mm 이상의 간격을 두고 설치할 것
- 설치 위치를 줄자를 이용하여 점검
- 측정방법 : 가스용기의 후단과 범퍼 등 차체의 최후단과의 최소거리를 차량 중심선에서 평행하게 측정한다.

3-14. 가스용기용 보호판의 설치 규격

- 강도가 강제의 표준규격 41(SS41)이상이고 두께가 3.2mm 이상인 강판 또는 형강으로 가스용기 및 용기밸브 등을 보호한 경우에는 차체의 최후단으로 부터 200mm 이상, 차체의 최외측면으로 부터 100mm 이상의 간격을 두고 설치할 수 있다.

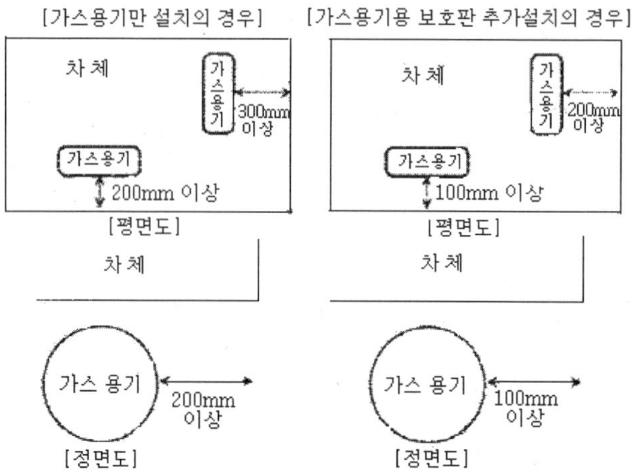

[가스용기 설치]

3-15. 용기밸브, 액면 표시장치의 보호장치

- 용기밸브, 액면 표시장치 등의 돌출부 및 연료파이프 등은 적재물품에 의하여 손상을 받지 않도록 앵글 등으로 보호장치를 실시하고 또 밸브의 조작이 용이하도록 할 것
- 육안점검

3-16. 용기의 프로텍터와 밸브사이

- 용기의 프로텍터와 밸브사이는 조작을 용이하게 할 수 있도록 간격을 둘 것
- 육안 점검

3-17. 용기밸브, 액면표시장치의 위치

- 용기밸브, 액면표시장치의 위치 등은 배기관 개구부로부터 300mm 이상, 노출된 전기단자로부터 200mm 이상 떨어져 있을 것
- 육안 및 줄자를 이용하여 점검

3-18. 연료파이프는 강관·동관·내유성 고무관으로 할 것

연료파이프는 강관·동관 또는 내유성 고무관으로 되어있는지 육안 점검

3-19. 연료파이프의 고정

양끝이 고정된 연료파이프는 완곡된 형태로 1m 이내 마다 차체에 고정 시킬 것. 단, 내유성 고무관은 제외한다. 육안 및 줄자를 이용하여 점검한다.

3-20. 가스충전밸브는 충전구 가까운 곳에 설치 할 것

육안으로 설치상태를 점검

3-21. 중간차단밸브

- 중간차단밸브는 운전자가 운전 중에도 조작할 수 있는 곳에 설치하며, 확실히 작동될 것
- 중간차단밸브 작동상태 점검방법
  ① 공회전 상태에서 스위치를 off하여 일정 시간 경과 후 시동 꺼짐 점검
  ② key on 상태에서 중간차단밸브 작동 스위치를 on/off 하여 밸브 작동 유무(소리)점검
  ③ 스위치 off 상태에서 시동가능 여부
  ④ 스위치 on 상태에서 시동가능 여부

3-22. 베이퍼라이져

- 베이퍼라이져는 사고 시 LPG 누출 우려가 큰 라디에이터 또는 전조등 후부 등을 피하여 LPG의 기화, 유동성, 누출위험 등을 고려하여 믹서에서 가까운 장소에 설치하여야하며, 손상, 변형이 없을 것
- 기화가 설치위치 및 손상 변형 점검

3-23. 액량 눈금

- 액면표시장치의 액량 눈금과 연료 게이지상 연료눈금의 오차는 ±10% 이내인 경우 적합한 것으로 인정한다.
- 액면표시장치와 연료게이지 연료량을 비교하여 연료눈금 오차 점검

3-24. 압축천연가스 용기의 경우 다음 기준에 만족할 것

- 육안점검
  ① 직사광선을 받을 우려가 있는 경우 차단용 덮개를 설치하여야 하며, 용기와 덮개는 직접 접촉되지 않을 것
  ② 용기 등을 보호하는 덮개를 부착한 경우 물 등이 덮개 내에 고이지 않도록 하고, 용기 외관검사 시 탈착이 가능할 것
  ③ 가스 충전구 부근에는 다음 사항이 쉽게 지워지지 않는 방법으로 표시 할 것
  - 충전하는 연료의 종류(압축천연가스)
  - 가스용기 등의 충전유효 기간(년/월)
  - 충전 가능한 최고 충전압력(MPa)

3-25. 기타 천연가스를 연료로 사용하는 자동차의 경우 관련 고시를 준용한다.

제 5 장 Chapter 5 전기장치 · 차체와 차대 · 연결장치 검사 기준 및 방법

1. 전기장치

1-1. 육안으로 확인 가능한 모든 전기 배선

- 육안으로 확인 가능한 모든 전기 배선은 화재 등으로부터 안전한 곳에 설치되어야 하며, 진동 또는 충격 등에 의하여 이완되지 않도록 고정되어야 하며, 열 등에 의한 손상이 없어야 한다.
- 전기배선의 설치위치 및 상태, 단선, 손상 등 육안 점검

<table>
<tr><th>배선명칭</th><th>장착위치</th><th>커넥터 표시기호</th><th>커넥터 표시요령</th></tr>
<tr><td>엔진쪽 하네스</td><td>엔진 실</td><td>E 01 - E 50</td><td rowspan="5">(예) E 10 - 1
E : 배선명칭(엔진배선)
10 : 메인 커넥터 번호
1 : 보조 커넥터 번호</td></tr>
<tr><td>클러쉬패드 하네스</td><td>클러쉬 패드</td><td>101 - 122</td></tr>
<tr><td>리어 하네스</td><td>트렁크 실</td><td>R 01 - R 20</td></tr>
<tr><td>메인 하네스</td><td>차 실내</td><td>M 01 - M 70</td></tr>
<tr><td>컨트롤 하네스</td><td>엔진 실</td><td>C 01 - C 30</td></tr>
</table>

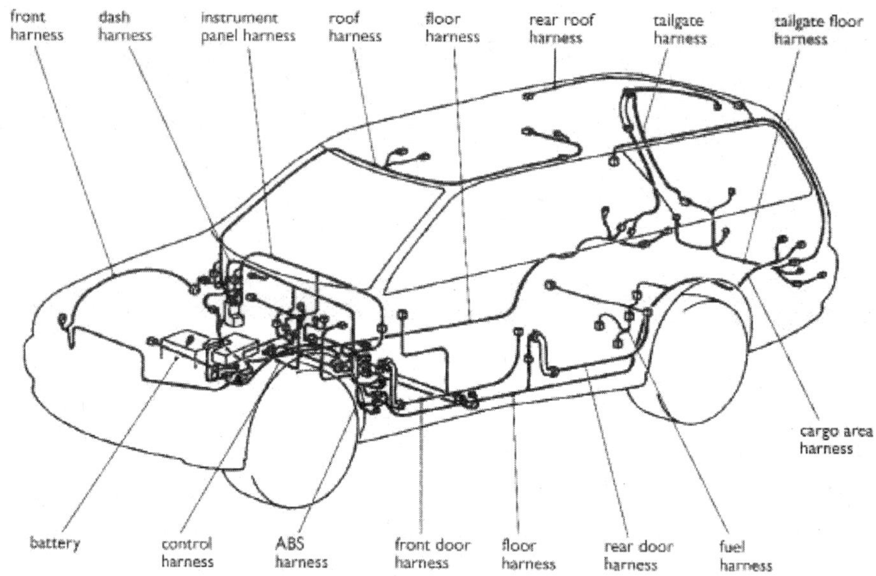

[차체 부위별 하네스 명칭]

1-2. 전기단자 및 전기 개폐기

- 차실안의 전기단자 및 전기 개폐기는 적절히 절연물질로 덮여 있어야 하며, 설치상태는 양호 할 것
- 차실안의 전기장치 절연이 양호한지 검사
  ① 퓨즈함의 절연상태
  ② 대시보드 안쪽의 배선 상태

1-3. 축전지

- 축전지는 자동차의 진동 또는 충격 등에 의하여 이완되거나 손상되지 아니하도록 고정시키고, 절연상태에 이상이 없을 것
- 축전지 설치 상태, 절연상태 육안 점검

1-4. 축전지 터미널

- 축전지 터미널은 부식[설페이션, sulfation(sulphation)]이 없고 배선과 연결 상태가 확실할 것

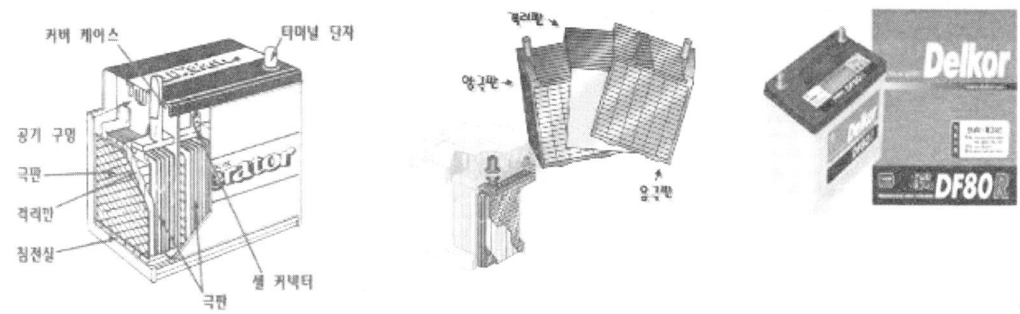

[납산 축전지의 구조]

- 설페이션(유화현상) 현상이란 극판이 황산납(녹슬은 납)으로 덮였다는 뜻으로 주원인은 다음과 같다.

  ① 축전지 과방전
  ② 전해액이 부족하여 극판 노출
  ③ 전해액 비중이 너무 높거나 낮을 경우
  ④ 불충분한 충전이 되었을 경우 발생되는 현상이다.

- 육안 및 점검 해머를 이용하여 설치상태 점검

1-5. 축전지 전해액의 누출이 없을 것

육안 점검

1-6. 차실에 설치하는 축전지는 절연 물질로 덮어씌울 것

육안 점검

1-7. 전자진단장치

- 원동기, 변속기 등의 각종 센서 등의 정상작동을 확인하기 위한 전자진단장치 연결 시 원활한 통신이 될 것
- 자동차에 전자진단 장치를 연결하여 점검 시 통신 가능 여부 점검

2. 차체 및 차대

2-1. 차체와 차대

- 차대는 안전운행을 확보할 수 있는 견고한 구조여야 하고, 차체는 차대에 견고하게 붙여져서 진동 또는 충격 등에 의하여 이완되지 않아야 한다.
- 차체 : 육안을 통한 설치상태, 손상, 변형, 부식, 균열 또는 절손 여부 점검

2-2. 차체 및 차대의 부식 · 절손 등으로 차체와 차대의 변형이 없을 것

차대 : 점검해머 및 육안을 통한 차대의 손상, 변형, 부식, 균열 또는 절손 여부 점검

2-3. 차체의 외현

- 차체의 외현은 예리하게 각이 지거나 돌출된 부분이 없을 것(특수자동차로서 기능상 부득이 할 경우 제외)
- 육안을 통한 점검

2-4. 차체의 가연성부분은 배기관과 접촉치 않도록 할 것

육안을 통한 점검

2-5. 차체 및 차대의 임의로 변경하거나 차체 외형 변경이 없을 것

육안을 통해 임의변경 등 점검

3. 연결장치 및 견인장치

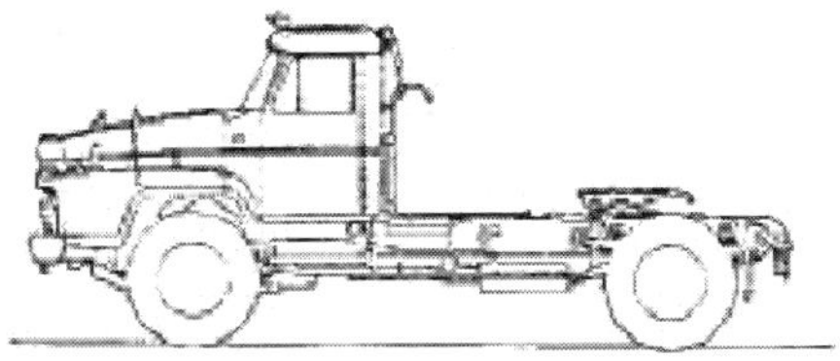

[견인자동차]

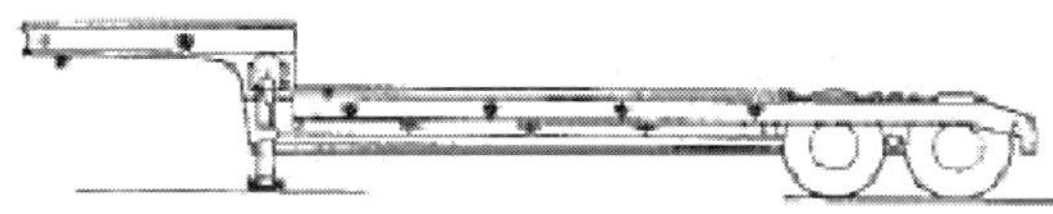

[피 견인자동차]

3-1. 연결장치의 상태

- 진동 또는 충격 등에 의하여 연결된 상태가 분리되지 않도록 견고하고 확실하게 결합할 수 있는 구조로 과도한 마모, 변현, 부식 및 손상이 없을 것
- 육안 및 점검 해머를 이용하여 커플러 및 킹핀 등의 과도한 마모, 변형, 부식 및 손상 등 이상 유무 점검

① 커플러의 기능이 양호할 것

② 커플러 설치에 이상이 없을 것

③ 커플러의 피칭샤프트 또는 롤링 샤프트 및 축수부 등에 마모 및 손상이 없을 것

④ 킹핀의 취부에 이완, 손상, 변형 또는 파열 등이 없을 것

⑤ 핀틀 훅 및 루넷 아이에는 설치의 이완 및 손상이 없을 것

3-2. 연결장치는 임의변경이 없을 것

- 육안을 통한 임의변경 유무 점검

제 6 장 Chapter 6 승강장치 · 물품적재장치 및 창유리 검사기준 및 방법

1. 승차장치(일반사항)

1-1. 자동차의 승차장치

- 자동차의 승차장치는 승차인이 안전하게 승차할 수 있는 구조이어야 한다.
- 승차장치를 임의 개조하여 안정성에 이상이 있는 구조인지 육안을 통해 점검한다.

1-2. 자동차의 차실

- 운전자와 승객이 타는 자동차는 차실을 갖추어야 한다. 다만, 소방자동차 등 국토해양부장관이 그 용도상 필요 없다고 인정하는 자동차의 경우는 제외할 수 있다
- 승차장치 격벽제거 등의 임의개조로 차실이 확보되지 않았는지 육안을 통해 점검한다.

1-3. 차실의 조명시설 및 환기시설

- 조명시설 및 환기시설(컨버터블 및 무개자동차 제외)을 갖추어야한다.
- 조명시설 또는 환기시설 미설치, 제거, 손상, 작동불량 등을 육안을 통해 점검한다.

1-4. 설치불가장치

자동차의 차실에는 원동기의 냉각수(난방용수 제외), 정류기, 변환기, 변압기, 공기청정기 등 승객의 안전에 지장을 줄 우려가 있는 장치를 차실 안에 설치해서는 안 된다.

2. 승차장치(운전자의 좌석)

2-1. 운전자의 좌석

- 운전자의 좌석은 운전자가 조종장치의 원활한 조작을 할 수 있는 공간이 확보되어야 하고, 운전자의 좌석과 조향핸들의 중심과의 과도한 편차로 인하여 운전조작에 불편이 없어야 하며, 파손 등의 손상이 없고 견고하게 설치하여야 한다.
- 운전에 불편함을 초래할 것으로 판단되는 경우나 설치상태 불량, 파손 등 손상이 있는 경우 육안을 통해 점검 한다.

2-2. 운전자의 좌석 규격

- 운전자의 좌석 규격은 가로·세로 각각 40cm 이상이어야 한다.
- 좌석의 규격이 기준에 맞지 않는지 육안 또는 필요시 줄자를 이용하여 점검한다.
- 측정방법
  ① 가로 : 좌석의 앞면으로부터 세로 방향의 20cm 위치에서 좌석 좌우간의 폭을 측정하며 좌석의 좌우에 10cm 이상 30cm 이하의 높이로 설치된 팔받침이 좌석 내측으로 팔받침 1개마다 5cm 이내의 폭으로 설치된 경우에는 좌석의 가로 길이에서 이를 공제하지 아니한다.
  ② 세로 : 좌석의 가로폭 중앙부의 앞쪽에서부터 뒤쪽까지(좌석 등받이가 있는 경우에는 등받이의 전면)까지의 수평거리를 측정한다.

3. 승차장치(승객좌석의 규격)

3-1. 승객의 좌석

- 승객의 좌석은 파손 등의 손상이 없고 견고하게 설치되어야 하고, 좌석을 임의로 설치하거나 제작하여서는 안된다.
- 육안을 통한 설치상태, 파손 등 손상 여부를 점검하고, 좌석을 임의로 설치 또는 제거했는지를 점검하여야 한다.

3-2. 승객좌석의 규격

- 승객좌석의 규격은 가로·세로 각각 40cm 이상이어야 한다.
- 좌석의 규격이 기준에 맞지 않는지 줄자를 이용하여 점검한다.
- 측정방법 : 운전자의 좌석규격 측정 방법 참조

3-3. 앞좌석과의 간격

- 앞좌석등받이의 뒷면과 뒷좌석 등받이의 앞면간의 거리는 65cm 이상이어야 한다.
- 좌석의 규격이 기준에 맞지 않는지 줄자를 이용하여 점검한다.
- 마주보는 좌석의 경우에는 각 좌석의 등받이 중앙앞면에서 두 좌석간 거리의 중앙 부분까지를 측정한다.

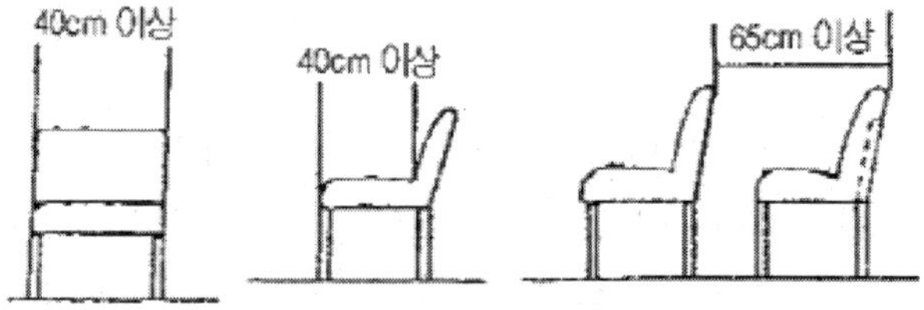

[승객좌석의 규격]

3-4. 예외 조건

다만, 구급자동차, 소방자동차 및 특수구조의 자동차등 국토교통부장관이 당해 자동차의 제작목적상 좌석의 설치가 곤란하다고 인정하는 자동차는 제외한다.

3-5. 어린이용좌석의 규격

- 어린이용좌석의 규격은 가로, 세로 각각 27cm 이상이어야 한다.
- 좌석의 규격이 기준에 맞지 않는지 줄자를 이용하여 점검한다.
- 측정방법 : 운전자의 좌석규격 측정 방법 참조
- 앞좌석등받이의 뒷면과 뒷좌석등받이의 앞면간의 거리는 46cm 이상이어야 한다.
- 좌석의 규격이 기준에 맞지 않는지 줄자를 이용하여 점검한다.

4. 승차장치(머리지지대)

4-1. 승용자동차의 앞좌석(중간좌석 제외)에는 머리지지대 설치

머리지지대 미설치 또는 탈거 되었는지 육안을 통한 점검한다.

4-2. 머리지지대는 견고하게 설치되고 손상이나 변형이 없어야 한다.

설치상태가 양호하고 손상이 없는지 육안 또는 필요시 흔들어 이상 유무 점검하여야 한다.

5. 승차장치(좌석안전띠 장치 등)

5-1. 3점식 안전띠

- 승용자동차 좌석과 그 외 자동차의 운전자좌석 및 운전자좌석 옆으로 나란히 되어 있는 좌석에는 3점식안전띠를 설치하여야 한다.
- 안전띠 미설치 또는 2점식 안전띠 등이 설치되었는지 점검한다.

[3점식 안전띠] [2점식 안전띠]

참고

- 나만, 중간좌석이나 자동차 또는 좌석의 구조상 3점식안전띠의 설치가 곤란한 기타의 좌석의 경우에는 2점식안전띠를 설치할 수 있다.
- 안전띠 미설치 여부와 3점식 또는 2점식 안전띠 설치여부를 점검한다.

5-2. 예외의 경우

- 다만, 중간좌석이나 자동차 또는 좌석의 구조상 3점식안전띠의 설치가 곤란한 기타의 좌석의 경우에는 2점식안전띠를 설치할 수 있다.
- 안전띠 미설치 여부와 3점식 또는 2점식 안전띠 설치여부를 점검한다.

5-3. 좌석안전띠는 규격품으로 견고하게 설치되고 원활하게 작동되며 탈거, 파손 등의 손상이 없어야 한다.

- 비 규격품으로 임의 변경되었는지 점검한다.
- 각 안전띠의 웨빙을 잡아당겨 설치 상태를 점검한다.
- 웨빙, 앵커, 버클 등 구성부품의 작동상태, 탈거, 파손 등 손상 유무를 점검한다.

5-4. 안전띠 미착용시 경고음

- 운전자가 안전띠를 착용하지 아니하고 시동할 경우 운전석에서 그 사실을 알 수 있도록 경고등 또는 경고음을 설치하여야 한다.
- 안전띠 미착용 후 엔진 시동 시 경고등 및 경고음 작동 상태를 점검한다.
- 경고등 미점등 및 경고음 작동불가 - 경고등은 점등되고 경고음 작동상태가 불량(미작동 또는 인지하기 어려움)하거나 경고음은 작동되나 경고등이 미점등 되는지를 점검한다.
- 안전띠 착용 후 엔진 시동 시 경고등 및 경고음 작동 상태를 점검한다.
- 경고등 미점등 및 경고음 작동불가 - 경고등은 점등되고 경고음 작동상태가 불량(미작동 또는 인지하기 어려움)하거나 경고음은 작동되나 경고등이 미점등 되는지를 점검한다.

6. 입석

6-1. 입석가능 자동차의 유효높이

차실안의 유효높이는 180cm 이상, 통로의 유효너비는 30cm 이상이어야 한다.

6-2. 입석 면적

1인의 입석의 면적은 0.14㎡ 이상으로 하되, 통로의 유효너비 30cm에 해당하는 부분과 좌석전방 25cm인 좌석의 폭에 해당하는 부분은 입석 면적에서 제외한다.

6-3. 입석가능 자동차에는 손잡이를 설치하여야 한다.

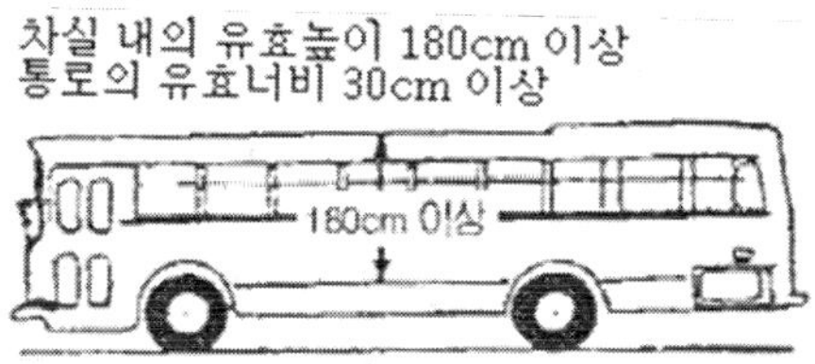

7. 승강구

7-1. 승강구의 유효너비

승강구의 유효너비는 60cm 이상, 유효높이는 160cm(대형승합자동차의 경우에는 180cm) 이상일 것. 다만, 차실안의 유효높이가 120cm 미만의 자동차, 승차정원 15인 이하의 자동차 및 어린이운송용 자동차의 경우에는 그렇지 않다.

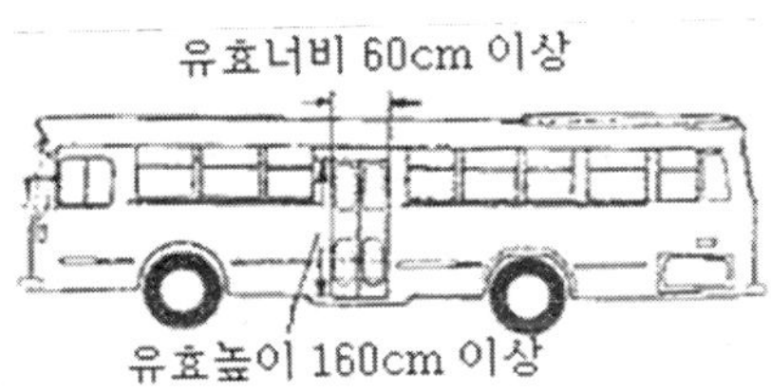

7-2. 발판과 승하차용 손잡이

대형승합자동차의 승강구 제1단 발판의 높이는 40cm 이하이고 승강구 문이 열릴 경우 발판을 밝힐 수 있는 등화장치를 갖추어야 하며 승하차의 편의를 위한 승하차용 손잡이를 설치할 것

8. 비상구

- 승차정원 30인 이상의 자동차에는 다음 각 호의 기준에 적합한 비상구를 설치하여야 한다. 다만, 창문의 규격이 비상구의 규격이상이거나 유효높이 120cm, 유효너비 40cm 이상의 강화유리로 되어 비상구로 대응할 수 있는 창문이 있는 경우에는 그러하지 않는다.
- 비상구를 설치한 자동차에는 비상구 또는 그 주위의 보기 쉬운 곳에 비상구의 위치 및 문을 여는 방법을 표시 하여야 한다.
- 창문의 규격이 비상구의 규격이상이거나 유효높이 120cm, 유효너비 40cm 이상의 강화유리로 되어 비상구로 대응할 수 있는 창문이 있는 경우에는 비상시 자동차의 유리를 깰 수 있는 장구를 차실 내에 2개 이상 설치하고, 탈출방법 등을 기재한 표지를 붙여야 한다.

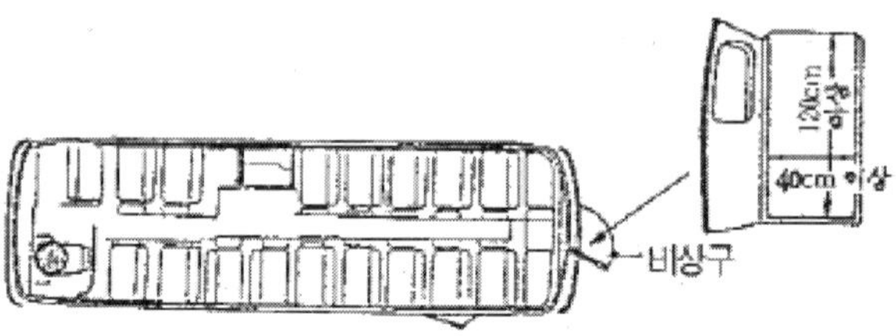

① 비상구의 위치는 차체의 좌측면 뒤쪽 또는 뒷면으로 할 것
② 비상구의 유효너비는 40cm 이상, 유효높이는 120cm 이상일 것
③ 비상구는 밖으로 열리는 구조로 하고, 열쇠 기타 특별한 기구를 사용하지 아니하고도 열 수 있도록 할 것
④ 비상구의 부근에는 탈출에 방해가 되는 장치가 없어야 하고, 비상구의 출구에는 단층이 생기지 아니하도록 할 것
⑤ 비상구 주변 좌석은 쉽게 제거할 수 있거나 접을 수 있는 구조일 것

9. 통로

승차정원 16인승 이상의 자동차에는 유효너비 30cm 이상의 통로를 설치하여야 한다. 다만, 승강구로부터 직접 착석할 수 있는 구조이거나 통로에 접이식 좌석을 설치한 자동차에 있어서 당해 좌석을 접을 경우 30cm 이상의 유효너비를 확보할 수 있는 자동차인 때에는 그러하지 아니하다.

10. 소화설비

다음 각 호의 자동차에는 소화설비를 설치하여야 한다.

① 소방법시행령 제16조의 규정에 의한 지정 수량 이상의 위험물을 운송하는 자동차(피견인자동차를 연결한 경우에는 이를 연결한 견인자동차를 포함한다.)
② 고압가스 안전관리법 시행령 제2조의 규정에 의한 고압가스를 운반하는 화물자동차(피견인자동차를 연결한 경우에는 이를 연결한 견인자동차를 포함한다.)
③ 10-1항의 규정에 의한 자동차외의 자동차 중 승차정원 7인 이상의 자동차에는 소방법 제50조 제2항의 규정에 의한 능력단위가 1이상인 ABC 소화기를 설치하여야 한다.

11. 물품적재장치

11-1. 물품적재장치

- 견고하고 안전하게 물품을 적재 · 운반할 수 있는 구조이어야 한다.
- 차대와 물품적재장치 연결부위(용접부위 균열, 체결상태 불량 또는 탈락 등)가 견고히 결합되어 있는지 육안 및 점검 해머를 이용하여 설치상태를 점검한다.
- 적재장치 바닥면 및 옆면, 뒷면 등의 파손, 균열, 부식 등으로 인한 변형 유무를 점검한다.
- 적재함의 개폐식 문짝의 잠금장치 설치 및 작동상태를 점검한다.

11-2. 일반형 및 덤프형 화물자동차의 적재함

- 위쪽이 개방된 구조이어야 한다.
- 육안을 통한 불법 부착물 등으로 위쪽이 폐쇄되거나 부분적으로 막혀 있는지를 점검한다.

11-3. 위험물을 적재하는 장치

- 사체 · 독극물 · 고압가스 화약류 기타 위험물을 적재하는 장치는 차실과 완전히 격리되어야 하며, 차체외부에서 적재물품을 적하할 수 있는 구조이어야 한다.
- 격벽 설치상태 및 적재물품 적하 구조를 육안을 통해 점검한다.

11-4. 운행 중 적재물의 탈락 우려가 있는 장치

- 운행 중 적재물의 탈락의 우려가 있는 청소용 자동차등의 물품적재장치는 덮개 등을 설치한 구조이어야 한다.
- 덮개 등의 설치여부 및 설치상태를 점검한다.

11-5. 밴형 화물자동차

① 물품적하구는 뒤쪽 또는 옆쪽으로 하되, 문은 좌우 · 상하로 열리는 구조이거나 미닫이식으로 하여야 한다. 물품 적하구 임의 변경을 통한 열림 방지식 개조와 같이 불법 개조 등이 없는지 점검한다.

② 승차장치와 물품적재장치 사이는 차체와 동일한 재질의 철판으로 폐쇄되고 견고히 설치되어야 한다.

- 격벽 재질의 임의 변경 등을 점검한다. 격벽은 용접, 리벳 및 기타 동등한 기능을 할 수 있는 체결방법으로 폐쇄되었는지 설치 상태 점검 및 파손, 부식 등 손상 여부를 점검한다.[다만, 통기구 등 제작공정상 불가피한 부분 및 화물의 탈락 등을 방지하기 위한 보호봉을 설치한 창유리부분(격벽 면적의 20%이내)은 그러하지 아니하다]

③ 옆 · 뒷면벽 또는 뒷문은 차체와 동일 재질로 설치하고 창유리 등을 설치하지 않아야 한다.

- 물품적재장치 재질 및 창유리 임의 변경 · 설치 유무를 점검한다. 창유리 설치 시 창문틀 또는 창유리 및 보호 등의 설치상태, 부식 등 손상, 및 규격에 따른 설치 간격 등 점검한다.

규격	설치간격	배열
지름 2cm 이상 강제봉	15cm 이하	가로 또는 세로
지름 1cm~2cm 강제봉	10cm 이상	가로 또는 세로

- 다만, 뒷면벽 또는 뒷문은 화물 탈락 방지용 유리창을 지탱하는 창문틀 또는 차체에 2개 이상의 보호봉을 용접한 옆면벽과 보호봉을 설치하여야 한다.

11-6 . 임의변경 불가

- 물품적재장치는 자동차 종류변경(좌석 설치 등), 적재장치 유형변경, 적재량을 증가시킬 목적의 보조틀 설치 또는 적재함 하대 증대 등의 임의변경이 없어야 한다.

• 자동차의 구조 및 장치가 등록사항에 대하여 불법구조변경 및 기타 구조장치 임의변경 여부 점검을 점검한다.

[적합하지 못한 물품적재장치]

12. 창유리

12-1. 창유리 규격

(1) 앞면창유리는 접합유리이고, 기타의 창유리는 안전유리이여야 한다(컨버터블 자동차등 특수한 구조의 자동차의 앞면창유리외의 창은 제외)

• 창유리에 표기된 기록을 확인하여 규격유리 여부를 확인한다.

(2) 창유리는 「산업표준화법」 에 의한 한국산업규격표시의 허가를 받거나 승인을 얻은 제품, 「품질경영 및 공산품 안전관리법」 에 의한 등급사정을 받거나 안전검사에 합격한 제품 또는 국토 국토교통부장관이 이와 동등이상이라고 인정하는 제품인 것을 사용하여야 한다.

• 창유리에 표기된 인증여부 확인하고 인증되지 않은 비규격 부품의 사용여부를 점검한다.

12-2. 창유리의 작동에 이상이 없어야 한다.

• 전동식으로 작동하는 경우 스위치를 작동시켜 열고 닫힘에 이상(미작동 또는 작동이 원활하지 않음)이 없는지를 점검한다.

• 수동식의 경우 레버를 작동해 열고 닫힘에 이상이 없는지 점검하다.

12-3. 창유리가 파손되거나 과도한 균열이 없어야 한다.

• 경미한 파손 및 균열여부를 점검한다.

• 과도한 파손 및 균열부분이 있을시 균열 길이를 줄자 등으로 측정한다.

• 판정 : 창유리 너비 또는 높이의 1/5 이상일 경우 과도한 균열

PART 04

제4편

[관능 및 기기에 의한 검사]

제 1 장 Chapter 1

조종 및 조향장치 확인 검사기준 및 방법

1. 조종 장치의 점검 및 검사 방법

1-1. 운전자가 좌석 안전띠를 착용한 상태에서 다음의 장치들을 점검한다.

① 주시동장치, 정지장치, 가속제어장치 및 기타 원동기의 조작장치

② 제동장치 및 동력전달장치의 조작장치(페달)

③ 변속장치, 창닦이기, 세정액분사장치, 서리제거장치, 안개제거장치, 전조등, 등화점등장치, 비경고신호등, 방향지시등 및 경음기의 조작장치

④ 속도계, 방향지시등, 주행빔, 연료장치, 원동기냉각수, 윤활유, 제동경고등 및 충전장치의 표시 장치

1-1-1. 조정장치의 설치거리

모든 장치들은 쉽게 조작 및 식별할 수 있도록 조향 핸들의 중심으로부터 좌우 각각 50cm 이내에 배치되어야 한다. 단, 조정장치의 설치거리가 형식승인 또는 자기인증 및 구조 변경 승인내용과 변동이 없을 경우 설치거리 측정은 기기검사를 생략할 수 있다.

(1) 검사방법으로는 육안으로 검사하여 기준을 초과할 우려가 있는 경우에는 줄자로 측정한다.

- 측정기준으로는

  ① 차량중심선과 평행한 조향핸들 중심면을 기준으로 좌우에 설치되어 있는 조종 장치와의 최대거리 측정한다.

② 이 경우 모든 조종 장치는 중립상태여야 한다.

- 부적합 및 시정권고 사유가 되는 것은
  ① 해당 장치가 안전띠 착용 상태에서 조작 또는 식별이 어렵다 판단되는 경우
  ② 해당 장치의 실치위치가 50cm를 초과하는 경우

1-1-2. 장치의 고정 및 작동

해당 장치는 단단하게 고정되고, 파손되지 않아야 하며, 작동 시 오작동 및 원활히 작동이 되어야 한다.

- 측정기준으로는 검사방법으로는 해당 장치의 설치 및 작동상태를 점검한다.
- 부적합 및 시정권고 사유가 되는 것은 : 해당 장치의 설치 불량 및 작동불량

1-2. 변속장치의 조종레버에는 변속단수별 조작위치를 표시하여야 한다.

- 검사방법으로는 변속단수별 조작위치표기 여부를 확인한다.
- 부적합 및 시정권고 사유
  ① 변속단구별 조작위치가 표기 되지 않음
  ② 표기는 되어있으나 인지 불가능
  ③ 잘못된 표기

1-3. 전진 · 후진위치에서 원동기가 시동되지 않아야 한다.

하이브리드자동차, 전기자동차 또는 엔진의 구동이 모두 정지될 경우 변속기가 자동으로 중립위치로 변환되는 구조를 갖춘 자동차 제외

1-4. 전파 등을 이용한 원격시동 방식의 보조시동장치

전파 등을 이용한 원격시동 방식의 보조시동장치를 설치할 경우 전진 또는 후진위치에 있는 경우 원동기가 시동되지 아니하는 구조여야 한다(단, 크랭킹의 경우는 제외한다.)

1-5. 가속제어장치의 복귀장치

가속제어장치의 복귀장치는 가속페달에서 작용력을 제거할 때에 원동기의 가속제어장치를 가속 위치에서 공회전위치로 복귀시킬 수 있는 장치가 최소 2개 이상 있어야 한다. 또한, 가속 제어장치의 복귀장치 정상작동 유무 점검을 한다. 가속페달 밟음 위치(100%, 75%, 50%, 25%)에서 원상복귀시간 1초 이내여야 한다.

1-5-1. 검사방법

- 검사방법으로는 복귀장치의 설치개수(2개 이상), 설치상태, 스프링 부식, 연결부위 마모의 관능검사 실시를 실시한다.
- 스프링위치 : 스로틀 바디 및 가속페달 상부

1-5-2. 각 밟음 위치(100%, 75%, 50%, 25%)별 가속 페달을 밟은 상태에서 완전히 놓는다.

1-5-3. 1초 이내 원상복구 여부 점검

- 부적합 및 시정권고 사유가 되는 것은 설치개수 미달, 설치상태 불량, 스프링 부식, 연결부위 마모, 각 단계별 원상 복귀 시간을 초과하는 경우에는 부적합이나 시정권고를 한다.

1-6. 손조작식 조종 장치를 설치하는 경우

[별표1]에 따른 조종 장치를 표시하여야 하며, 조명기준에 적합하여야 한다(다만, 조향기둥 좌우측에 위치한 방향지시등, 비상점멸표시등, 창 닦이기 및 세정액분사장치 등의 레버식 조종 장치의 경우는 포함하지 않는다.)

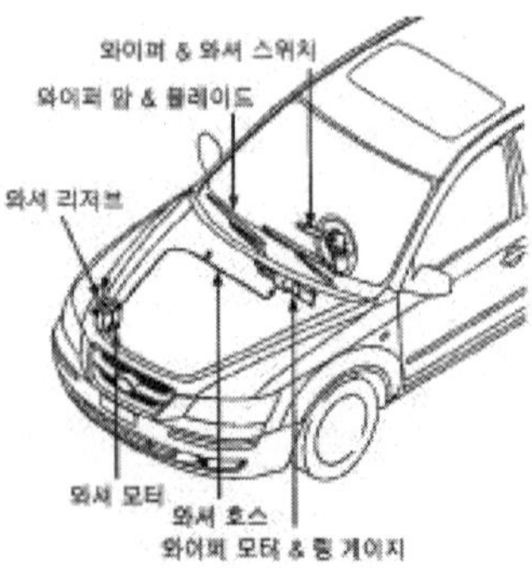

[창 닦이기 장치]

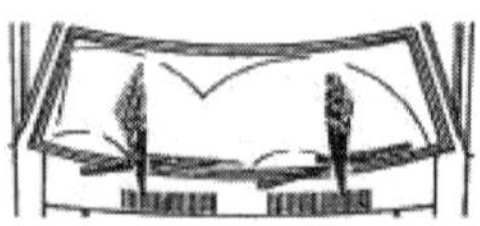
[세정액 분사장치]

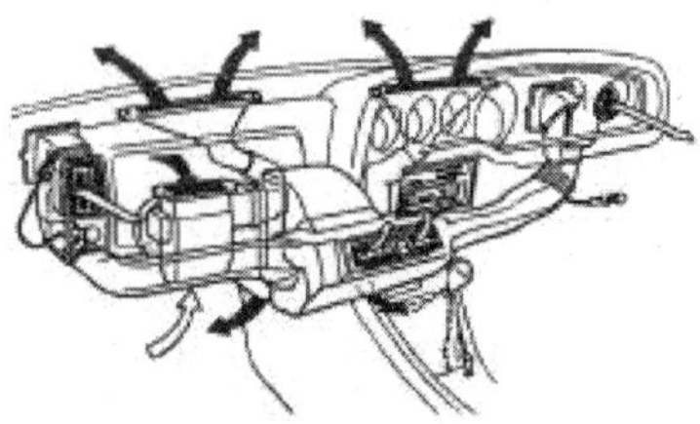
[서리제거 장치]

1-6-1. 검사방법

- 검사방법으로는 조종장치별 식별단어, 약어 또는 식별 부호 및 의무장착 조명에 대한 적합여부를 점검한다.
- 부적합 및 시정권고 사항 : 조종장치별 식별단어, 약어 또는 식별 부호가 적합하지 않을 경우, 조종장치별 의무장착 조명을 설치하지 않을 경우

손조작식 조종장치의 식별표시 및 조명기준[별표 1]

(안전기준 제13조4항 관련)

조종장치	식별단어 또는 약어	식별부호	조명기준
등화 점등장치	점등 또는 Lights		설치가능
전조등, 후미등	제작자가 정함	제작자가 정함	설치가능
경 음 기	경음기 또는 Hom		설치가능
방향지시기	표시기능	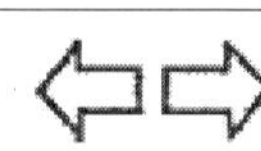	설치가능
비상 경고 신호등	비상 또는 Hazard		설치필요
앞면 창유리 창닦이기	창닦이기, Wiper 또는 Wipe		설치필요
앞면 창유리 세정액 분사장치	세정액, Washer 또는 Wash	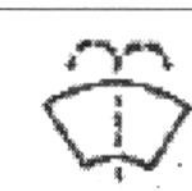	설치필요
앞면 창유리 창닦이기 및 세정액 분사장치	창닦이기-세정액, Wdsh-wipe 또는 Washer-wiper		설치필요
냉 · 난방용 팬	팬 또는 Fan		설치필요
앞면 창유리 서리 제거장치	서리제거,Defrost,Defog 또는 Def		설치필요
뒷면 창유리 서리 제거장치	뒷면서리제거,Rear Def, Rear Defrost, Rear Defog 또는 R-Def	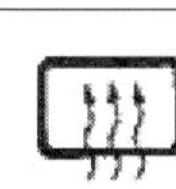	설치필요

차 폭 등	차폭등, Marker Lamps 또는 Mk Lps		설치필요
수동 초오크	초오크 또는 Choke	표시가능	표시가능
원동기 시동	시동 또는 Engine Start	표시가능	표시가능
원동기 정지	정지 또는 Engine Stop	표시가능	표시필요
손 조작 스로틀	스로틀 또는 Throttle	표시가능	표시가능
정속 주행 장치	제작자가 정함	표시가능	표시필요
냉 · 난방장치	제작자가 정함	표시가능	표시필요

주) 1. 운전자가 안전띠를 착용한 상태에서 조종장치의 식별표시를 확인할 수 있어야 하며, 다음 각목의 조종장치를 제외한 기타의 조종장치의 식별표시는 오프위치에서 운전자가 식별표시를 바르게 볼 수 있어야 한다.
가. 회전식 등화점등장치 및 회전식 전조등·후미등의 조종장치
나. 오프위치가 없는 회전식 조종장치
다. 경음기의 조종장치
2. 제작자등은 식별표시에 다른 식별표시를 추가하여 표시내용을 명확히 할 수 있다.
3. 정속주행장치 및 냉·난방장치의 조종장치에는 기능을 조종하는 각 조종위치마다 식별표시를 하여야 하고, 1개의 기능에 관하여 등급이나 정도를 조절하는 조정장치에는 양 끝의 조절위치에 그 등급이나 정도표시를 하여야 하며, 온도를 조절하는 조종장치의 양 끝의 조절위치의 표시를 색상으로 나타내는 경우에는 가장 낮은 온도의 조절 위치는 청색으로, 가장 높은 온도의 조절위치는 적색으로 표시하여야 한다.
4. 조명을 설치하여야 하는 조종장치의 식별표시는 전조등이 지속적으로 점등되는 경우에는 조명되는 구조이어야 한다. 다만, 계기판넬의 윗부분, 조향기둥, 차실바닥 및 바닥에 있는 콘솔부분에 설치된 조종장치의 식별표시의 경우에는 그러하지 아니하다.
5. 원동기시동 및 원동기정지를 위한 조종장치의 식별표시는 당해 조종장치들이 열쇠잠금장치와 별도로 사용되는 경우에 적용한다.
6. 총중량 4.5톤을 초과하는 승합·화물 및 특수자동차의 냉·난방용팬과 냉·난방장치에는 조명을 설치하지 아니할 수 있다.
7. 등화점등장치에 의하여 조종되는 조종장치는 별도의 식별표시나 조명을 설치하지 아니할 수 있다.

1-7. 자동차의 차실 안에 [별표2]에 따른 표시장치를 설치하는 경우

- 조명 및 색상기준에 적합하여야 한다(단, 자동차장치의 작동여부 및 상태의 정상여부를 나타내 주는 표시장치(자동표시기)가 자동표시기외의 표시장치와 함께 사용되는 경우 당해 자동표시기는 그러하지 않는다)
- 표시장치별 식별색상, 식별단어 또는 약어, 식별부호가 적합하지 않을 경우, 표시장치별 의무장착 조명을 설치하지 않을 경우에는 부적합 및 시정권고를 할 수 있다.

[별표 2]

표시장치	식별대상	식별단어 또는 약어	식별부호	조명기준
방향 지시등 자동표시기	녹색	-	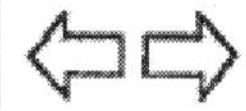	-
비상 경고신호등 자동표시기	-	-	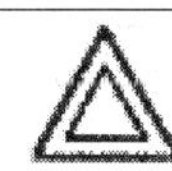	-
안전띠 자동표시기	적색	안전띠착용, fasten belts 또는 fasten seat belts		-
연료량 자동표시기	-	연료 또는 Fuel		-
연료계	-			설치필요
오일압력 자동표시기	-	오일 또는 oil		-
오일 압력계	-			설치필요
냉각수 온도 자동표시기	-	온도 또는 Temp		-
온도계	-			설치필요
충전 자동표시기	-	전압,전류,충전 Volt, Amp 또는 Charge		-
전류계	-			설치필요
주행 빔 자동표시기	청색 또는 녹색	-	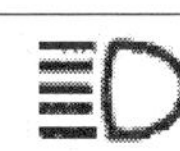	-
ABS 고장 자동표시기	황색	자동제어 또는 ABS	또는 	-
제동장치 고장 자동표시기	적색 또는 황색	제동,주차, Brake 또는 Parking	((!))/((P))	-
제동 공기압위치 자동표시기	-	제동공기 또는 Brake Air	2008.12.08 삭제	-
속도계	-	km/h 또는 MPH	-	설치필요
자동변속기 변속단수	-	제작자가 정함	-	설치필요

주) 1. 제작자는 식별표시에 다른 식별표시를 추가하여 표시내용을 명확히 할 수 있다.
2. 조명을 설치하여야 하는 표시장치의 식별표시는 전조등이 지속적으로 점등되는 경우에 조명되는 구조이여야 한다.
3. 표시장치의 색상은 배경과 대조되는 색상이어야 한다.
4. 자동표시기는 당해 자동표시기가 지시하는 장치가 작동하는 경우, 비정상태가 발생하는 경우 또는 자동출발시의 등화점검의 경우 외에는 빛을 발산하지 아니하는 구조이어야 한다.
5. 비상경고신호등의 표시장치로서 방향지시등의 표시장치를 사용하는 경우에는 비상경고신호등의 식별부호는 필요하지 아니하다.

2. 조향장치의 점검 및 검사 방법

> 조향 장치의 점검 및 검사 방법, 부적합 및 시정권고 사항은 다음과 같다.

2-1. 조향장치의 각부

조향장치의 각부는 조작 시에 차대 및 차체 등이 자동차의 다른 부분과 접촉되지 아니하고, 갈라지거나 금이 가고 파손되는 등의 손상이 없으며, 작동에 이상이 없어야 한다.

- 검사 방법 : 좌 · 우 최대 조향각도로 회전시켜 차대 또는 차체와 접촉하는지와 운행 중 접촉흔적 육안점검, 조향장치 각부의 손상여부를 점검해며 및 육안 점검, 조향 핸들을 작동시켜 원활하게 작동하는지 확인한다.
- 부적합 및 시정 권고 상항 : 최대 조향각도에서 접촉되거나 운행 중 접촉의 흔적이 있음, 부식, 갈라짐, 파손 등의 손상이 있음, 조향 핸들 작동 시 흔들림, 걸림, 조향력 과대 등 작동상태 불량

2-2. 조향장치는 조작 시 운전자의 옷 · 장신구 등에 걸리지 않아야 한다.

- 검사방법 : 육안 또는 필요시 조향핸들을 조작하여 이상 유무 점검 한다.
- 부적합 및 시정 권고 사항 : 불법부착물 등으로 인해 운전자가 조작 시 장애가 될 것으로 판단되는 경우에는 부적합 및 시정 권고를 할 수 있다.

2-3. 조향핸들

조향핸들 축(틸트컬럼)의 높이를 조절할 수 있는 장치를 갖춘 자동차의 경우 조향핸들 조절 후 적절한 잠금장치에 의하여 완전히 고정되어야 한다.

- 검사방법 : 조향핸들 높이를 임의 변경 후 잠금장치 작동 시 조향핸들 고정 상태를 점검한다.
- 부적합 및 시정 권고 사항 : 잠금장치를 작동시켰으나 조향핸들이 고정되지 않고, 상하 또는 전후로 과다한 유격 발생할 때 부적합 및 시정 권고를 할 수 있다.

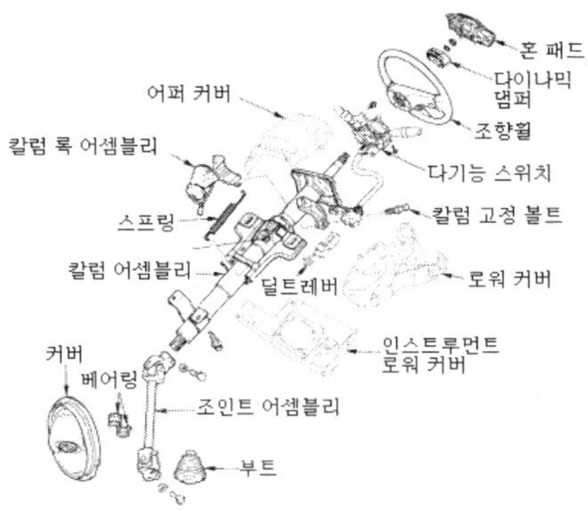

[조향 칼럼의 구성]

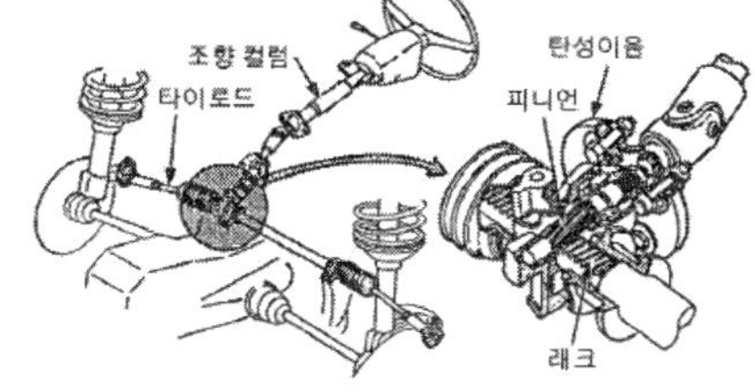

[래크-피니언형식의 조향기어]

2-4. 향계통의 설치상태, 손상, 변형 등의 이상이 없어야 한다.

- 검사방법 : 랙 하우징 등 기어박스, 파워실린더, 타이로드 및 타이로드엔드, 섹터 축, 너클 암, 드레그 링크, 아이들 암, 볼 조인트 등 설치상태, 손상, 변형 등 및 누유 점검한다.

- 부적합 및 시정권고 사항 : 해당 장치의 설치상태불량, 손상 등
  ① 기어박스, 파워실린더 설치상태불량 및 손상, 누유
  ② 타이로드 및 타이로드 엔드 설치상태 불량, 손상 변형, 마멸, 유격과다
  ③ 섹터 축, 너클 암, 드레그 링크, 아이들 암, 볼 조인트 등 설시상태 불량, 손상, 변형
  ④ 기타 조향계통 설치 및 작동상태부량, 손상, 변형용접 또는 임의 변경

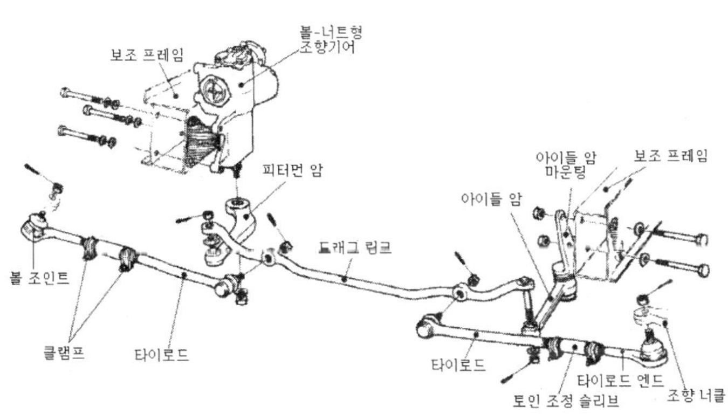

[조향장치 구성]

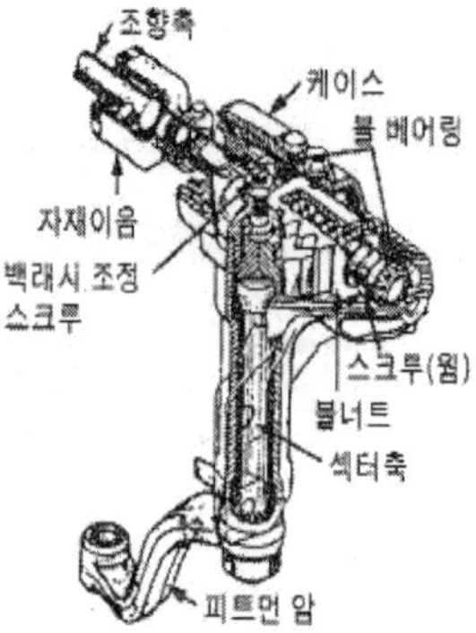

[볼-너트형 조향기어]

- 점검 부위
  ① 타이로드 엔드
  ② 벨로우즈
  ③ 기어박스
  ④ 피트 튜브
  ⑤ 밸브 바디 어셈블리
  ⑥ 타이로드 어셈블리
  ⑦ 록 너트
- 점검사항 : 오일펌프, 흡입호스, 고압호스, 리턴파이프, 오일 쿨러 등 설치 및 작동상태, 이상음, 손상, 변형 및 누유 여부를 점검한다.
- 부적합 및 시정권고 사항 : 오일펌프 등 해당 장치의 설치 및 작동상태, 이상음, 손상, 변형 등 이상 발견 또는 누유

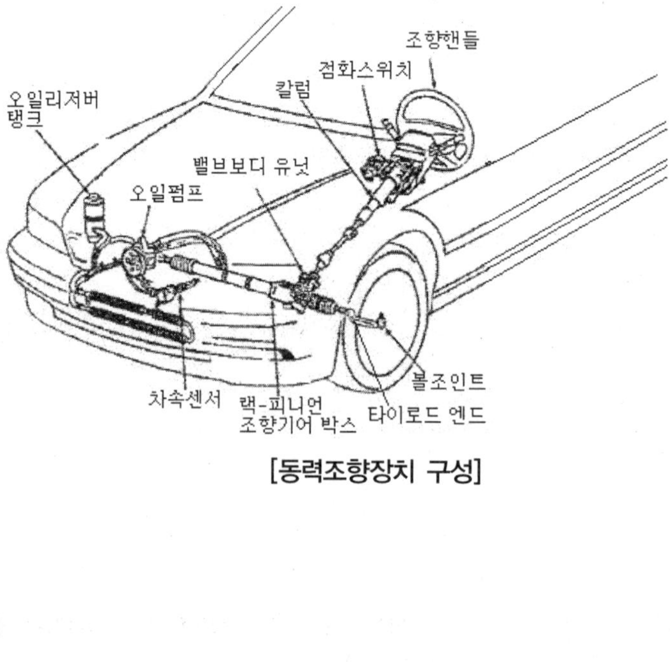

[동력조향장치 구성]

2-5. 동력조향 작동유의 유량이 적정하여야 한다.

2-5-1. 점검방법으로는 동력조향 작동유의 유량 및 기포발생 점검한다.

(1) 점검방법

① 차량을 평탄한 곳에 세운다.

② 엔진 공회전상태에서 스티어링 휠을 완전히 좌 · 우측으로 몇 번 돌린다(적정오일온도 : 50~60℃)

③ 리저버 탱크의 오일에 거품이 있거나 탁하지 않은가를 확인한다.

④ 엔진을 정지시킨 후 정지 상태와 작동상태의 오일 수준의 차이를 점검한다.

⑤ 이상이 없을 경우 정지상태의 오일량 점검

- 엔진 정지 후 오일이 갑자기 차오르거나 5mm이상 차이 발생 시 오일내 공기가 차있음
- 부적합 및 시정권고 사항 : 유량 부족 또는 과다, 리저버 탱크 내 기포발생.

(2) 공기빼기 작업 방법

① 고압 케이블을 분리한 다음 기동모터를 주기적으로(15~20초) 작동시키면서 조향핸들을 좌우 쪽으로 완전히 5~6회 정도 회전시킨다. 이때 오일 량이 필터의 아랫부분 밑바닥까지 떨어지지 않도록 오일을 주입한다. 또한 엔진이 공회전하는 상태에서 공기빼기 작업을 실시하면 공기가 분해되어 오일에 흡수되므로 반드시 크랭킹을 시키면서 공기빼기 작업을 한다.

② 고압 케이블을 연결하고 엔진을 가동한 후 공회전 시킨다.

③ 오일탱크에 공기 방울이 없어질 때까지 조향핸들을 좌우로 돌린다.

④ 오일의 혼탁여부와 오일 량이 규정 값 이내에 있는지를 확인한다.

⑤ 조향핸들을 좌우 쪽으로 돌렸을 때 오일 량이 약간 변화하는지를 확인한다. 이때 오일량이 5mm 이상 차이가 나면 공기빼기 작업이 불완전한 것이므로 공기빼기를 완전히 하도록 하여야 하며, 엔진의 가동을 정지시킨 후 오일 량이 갑자기 상승하면 공기빼기 작업이 잘못된 것이다. 공기빼기 작업을 완전히 시행하지 않으면 오일펌프와 제어밸브에서 소음이 발생하며, 조향핸들이 무거워지고, 펌프의 수명이 단축된다.

2-6. 조향핸들의 유격은 핸들 지름의 12.5% 이내

(1) 조향핸들 유격 측정조건

① 자동차는 공차상태의 자동차에 운전자 1인이 승차한 상태로 한다.

② 타이어의 공기압은 표준공기압으로 한다.

③ 자동차를 건조하고 평탄한 기준면에 조향축의 바퀴를 직진위치로 자동차를 정차시키고 원동기는 시동한 상태로 한다.

④ 자동차의 제동장치(주차제동장치를 포함한다)는 해제한 상태에서 측정한다.

(2) 점검방법

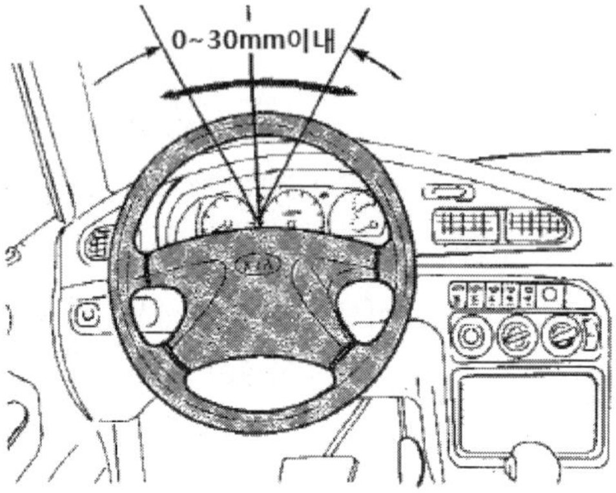

[조향핸들 유격측정]

[유격이 크면 좋지 않다]

① 직진위치의 상태에 놓인 자동차 조향바퀴의 움직임이 느껴지기 직전까지 조향핸들을 좌회전시키고 조향핸들의 한 점을 조향 핸들과 조향핸들이외의 부분에 표시한다.

② "①"의 상태에서 조향핸들을 조향바퀴의 움직임이 느껴질 때까지 우회전시켜 조향핸들상의 한 점이 이동한 직선거리를 측정한다.

③ 조향핸들의 유격 측정 시 바퀴의 움직임을 느끼기 위한 별도의 장치를 설치하여 측정할 수 있다.

④ 측정값이 규정 값 이상이면 조향기어 박스 외부 요크 플러그를 이용하여 조정한다.

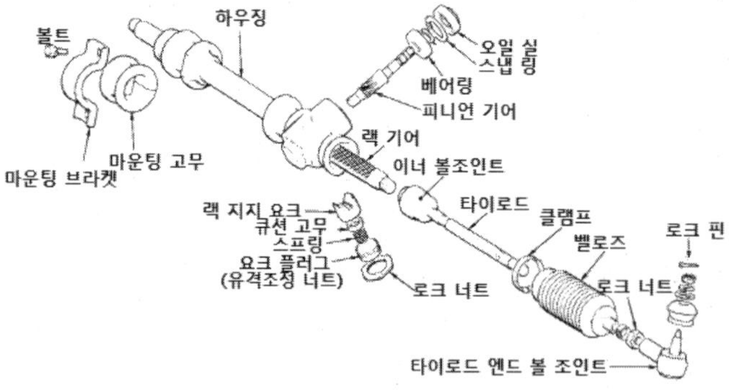

[유격 조정용 요크 플러그 장착위치]

→ 요크 플러그를 오른쪽으로 회전시키면 유격 감소한다.
→ 요크 플러그를 왼쪽으로 회전시키면 유격이 커진다.

⑤ 조향핸들의 유격허용기준 초과 시에는 부적합 및 시정권고를 할 수 있다.

- 유격이 크면 조향핸들 조작이 늦어지고, 유격이 적으면 윤활 불충분으로 조향기어 마멸을 촉진시킨다.

2-7. 조향핸들 프리로드 점검

프리로드란 회전기전력이란 뜻인데 사전에 조립해 놓은 피니언이 회전 시작 때의 저항력을 말한다. 프리로드를 두면 실제로 부하가 걸렸을 때 피니언 등이 부하 때문에 변형되어 헐거움이 생기는 것을 방지할 수 있다.

2-7-1 점검방법

① 잭을 이용하여 자동차를 들어 올린 후 안전 스탠드로 지지한다.

② 조향핸들을 좌우로 완전히 돌렸다가 직진상태로 한다.

③ 조향핸들에 그림과 같이 스프링 저울을 조향핸들 중심과 직각이 되도록 설치한다.

④ 스프링 저울을 일직선으로 잡아당겨 바퀴가 회전하기 직전의 최대 측정값(0.5~2.0kgf·m)을 읽는다.

⑤ 규정값 이상인 경우에는 앞 현가장치, 조향 링키지의 휨, 손상 유무를 점검하거나 피니언의 프리로드를 점검한다.

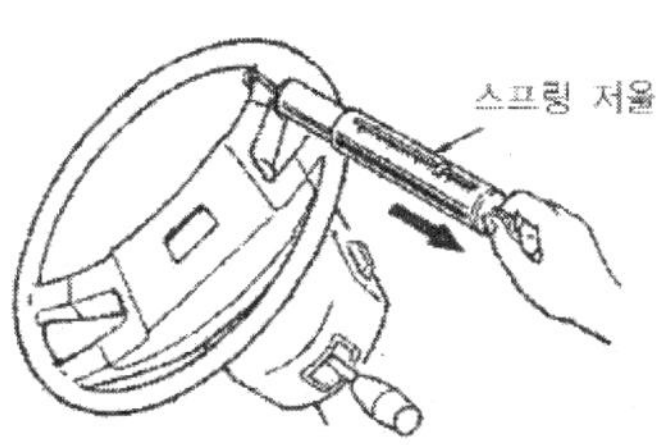

[조향핸들 프리로드 점검]

점검항목	학년/학반	학번	성명	지도교수 확인	
	① 측정(또는 점검)		② 판정 및 정비(또는 조치) 사항		
	측정값	규정(정비한계)값	판정	정비 및 조치할 사항	
조향핸들 유격		0~30mm	□양호 □불량		
핸들 프리로드		0.5~2.0kgf· m	□양호 □불량		

2-8. 최소회전반경의 측정

2-8-1. 안전기준에 관한 규칙

바깥쪽 앞바퀴 자국의 중심선을 따라 측정할 때 12m를 초과해서는 안 된다.

(1) 측정조건

① 점검 준비물 : 자동차 1대, 턴테이블 1SET, 줄자 등
② 측정자동차는 공차상태여야 한다.
③ 측정자동차는 측정 전에 충분한 길들이기 운전을 해야 한다.
④ 측정자동차는 측정 전 조향륜 정렬을 점검하여 조정한다.
⑤ 측정 장소는 평탄 수평하고 건조한 포장도로이어야 한다.

(2) 측정방법

① 변속기어를 전진 최하단에 두고 최대의 조향각도로 서행하며, 바깥쪽 타이어의 접지면 중심점이 이루는 궤적의 직경을 우회전 및 좌회전시켜 측정한다.
② 측정 중에 타이어가 노면에 대한 미끄러짐 상태와 조향장치의 상태를 관찰한다.
③ 좌 및 우회전에서 구한 반경 중 큰 값을 당해 자동차의 최소회전반경으로 하고 안전기준에 적합한지를 확인한다.
④ 부적합 및 시정권고사유 : 최소회전반경 기준 초과

(3) 측정 전(前) 주의시항

① 회전반경 시험기를 운반할 때에는 반드시 양쪽 고정 핀을 끼워서 고정시키도록 한다.
② 고정 핀이 끼워진 상태에서 자동차를 올려놓도록 한다.
③ 규정 하중 이상의 자동차는 측정하지 않는다.
④ 충격이나 심한 진동은 피하도록 한다.

(4) Test 방법

① 시험 자동차의 앞바퀴를 잭(jack)으로 들어올린다.

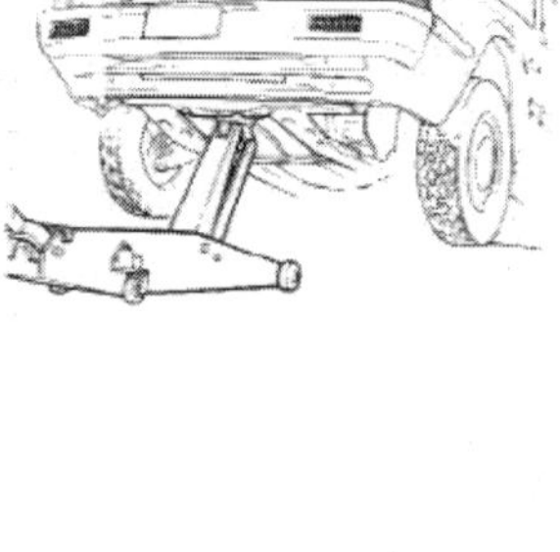

② 회전반경 시험기의 눈금이 타이어 바깥쪽으로 향하도록 하여 앞바퀴 양쪽에 설치한다.

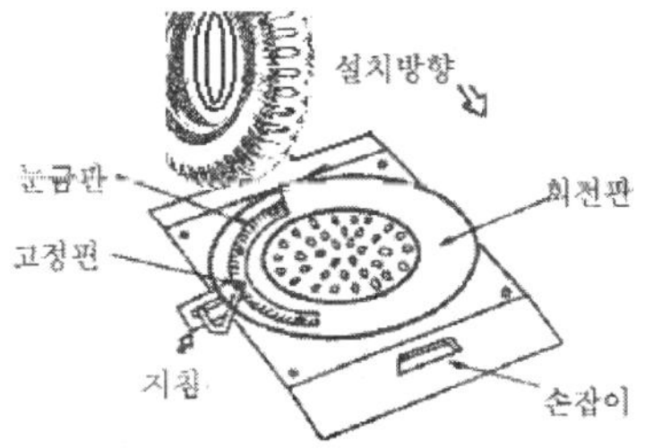

[회전반경 시험기(턴테이블)의 설치방향]

③ 고정 핀을 꽂아 눈금판을 고정시킨다.
④ 앞바퀴를 직진상태로 한 다음 시험기의 중심과 타이어 중심이 일치하도록 시험기의 위치를 정한다.
⑤ 잭을 서서히 내려 앞바퀴가 회전반경 시험기의 중심에 오도록 한다.
⑥ 자동차를 흔들어 제 위치로 고정시킨 후 회전반경 시험기의 고정핀(좌우 모두 4개)을 뽑아 점검하고 오차가 있을 때에는 0점이 지침과 일치하도록 한다.
⑦ 조향핸들을 오른쪽이나 왼쪽으로 최대한 돌린다. 이때 조향핸들을 왼쪽으로 돌렸을 경우에는 오른쪽 회전반경 시험기의 눈금을 읽고, 오른쪽으로 돌렸을 경우에는 왼쪽 회전반경 시험기의 눈금을 읽는다. 이 눈금이 바깥쪽 전륜의 조향각(sinα)이다.

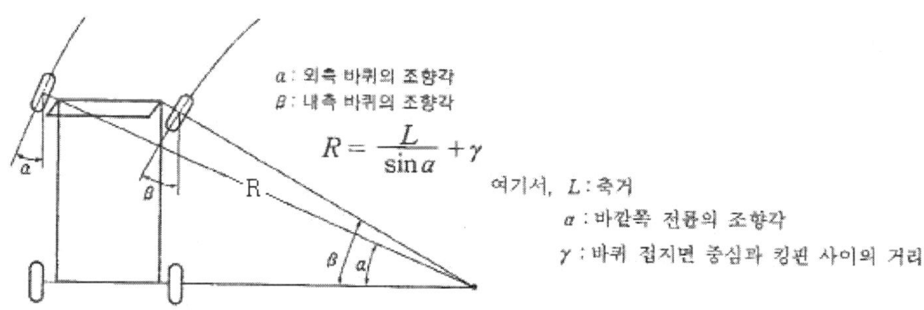

[최소회전 반경]

<table>
<tr><td rowspan="4">최소회전
반경점검</td><td>학년/학반</td><td colspan="2">학번</td><td colspan="2">성명</td><td rowspan="2">지도교수
확인</td><td rowspan="2"></td></tr>
<tr><td></td><td colspan="2"></td><td colspan="2"></td></tr>
<tr><td colspan="3">① 점검(또는 측정)</td><td colspan="4">② 판정 및 정비(또는 조치) 사항</td></tr>
<tr><td>최대 조향각</td><td>기준값
(산출근거)</td><td>측정값</td><td>판정</td><td colspan="3">정비 및 조치할 사항</td></tr>
<tr><td>회전방향(☑표시)
□ 좌
□ 우</td><td>□ 좌측바퀴
□ 우측바퀴
조향각:</td><td></td><td></td><td>□ 양호
□ 불량</td><td colspan="3"></td></tr>
</table>

2-9. 사이드슬립 점검

조향륜의 옆 미끄러짐량은 1m 주행에 ±5mm 이내여야 한다.(사이드슬립 측정기로 측정한다.)

2-9-1. 사이드슬립 점검하는 목적

자동차는 주행 중 캠버와 토인의 밸런스가 흐트러지면 좌우로 미끄러지는 사이드슬립 현상이 발생한다. 바퀴 정렬에 문제가 발생할 경우 일어나는 부작용 중의 하나가 사이드슬립이다. 바퀴 정렬을 일일이 측정하지 않아도 짧은 시간에 경제적으로 측정할 수 있기 때문이다.

2-9-2. 측정조건

① 자동차는 공차상태의 자동차에 운전자 1인이 승차한 상태로 한다.
② 타이어의 공기압은 표준 공기압으로 하고 조향링크의 각부를 점검한다.
③ 측정기기는 사이드슬립 테스터로 하고 지시장치표시가 0점에 있는가를 확인한다.

2-9-3. 점검방법

① 자동차를 측정기와 정면으로 대칭시킨다.
② 측정기에 진입속도는 3~5km/h로 서행한다.
③ 조향핸들에서 손을 놓고 3~5km/h로 서행하면서 계기의 눈금을 타이어의 접지면이 측정기 답판을 통과 완료할 때 읽는다.
④ 옆미끄러짐량의 측정은 자동차가 1m주행 시 옆미끄러짐량을 측정하는 것으로 한다.

2-9-4. 결과가 기준 초과일 경우에는 부적합 판정 또는 시정권고를 할 수 있다.

[사이드슬립 측정기]

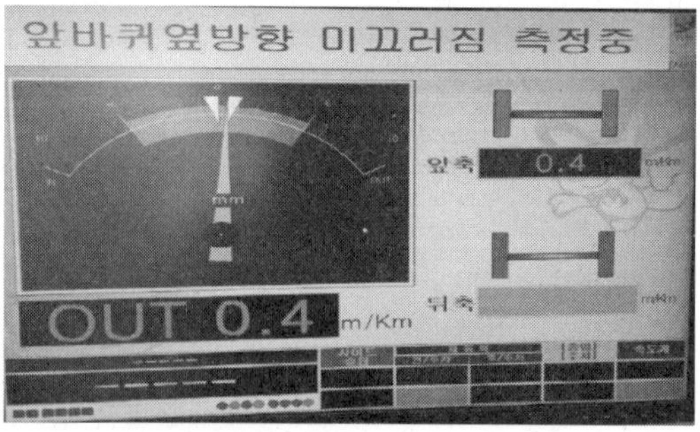

[사이드슬립 측정 모니터]

<table>
<tr><td rowspan="4">점검항목</td><td>학년/학반</td><td>학번</td><td colspan="2">성명</td><td rowspan="2">지도교수
확 인</td><td rowspan="2"></td></tr>
<tr><td></td><td></td><td colspan="2"></td></tr>
<tr><td colspan="2">① 측정(또는 점검)</td><td colspan="4">② 판정 및 정비(또는 조치) 사항</td></tr>
<tr><td>측정값</td><td>규정(정비한계)값</td><td>판정</td><td colspan="3">정비 및 조치할 사항</td></tr>
<tr><td>사이드
슬립</td><td></td><td></td><td>□양호
□불량</td><td colspan="3"></td></tr>
</table>

2-10. 특정 시스템 장착 자동차 점검

차속 감응형 유압식 및 전기 유압식 또는 전동식 파워스티어링 시스템을 장착한 자동차의 경우 원활한 작동을 위한 각종 센서 및 제어장치 설치상태 및 정상작동 여부를 점검한다.

2-10-1. 검사방법

전자 진단장치를 진단 커넥터에 연결하여 파워스티어링 시스템의 각종 센서 및 제어장치를 점검한다.

2-10-2. 점검방법

① 1차 진단결함코드 확인 시 기억소거
② 해당 센서 설치상태(접촉 불량, 단선 및 단락 등 점검) 점검
③ 재점검하여 진단결함코드 재점검
④ 부적합 및 시정권고 사항 : 재점검 후 진단결함코드 확인

제 2 장 Chapter 2 제동장치의 제동능력 검사 기준 및 방법

참고

① 공주거리

장애물을 발견하고 브레이크 페달에 발이 닿을 때까지의 거리이다. 즉 정지거리-제동거리이다.

공주거리(m)= $\frac{V}{3.6} \times t$ 여기서, V : 제동초속도(km/h), t : 공주시간(sec)

② 제동거리 : 브레이크 페달을 밟아 자동차가 정지할 때까지의 거리이다.

$제동거리(m) = \frac{(V)^2 \times 0.88}{100}$, 제동거리(m)= $\frac{V^2}{254} \times \frac{W+W'}{F}$

여기서, V : 제동초속도(km/h), W : 차량중량(kgf),

W' : 회전부분 상당중량(kgf), F : 제동력 총합(kgf)

③ 정지거리 : 공주거리와 제동거리를 합한 거리이다.

$정지거리(m) = \frac{(V)^2}{2\mu g}$ 여기서, V: 제동초속도(m/sec) μ: 마찰계수 g: 중력가속도(9.8m/sec^2)

구분	최고속도 80km/h 이상의 자동차	최고속도 35km/h~80km/h 자동차
제동초속도(km/h)	50km/h	35km/h
정지거리(m)	22m이하	14m이하
측정 시 조작력(kg)	발 조작식의 경우 90kg이하	
	손 조작식의 경우 30kg이하	
측정 자동차의 상태	공차상태의 자동차에 운전자 1인이 승차한 상태	

1. 검사 기준

1-1. 제동력 규정

모든 축의 제동력의 합이 공차중량의 50% 이상이고, 앞축의 제동력은 당해 축중의 50% 이상이고, 뒷축의 제동력은 당해 축중의 20% 이상일 것

- 제동력의 총합$= \frac{\text{앞좌우, 뒷좌우 제동력의 합}}{\text{차량중량}} \times 100$ = 50% 이상일 것
- 앞바퀴 제동력의 합$= \frac{\text{앞 좌우 제동력의 합}}{\text{앞축중}} \times 100$ = 50% 이상일 것
- 뒷바퀴 제동력의 합$= \frac{\text{뒷좌우 제동력의 합}}{\text{뒷축중}} \times 100$ = 20% 이상일 것

1-2. 동일 차축의 좌·우 차륜 제동력의 차이는 당해 축중의 8%이하

좌우 제동력 편차$= \frac{\text{큰쪽 제동력} - \text{작은쪽 제동력}}{\text{해당축중}} \times 100$ = 8% 이하일 것

1-3. 주차제동력의 합은 차량중량의 20% 이상

주차 제동력$= \frac{\text{뒷좌우 제동력의 합}}{\text{차량중량}} \times 100$ = 20% 이상일 것

1-4. 제동력의 복원은 3초 이내에 당해 축중의 20% 이하로 감소

2. 검사방법

(1) 주제동장치 및 주차제동장치의 제동력을 제동시험기로 측정

(2) 브레이크를 밟지 않은 상태에서 제동력이 크게 발생하는지 점검

(3) 측정조건

① 자동차는 공차상태의 자동차에 운전자 1인이 승차한 상태로 한다.
② 자동차는 바퀴의 흙, 먼지, 물 등의 이물질은 제거한 상태로 한다.
③ 자동차는 적절히 예비운전이 되어 있는 상태로 한다.
④ 타이어의 공기압은 표준공기압으로 한다.

(4) 주제동력 측정방법

[뒷바퀴 제동력 측정]

① 자동차를 제동시험기에 정면으로 대칭되도록 한다.
② 측정자동차의 차축을 제동시험기에 얹혀 축중을 측정하고 롤러를 회전시켜 당해차축의 제동능력, 좌우차륜의 제동능력, 좌우차륜의 제동력의 차이, 제동력의 복원상태를 측정한다.
③ ②의 측정방법에 따라 다음 차축에 대하여 반복 측정한다.

(5) 주차제동력 측정방법

① 자동차를 제동시험기에 정면으로 대칭되도록 한다.
② 측정자동차의 차축을 제동시험기에 얹혀 축중을 측정하고 롤러를 회전 시켜 당해차축의 주차제동능력을 측정한다.(이때 주차브레이크를 작동시킨다.)
③ 2 차축 이상에 주차제동력이 작동되는 구조의 자동차는 ②의 측정방법에 따라 다음 차축에 대하여 반복 측정한다.

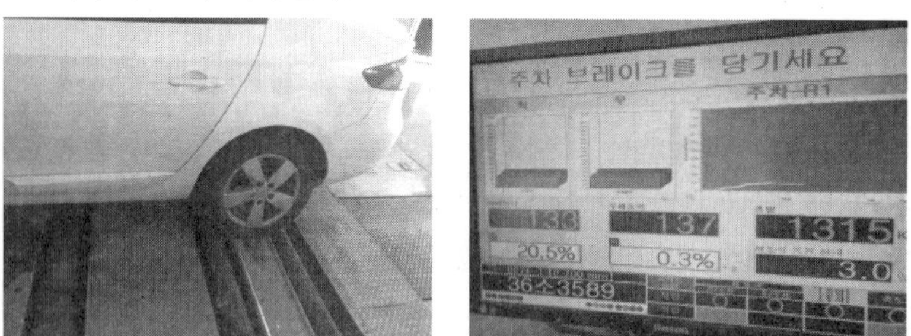

[주차 제동력 측정]

<table>
<tr><td rowspan="4">제동력
점검</td><td colspan="2">학년/학반</td><td colspan="2">학번</td><td>성명</td><td rowspan="2">지도교수
확 인</td><td rowspan="2"></td></tr>
<tr><td colspan="2"></td><td colspan="2"></td><td></td></tr>
<tr><td colspan="4">① 점검(또는 측정)</td><td colspan="3">② 판정 및 정비(또는 조치) 사항</td></tr>
<tr><td>구분</td><td>측정값</td><td colspan="2">기준값
제동력 합 | 편차</td><td>판정</td><td colspan="2">정비 및 조치할 사항</td></tr>
<tr><td rowspan="2">□ 앞□ 뒤 (☑표)</td><td>좌</td><td></td><td rowspan="2"></td><td rowspan="2"></td><td rowspan="2">□ 양호
□ 불량</td><td colspan="2" rowspan="2"></td></tr>
<tr><td>우</td><td></td></tr>
</table>

3. 제동장치의 모든 SYSTEM 점검

3-1. 제동계통장치의 설치와 작동

제동계통장치가 견고하게 설치되고 손상 및 마멸된 부위가 없어야 하며, 기름이 누출되지 아니하고 작동에 이상이 없을 것

(1) 일반적인 제동계통장치의 설치상태와 기름 등의 누출여부 및 작동상태 점검

(2) 제동페달을 작동시켜 자유유격 점검

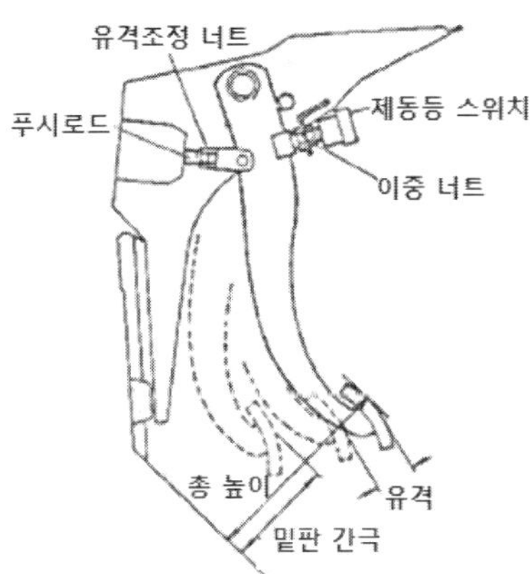

[페달 간극 및 구조]

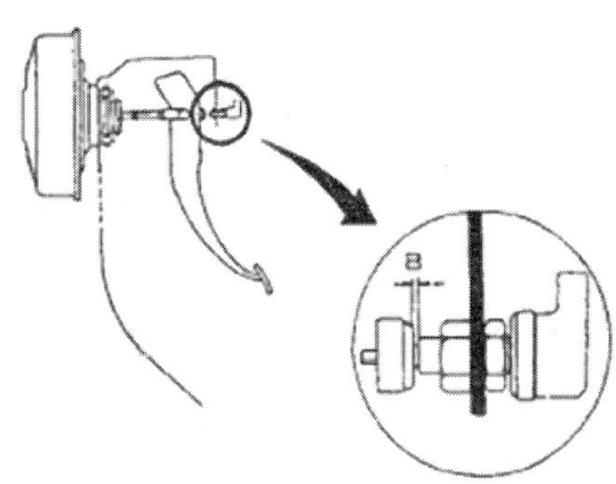

[페달 높이 조정 너트]

- 브레이크 페달 자유간극 측정

① 원동기를 정지시킨 상태에서 브레이크 페달을 2~3번 밟아 하이드로백 내의 진공을

없앤 후 실시한다.

② 페달 밑판 부위에 30cm 곧은자를 페달이 작동하는 방향으로 설치하여 페달이 올라온 부분에 필기구로 표시를 한 후 손바닥으로 페달을 눌러 저항이 느껴지는 점까지의 이동거리를 측정한다.

③ 조정방법 : 고정너트를 풀고 푸시로드를 돌려 유격을 조정한다. 푸시로드 길이를 길게 조정하면 자유간극이 적어지고, 푸시로드 길이를 짧게 하면 자유간극이 커진다.

- 브레이크 페달 작동거리 측정(시동을 걸고)
  ① 자유간극에서 페달을 끝까지 눌러 움직인 거리를 판독한다.
  ② 페달 총 높이-(자유간극+밑판간극)이 작동거리이다.
  ③ 페달높이를 점검하여 페달 높이가 불량하면 페달 높이 스톱퍼(제동등 스위치)로 규정치로 조정한다.

<table>
<tr><td rowspan="4">검사항목</td><td>학년/학반</td><td>학번</td><td colspan="2">성명</td><td rowspan="2">지도교수 확인</td><td rowspan="2"></td></tr>
<tr><td></td><td></td><td colspan="2"></td></tr>
<tr><td colspan="2">① 점검(또는 측정)</td><td colspan="3">② 정비 또는 조치사항</td><td rowspan="2">득점</td></tr>
<tr><td>측정값</td><td>규정(정비한계)값</td><td>판정
(□에 √ 표)</td><td colspan="2">정비 및 조치사항</td></tr>
<tr><td>자유높이</td><td></td><td></td><td rowspan="2">□ 양호
□ 불량</td><td colspan="2" rowspan="2"></td><td rowspan="2"></td></tr>
<tr><td>페달높이</td><td></td><td></td></tr>
</table>

(3) 제동페달 패드의 미끄럼 방지면을 점검하여 미끄럼방지기능이 불완전한지 점검

(4) 제동페달에 페달패드가 견고하게 고정되어 있는지 점검

(5) 제동페달이 정상 움직임에 직각 방향으로 과도한 측면 움직임(페달 베어링이나 피벗의 과도한 마모)이 있는지 점검

(6) 제동장치 구성부품 검사

- 라이닝 또는 패드 및 로드의 마모, 케이블의 손상, 고정 상태를 점검
- 브레이크를 밟은 상태와 밟지 않은 상태에서 제동계통의 부품에서 오일이 누출되는지 점검
- 휠실린더 및 캘리퍼의 설치상태, 손상 및 누유점검

• 브레이크 파이프 및 플렉시블호스가 안전하게 고정되어 있는지와 손상, 부식 등 및 오일 누유 점검
• 브레이크를 끝까지 밟은 상태에서 유연성 호스가 다른 부품과 간섭되는지, 호스가 부풀지는 않는지, 과도한 마멸 또는 손상이 있는지 점검
• 마스터실린더 및 리저버 탱크의 설치상태, 손상 및 오일 누유점검
• 에어브레이크 브레이크 챔버/액추에이터의의 안전성 손상 및 작동상태를 점검
• 진공 또는 공기압축펌프의 구동벨트를 점검 과도한 변형 또는 손상이 있는지 점검

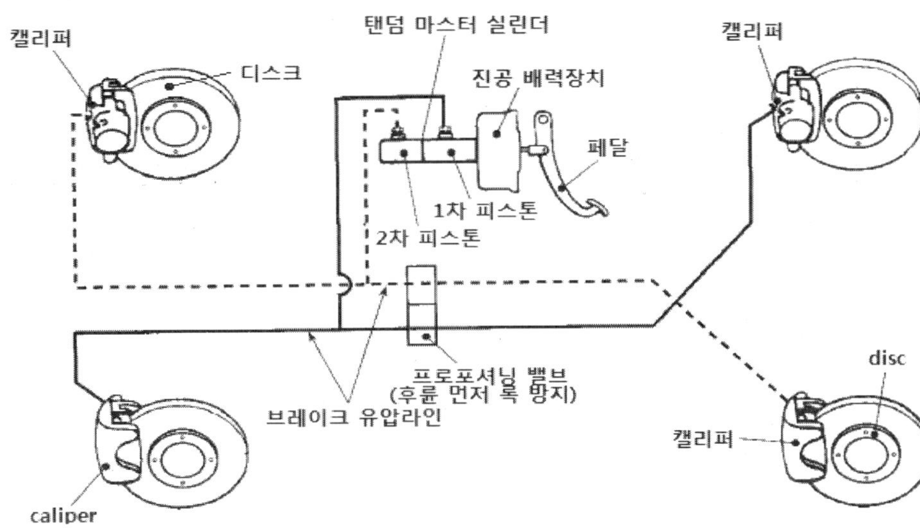

[유압식 제동장치의 구성]

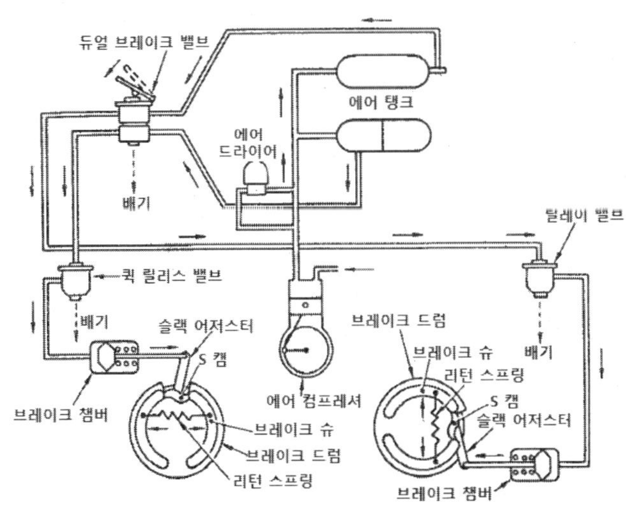

[공기식 브레이크]

> **참고**
>
> - 언로드 밸브 : 공기압축기 내의 압력을 조절하는 밸브이다.
> - 브레이크밸브 : 밟는 량에 따라서 위쪽밸브는 뒷바퀴, 아래쪽 밸브는 앞바퀴 각각 독립적으로 공기를 공급하는 밸브이다.
> - 릴레이밸브 : 브레이크 작동지연을 적게 함과 동시에 개방을 신속하게 하는 작용을 한다.
> - 퀵 릴리스 밸브 : 릴레이밸브는 앞과 뒤에 각각 1개 장착되어 있으나 앞바퀴에는 퀵 릴리스밸브를 사용하고, 뒷바퀴에는 릴레이밸브를 사용하는 경우도 있다.
> - 브레이크 체임버 : 공기 에너지를 기계적 에너지로 바꾸는 장치이다.

3-2. 브레이크 오일 유량이 적정하고 이물질이 없어야 하며 수분 함유가 적을 것

① 육안을 통한 리저버 탱크의 유량 및 오염 상태 점검

② 브레이크 오일 수분측정기를 이용하여 점검

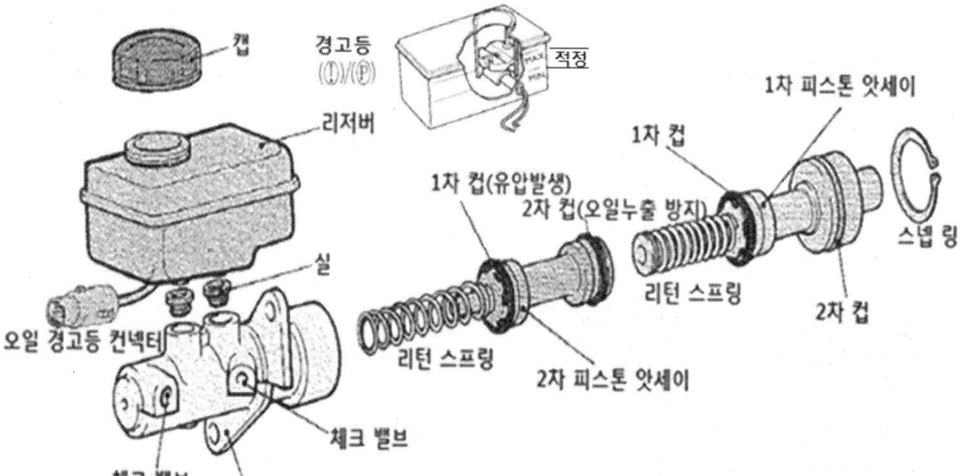

[탠덤 마스터 실린더의 구조]

3-3. 경고장치의 작동

- 주제동장치의 제동기능의 결함을 운전석에서 알 수 있도록 브레이크 오일의 기준유량 부족을 알려주는 경고장치의 작동에 이상이 없을 것
- 경고등 유무를 확인하고, 흡입장비를 이용하여 브레이크 오일을 일부 제거 후 경고장치 작동여부 점검

4. 제동장치 종류별 점검

4-1. 유압식(진공배력식 포함) 제동장치

유압식(진공배력식 포함) 제동장치는 다음의 검사방법에 적합할 것

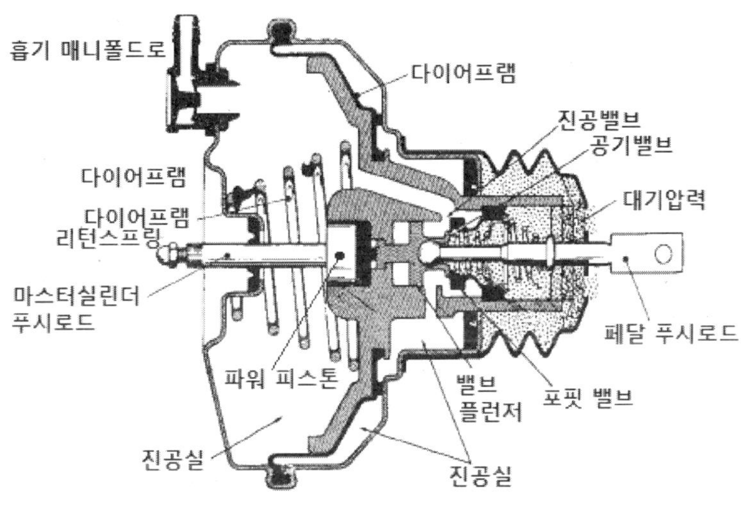

[진공식 배력장치의 구조]

① 진공 배력장치의 설치 및 작동상태, 손상 점검
② 처음에는 천천히, 두 번째는 갑자기 페달을 압력이 견딜 때까지 끝까지 누르고 페달이 천천히 움직이거나 푹신한 기분이 드는지 점검
③ 진공부스터가 장착된 경우
- 엔진을 끄고 정상 답력으로 수차례 브레이크를 밟아 페달이 처음에는 완전히 들어가다가 점차적으로 페달이 올라오면 부스터가 정상으로 작동하는 것이며 페달의 높이가 변하지 않으면 부스터가 손상된 것임

- 브레이크를 완전히 건 다음 일정한 압력으로 유지한다. 엔진을 시동한 후 페달이 더 내려가면 부스터가 양호하며 페달이 올라오면 부스터가 손상된 것임
- 엔진을 작동시켜 브레이크 페달을 밟고
- 엔진을 정지시킨 후 약 30초 동안 페달을 밟고 있었을 때 페달의 높이가 변화되지 않으면 부스터는 양호한 상태이며 페달이 올라오면 부스터는 손상된 것임

4-2. 진공펌프를 사용하는 자동차의 제동장치

진공펌프를 사용하는 자동차의 제동장치는 다음의 검사방법에 적합할 것

- 적용범위 : 엔진이 구동되는 상태에서 브레이크 페달을 눌렀을 때 페달이 서서히 움직임이 발생하는 모든 디젤엔진자동차
- 진공도가 낮을 경우 점화스위치를 돌리는 순간 경고등이 켜지는 차량이 있다. 이러한 경우 엔진을 시동한 후에도 경고등이 켜진 채로 유지되는 경우를 제외하고 이는 부적합 사유가 아니다.

4-2-1. 진공펌프를 사용하는 자동차의 제동장치는 다음을 검사한다.

① 브레이크액 수위를 점검한 후 제동 페달을 몇 번 밟아 보관통의 액 수위가 감소되는지 점검하고 감소되면 브레이크 계통에서 오일이 누유되는 것임

② 진공을 배출한 후 제동페달을 밟을 때 푹신하거나 서서히 내려가면 마스터실린더가 불량하거나 제동계통에 공기가 들어가 있는 것임

③ 서보를 가동한 후 제동페달을 끝까지 밟아 아래로 천천히 내려가거나 바닥에 닿으면 마스터실린더 또는 제동계통이 불량한 것임

- 적용범위 : 엔진이 구동되는 상태에서 브레이크 페달을 눌렀을 때 페달이 서서히 움직임이 발생하는 모든 디젤엔진 자동차
- 진공도가 낮을 경우 점화스위치를 돌리는 순간 경고등이 켜지는 차량이 있다. 이러한 경우 엔진을 시동한 후에 도 경고등 켜진 채로 유지되는 경우를 제외하고 이는 부적합 사유가 아니다.

4-3. 공기 및 진공계통의 부품 검사

공기 및 진공계통의 부품 검사 시 다음의 검사방법에 적합할 것

(1) 제동계통 및 압축공기용기의 손상 또는 비누거품 등을 이용하여 공기 누출 점검
(2) 적정공기압의 충전상태 점검
(3) 압력계나 진공계를 장착하고 최대 압력이나 진공의 보관통을 장착한 시스템의 경우 계기의 값을 하고 제동페달을 끝까지 밟은 상태에서 계기의 값을 확인

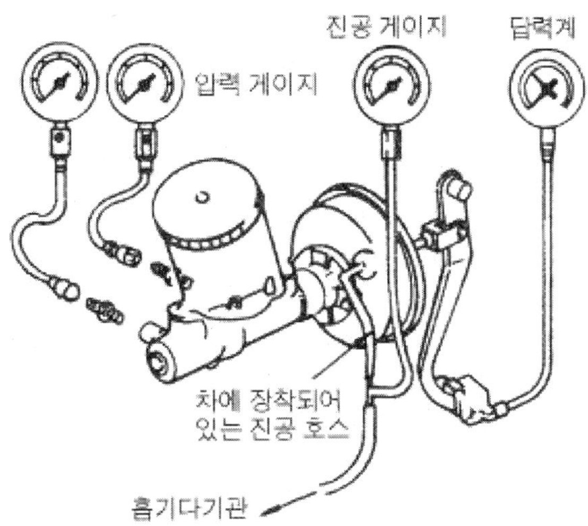

[압력계와 진공계를 이용한 검사]

(4) 제동페달을 밟는 동안 계기의 값이 계속 떨어지면 브레이크 계통에 누출이 있다.
(5) 엔진 구동 시 경고 장치의 작동 정지까지 시간 점검

제동페달을 몇 번 반복적으로 밟아 진공 또는 공기탱크를 완전히 비운 다음 엔진을 시동하고 디젤 엔진인 경우 제한속도 바로 아래의 속도로, 휘발유(가스포함) 엔진의 경우 2,000rpm으로 엔진을 구동하여 경고 장치의 작동 정지까지의 시간이 적정한지 점검

- 경고장치 작동정지 참고 시간
  ① 압력시스템 : 3분
  ② 진공시스템 : 1분

4-4. ABS(바퀴 잠김 방지식 제동장치) 검사

ABS(바퀴 잠김 방지식 제동장치) 검사는 '표준'으로 장착된 모든 시스템과 '선택사양'시스템에 모두 적용되며 다음 기준에 적합할 것.

(1) 다음의 검사절차에 따라 점검

① 점화스위치 on시 경고등 점등 후 ABS가 정상이면 소등

② ABS 이상 시 지속적으로 경고등 점등

- 주의 : ABS가 장착된 자동차를 검사 시 주행륜은 지면에서 떨어져 회전하지 않도록 할 것(ABS 시스템 전문장비를 사용해야 하는 결함이 발생될 수 있음)

4-5. ABS 시스템 점검

<table>
<tr><td rowspan="4">검사항목</td><td>학년/학반</td><td>학번</td><td>성명</td><td rowspan="2">지도교수
확인</td><td rowspan="2"></td></tr>
<tr><td></td><td></td><td></td></tr>
<tr><td colspan="2">① 점검(또는 측정)</td><td colspan="2" rowspan="2">② 정비 또는 조치사항</td><td rowspan="2">득점</td></tr>
<tr><td>이상부위</td><td>내용 및 상태</td></tr>
<tr><td>ABS 시스템</td><td></td><td></td><td colspan="2"></td><td></td></tr>
</table>

5. 주차 제동장치

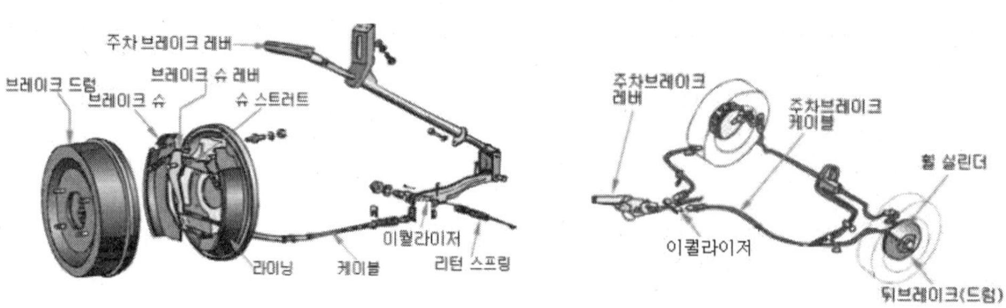

[주차 제동장치]

참고

- 기계식 주차레버를 당기기 시작(0%)하여 완전작동(100%) 할 때까지의 주차가능 범위는 50~70%이다.
- 이퀄라이저는 주차 브레이크 케이블의 좌우 균형을 잡아주는 역할을 한다.

[주차 제동장치의 제동능력 및 조작력기준]

구분		기준
측정자동차의 상태		공차상태의 자동차에 운전자 1인이 승차한 상태
측정 시 조작력	승용자동차	발조작식의 경우 : 60kgf 이하
		손조작식의 경우 : 40kgf 이하
	기타자동차	발조작식의 경우 : 70kgf 이하
		손조작식의 경우 : 50kgf 이하
제동능력		경사각 11도 30분 이상의 경사면에서 정지상태를 유지할 수 있거나 제동능력이 차량중량의 20% 이상일 것

5-1. 레버 포함 장치가 훼손 없이 정상으로 작동할 것

5-1-1 주차제동장치 레버(페달포함)를 작동시켜 확인

① 레버를 좌 · 우로 움직여 레버 피벗 좌 · 우 유격, 관련 부품의 안전성과 견고하게 설치되어 있는지 확인

② 제동능력 유지 장치나 잠금 · 해제장치의 성능을 점검

③ 자동차 아래에서 케이블 또는 로드 등 메커니즘을 점검

④ 주차레버를 작동시켜 레버가 과도 또는 과소하게 작동되거나 주차레버를 최대로 작동시켰을 때 이를 수용할 수 있는 래칫톱니가 부족한지 점검

⑤ 주차레버 등 관련 메커니즘이 작동 중 다른 부품 또는 장치 등에 의한 방해를 받는지 점검

5-1-2. 부적합 및 시정권고 사항

① 고정장치 풀림 등 설치상태 불량

② 정상으로 작동하지 않음

③ 케이블 등 손상, 파손, 탈락 등 설치상태 불량

④ 주차레버가 과도 또는 과소하게 작동

⑤ 다른 부품 또는 장치 등에 의해 작동이 원활하지 않음

제 3 장 Chapter 3 시야확보 및 계기장치 검사 기준 및 방법

1. 시야확보장치의 검사기준 및 방법

1-1. 후사경 검사기준 및 방법

(1) 자동차에는 운전자가 좌 · 우측 및 뒤쪽의 교통상황을 확인할 수 있도록 실외 및 실내 후사경을 견고하게 설치 하되 작동에 이상이 없어야 한다. 거울이 흔들리지 않게 견고히 설치되었는지, 후사경의 지지부는 수평 · 수직으로의 원활한 작동하는 지를 확인한다. 또한 예리한 돌출부나 모서리 등 상태와 거울면의 균열, 파손 및 탈락 등의 상태를 점검한다.

(2) 자동차의 볼록거울 후사경을 설치한 경우 볼록거울의 아래 부분에 [사물이 거울에 보이는 것보다 가까이 있음]을 알리는 경고 표시를 하여야 한다. 글자규격은 4.5~6.5mm 이다. 경고문의 표시 여부 및 상태 점검한다.

(3) 승용자동차에는 수평 · 수직으로 조절이 가능한 볼록거울 후사경을 자동차의 바깥 양쪽 옆면에 견고하게 설치하여야 한다. 볼록거울 후사경의 설치 유무 및 설치상태를 점검하고, 수평 · 수직으로의 작동상태를 점검한다.

(4) 후사경의 돌출거리는 허용 기준이내 이어야 한다. 승용자동차의 경우에는 25cm 이내이어야 한다. 돌출거리의 측정방법은 제원측정(너비)에 규정되어 있다.

1-2. 창닦이기의 검사기준 및 방법

(1) 자동차의 앞면창유리에는 자동식 창 닦이기, 세정액 분사 장치, 안개제거장치의 장치를 견고하게 설치되고 작동상태에 이상이 없어야 한다. 필요시 뒷면 및 기타 창유리의 경우에는 창 닦이기, 세정액 분사 장치, 서리 제거장치 또는 안개제거장치의 장치를 설치할 수 있다. 육안을 통하여 설치 상태를 점검하거나 창 닦이기 및 세정액 분사장치의 작동상태를 점검한다.

(2) 점검방법으로는

① 작동주기의 종류가 2가지 이상인지 확인한다.
② 최저 작동주기는 매분당 20회 이상이고, 다른 하나의 작동주기는 매분 당 45회 이상인지 확인한다.
③ 최고 작동주기와 다른 하나의 작동주기의 차이는 매분당 15회 이상인지 확인한다.
④ 작동을 정지시킨 경우 자동적으로 최초의 위치로 복귀되는지 확인한다.
⑤ 세정액 분사가 제대로 이루어지는지 확인한다.
⑥ 안개제거장치 또는 서리제거장치의 작동상태 점검한다.

(3) 운전자의 시계범위 안에 다음 장치의 금속표면은 빛의 반사로 인하여 운전자에게 장애를 주지 않아야 한다. 육안을 통하여 점검한다.

- 앞면창유리 창닦이기의 블레이드와 암, 차체안의 앞면창유리의 창틀, 조향핸들의 중심부와 경음기 작동부, 실내 후사경의 프레임 및 지지부 등을 점검한다.

2. 계기장치의 검사 기준과 검사 방법

2-1. 속도계와 주행거리계의 검사기준 및 방법

(1) 자동차에는 속도계, 주행거리계를 설치하여야 하며 견고하게 설치되어 파손, 균열 등의 손상이 없어야 한다. 육안을 통한 속도계와 주행거리계의 설치 여부와 설치상태를 점검한다. 또한 파손, 균열 등 손상 여부를 점검한다.

(2) 다음의 기준에 따라 자동차의 속도계와 실제 주행속도 오차 및 지침 떨림을 점검하여 이상이 없어야 한다. 속도계 시험기를 이용해 40km/h의 속도에서 자동차 속도계의 지시오차를 속도계 시험기로 측정한다.

- 측정조건으로는
  ① 자동차는 공차상태의 자동차에 운전자 1인이 승차한 상태로 한다.
  ② 자동차는 바퀴의 흙, 먼지, 물 등의 이물질은 제거한 상태로 한다.
  ③ 자동차는 적절히 예비운전이 되어 있는 상태로 한다.
  ④ 타이어의 공기압은 표준공기압으로 한다.

[속도계 시험기]

[속도계 시험기 모니터]

- 측정방법으로는
  ① 자동차를 속도계 시험기에 정면으로 대칭되도록 한다.
  ② 구동바퀴를 시험기 위에 올려놓고 변속기 1단부터 순차적으로 변속시켜 천천히 속도계가 40km/h를 맞춰 안정을 유지한다.
  ③ 속도계 검사 버튼을 눌러 시험기 제어 부분에 신호를 보내 측정한다.
  ④ 속도계 지침의 떨림 여부 및 허용 범위 점검한다.
  ⑤ 필요시 순차적으로 변속시켜 천천히 속도계가 60km/h를 맞추어 안정 유지한다.
  ⑥ 속도계 검사 버튼을 눌러 시험기 제어 부분에 신호를 보내 측정한다.
  ⑦ 속도계 지침의 떨림 여부 및 허용한다.

- 자동차 속도가 40km/h일 때 시험기 속도계 눈금을 읽는다.
  ① 정 : 15%(44.4km/h)초과
  ② 부 : 10%(34.8km/h)미달
  ③ 지침 떨림 허용범위 : ±3km/h

• 산출근거 : $\frac{40km/h}{1.15(115\%)}$ 이상 $\frac{40km/h}{0.9(90\%)}$ 이하면 합격이다.

즉, 시험기가 지시하는 눈금이 34.8~44.4km/h 범위면 합격이다.

• 자동차 속도계 지침의 오차가 발생하는 원인은 다음과 같다.

① 차속센서 불량
② 타이어가 규정보다 크거나 작을 때
③ 속도계 구동기어나 피동기어의 과대 마멸
④ 타이어의 공기압이 규정에 맞지 않을 때
⑤ 계기판 속도계의 불량

• 속도가 60km/h 경우의 지시오차 및 지침 떨림 허용범위로는 다음과 같다.

① 정 : 15%(66.7km/h)초과
② 부 : 10%(52.2km/h)미달
③ 지침 떨림 허용범위 : ±3km/h

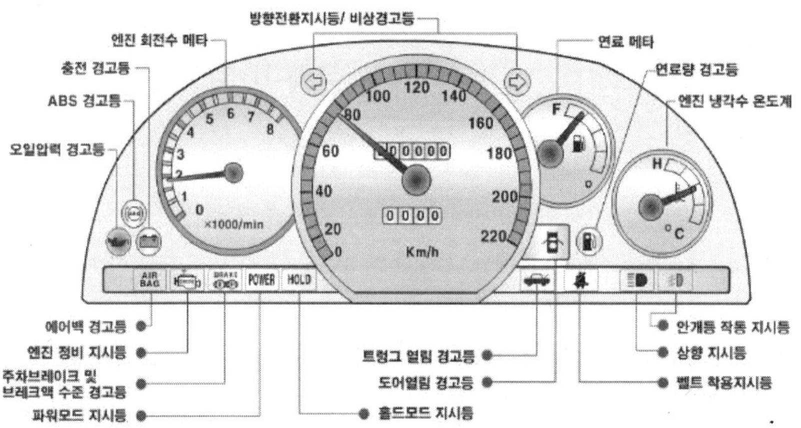

[주행거리계 및 속도계]

(3) 주행거리계는 통산 운행거리를 표시할 수 있는 구조이어야 한다. 속도계시험기에서 속도계 검사와 겸하여 주행 거리계의 작동 상태를 점검한다.

<table>
<tr><td rowspan="4">자동차
속도</td><td>학년/학반</td><td>학번</td><td colspan="2">성명</td><td rowspan="2">지도교수
확　인</td><td rowspan="2"></td></tr>
<tr><td></td><td></td><td colspan="2"></td></tr>
<tr><td colspan="2">① 점검(또는 측정)</td><td colspan="4">② 판정 및 정비(또는 조치) 사항</td></tr>
<tr><td>측정값</td><td>시험기
속도측정값</td><td>산출(계산)근거 기록</td><td colspan="2">판정</td><td>정비 및 조치할 사항</td></tr>
<tr><td>40km/h</td><td>정의 오차
부의 오차</td><td></td><td></td><td colspan="2">□ 양호
□ 불량</td><td></td></tr>
</table>

2-2. 최고속도 제한장치의 검사기준 및 방법

(1) 해당 자동차는 최고속도제한장치를 설치해야 한다. 육안을 통하여 설치유무를 점검한다.

① 차량총중량이 10톤 이상인 운송 사업용 승합자동차중 다음 각 항목에서 정한 자동차 ('95.7.21 개정)

② 시외버스 운송 사업용 승합자동차(일반시외버스를 제외한다.)('95.7.21 개정)

③ 전세버스 운송 사업용 승합자동차('95.7.21 개정)

(2) 차량총중량이 16톤 이상인 화물자동차(최대적재량이 8톤 이상인 자동차를 포함한다)중 다음 각목에서 정한 자동차('95.7.21 개정)

① 소방법시행령 제 16조의 규정에 의한 지정수량이상의 위험물을 운반하기 위하여 필요한 탱크를 설치한 화물자동차(피견인자동차를 연결한 경우에는 이를 연결한 견인자동차를 포함한다)('95.7.21 개정)

② 덤프형 및 콘크리트 운반전용의 화물자동차('95.7.21 개정)

(3) 제2항의 규정에 의한 속도제한장치는 자동차의 최고속도가 다음 각 호의 기준을 초과하지 아니하는 구조이어야 한다.('95.7.21 신설)

① 제2항 제1호의 규정에 의한 자동차 : 매시 100킬로미터 ('95.7.21 신설)

② 제2항 제2호 및 제3호의 규정에 의한 자동차 : 매시 80킬로미터('95.7.21 개정)('95.12.30 개정)

2-2-1. 최고속도 제한장치 설치 대상차량

차종별 시행일을 참고하여 시행 후 최초로 제작 또는 수입되는 자동차부터 적용

<table>
<tr><th rowspan="3">차종별
시행일</th><th colspan="3">승합자동차</th><th colspan="4">화물자동차 등</th></tr>
<tr><th colspan="2">총중량 10톤 이상</th><th rowspan="2">총중량
10톤이상</th><th colspan="2">총중량 16톤이상
(최대적재량 8톤이상)</th><th rowspan="2">고압가스
운송탱크
설치자동차</th><th rowspan="2">총중량
16톤이상
(최대적재량
8톤이상)</th></tr>
<tr><th>시외버스
(일반시외버스
제외)</th><th>전세버스</th><th>위험물
운반탱크
설치
자동차</th><th>덤프형
및 콘크리트
운반
전용자동차</th></tr>
<tr><td>96.01.01</td><td>o</td><td>o</td><td></td><td>o</td><td>o</td><td></td><td></td></tr>
<tr><td>96.03.30</td><td>o</td><td>o</td><td></td><td>o</td><td>o</td><td>o</td><td></td></tr>
<tr><td>97.02.01</td><td>o</td><td>o</td><td></td><td>o</td><td>o</td><td>o</td><td></td></tr>
<tr><td>03.07.01</td><td>o</td><td>o</td><td></td><td>o</td><td>o</td><td>o</td><td></td></tr>
<tr><td>06.02.10</td><td>o</td><td>o</td><td>o</td><td>o</td><td>o</td><td>o</td><td>o</td></tr>
</table>

(1) 최고속도제한장치는 제어장치 · 작동장치 · 와이어링 등 연결장치를 포함하여 봉인이 되어 조작할 수 없는 구조로 견고하게 설치되고 파손, 단선 등 전기배선 연결 상태 및 손상이 없어야 한다. 봉인 설치 상태 및 봉인 훼손 유무는 육안을 통하여 점검한다. 전기배선 연결 상태를 점검하기 위해 전자콘트롤 유니트(ECU) 및 액추에이터 설치와 연료분사펌프에 스로틀레버 브릿지의 연결 상태,휴즈 박스의 휴즈 등을 점검한다. 단, 전자제어 디젤엔진 자동차의 경우에는 전자콘트롤 유니트(ECU)가 각종 센서들의 속도를 제어하고 연료량을 조정하므로 액추에이터와 스로틀레버 브릿지 등이 없이 속도제어가 된다. 현대자동차에서 2000년 7월부터 적용되고 있다. 확인하는 방법으로는 휴즈 박스에 속도제한장치를 제어하는 휴즈 또는 선을 점검한다.

(2) 최고속도 제한장치의 이상 유무를 알리는 경고등을 설치하고 작동에 이상이 없어야 한다. 다음의 검사절차에 따라 점검한다.

① 점화스위치 ON시 경고등 점등 후 최고속도 제한장치가 정상이면 소등한다.
② 최고속도 제한장치가 이상 시 지속적으로 경고등 점검한다.

(3) 화물, 특수 및 고압가스탱크로리 자동차는 최고속도가 90km/h를 초과하여서는 안 된다. 자동차가 정지한 상태에서 작동여부를 확인 할 수 있어야 한다. 측정은 가상 주행 테스트기를 이용하여 정상작동 여부를 점검한다. 측정 시 준비 작업으로는 고임목 및 안전바 등의 안전장치를 설치하여 주행검사 중 자동차의 검사라인을 이탈하는 것을 방지하여야 한다. 측정방법으로는 유선측정방식의 전자식 최고속도제한장치를 이용하여

① 검사원 1인이 차량에 탑승하여, 기어중립, 주차브레이크 작동 후 시동한다.

② 전면 계기판 포트에 테스터기를 연결하고 테스터기의 속도를 변화시켜 아래의 모의 속도까지 가속한다.

- 화물, 특수 및 고압가스 탱크로리의 경우에는 85km/h

③ ②의 목표 속도까지 도달 후 1km/h씩 속도를 올리며 속도계 눈금과 비교하여 이상 유무를 점검한다.

④ 검사 대상 자동차의 제한속도에서 ±3km/h에서 엑셀레이터를 밟아 속도계 게이지 및 엔진 RPM 게이지가 변하는 지를 점검한다.

⑤ ②~④번의 절차를 3회 반복 시험한다.

2-3. 운행기록계의 검사기준 및 방법

(1) 다음의 자동차는 운행기록계를 설치하여야 한다. 육안을 통하여 설치 유무를 점검한다.

① 「고압가스 안전관리법 시행령」 제 2조에 따른 고압가스를 운송하기위하여 필요한 탱크를 설치한 화물자동차, 단, 피견인차를 연결한 경우에는 연결한 견인자동차를 포함한다.

② 「위험물안전관리법 시행령」 제 3조에 따른 지정수량이상의 위험물을 운반하기 위한 위험물 운반 탱크로리, 단, 피견인차를 연결한 경우에는 연결한 견인자동차 포함한다.

③ 쓰레기 운반전용의 화물자동차

④ 피견인자동차와 긴급자동차를 제외한 최대적재량 8톤 이상의 화물자동차 속도제한장치를 설치해야 하는 자동차가 속도제한장치를 설치한 때는 운행기록계를 설치하지 않을 수 있다.

- 제외 대상은 ①~②이다.

운행기록계를 설치해야 하는 자동차 (자동차 안전기준에 관한 규칙 제56조)

<table>
<tr><th colspan="2">분류</th><th>제작일자 부터</th></tr>
<tr><td rowspan="4">영업용</td><td>고속버스(시내, 시외버스제외)</td><td>90. 6. 1</td></tr>
<tr><td>중대형승합, 화물, 특수</td><td>97. 7. 1</td></tr>
<tr><td>경. 소형승합, 화물, 특수(용달)</td><td>05.9월부 설치면제</td></tr>
<tr><td>렌터카, 택시, 소형화물 자동차</td><td>06.10.26부 설치면제</td></tr>
<tr><td colspan="2">2. 고압가스 (운송탱크로리)
(피견인자동차를 연결한 경우에는 견인자동차를 포함)</td><td>90. 6. 1</td></tr>
<tr><td colspan="2">3. 지정수량 이상의 위험물 운반 탱크로리
피견인자동차를 연결한 경우에는 견인자동차를 포함)</td><td>96. 1. 1</td></tr>
<tr><td colspan="2">4. 쓰레기운반 전용의 화물자동차(속도제한장치 있으면 면제)</td><td>96. 1. 1</td></tr>
<tr><td colspan="2">5. 최대적재량 8톤 이상, 총중량16톤 이상 화물자동차
(피견인자동차와 긴급자동차제외 및 속도제한장치 있으면 면제)</td><td>96. 1. 1</td></tr>
<tr><td colspan="3">• 위 4,5번은 속도제한장치가 설치되어 있을 경우 운행기록계 설치면제</td></tr>
</table>

(2) 운행기록계는 견고하게 설치되고 파손 등의 손상이 없어야 한다. 운행기로계의 연결부위를 손으로 움직여 흔들림 및 케이스의 조임, 나사 풀림, 파손 등의 손상 여부를 점검한다.

3. 기계식 속도제한장치

① 납 봉인 방법 : 3선 이상으로 꼬은 철선과 납덩이를 사용하여 압축 봉인하여야 하며, 고정나사 등에는 재봉인을 위하여 구멍을 뚫어 놓아야 한다.

② 록타이트 봉인 방법 : 점도가 낮고 침투성이 강한 나사 고정제를 사용하여 연결부를 완전하게 밀봉시킨다.

4. 전자식(ECU TYPE) 속도제한장치

엔진 ECU에서 속도를 감지하여 연료량으로 제어하며, ECU MAP을 해제하지 못하도록 코드화(CODE 化) 하여 봉인한다.

제 4 장 Chapter 4 배기가스 발산장치, 소음방지장치, 경음기, 방화장치 및 내압용기 검사

1. 배기가스 발산방지장치(촉매)의 검사기준 및 방법

1-1. 검사기준

검사기준은 배기가스 발산방지장치(촉매)는 견고하게 설치되어야 하며 손상, 부식 및 변형이 없어야한다. 또한, 배기가스 발산방지장치(촉매)는 임의로 변경하거나 탈거하여서는 안된다.

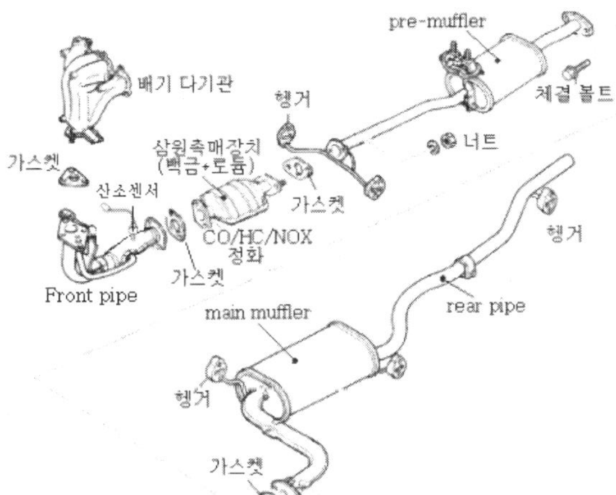

[배기장치]

1-2. 검사방법

검사방법으로는 설치상태불량, 손상, 부식 또는 변형, 임의 변경 또는 탈거가 되었는지 육안을 통하여 점검하거나 점검 해머를 이용하여 점검한다.

2. 소음방지장치(머플러)의 검사

2-1. 검사기준

검사기준은 소음기는 견고하게 설치되어야 하며 소음기, 소음덮개 및 소음기 이음부위 등이 손상, 변형, 부식으로 인하여 배출가스가 유출되지 않아야 한다. 또한, 소음방지장치를 임의로 변경하거나 제거해서는 아니 된다.

2-2. 검사방법

검사방법으로는 설치상태불량, 손상, 부식 또는 변형, 임의 변경 또는 탈거가 되었는지 육안을 통하여 점검하거나 점검 해머를 이용하여 점검한다.

3. 배기관의 검사

3-1. 검사기준

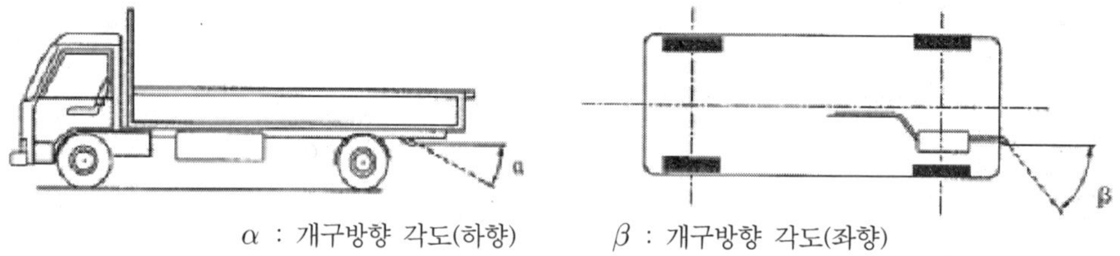

[배기관 검사]

(1) 배기관은 자동차 또는 적재물을 발화시키거나 자동차의 다른 기능을 저해할 우려가 없이 견고하게 설치되어야 한다.
(2) 배기관은 부식, 변형 또는 이음부위 손상 등으로 배기가스 유출이 없어야 한다.
(3) 배기관의 구조를 임의로 변경하여 배기소음 및 배기가스검사 결과에 영향을 주지 않아야 한다.
(4) 배기관의 열림 방향(개구방향)은 왼쪽 또는 오른쪽으로 열려있지 아니하여야 한다.
(5) 다음의 기준은 적합한 것으로 본다.

① 배기관의 열림 방향(개구방향)이 차량중심선에 대하여 왼쪽으로 30도 이내인 것
② 배기관이 차량중심선에서 왼쪽에 위치하고 차량중심선에 대하여 오른쪽으로 30도 이내인 것

(6) 배출가스 배기구는 시료채취관의 삽입이 용이하여야 한다.

3-2. 검사방법

① 육안 또는 점검 해머를 이용하여 설치상태, 손상, 변형 및 부식 등 점검한다.
② 측정 결과에 영향을 줄 수 있는 장치의 임의 변경 여부를 점검한다.
③ 자동차의 열림 방향과 차량중심선 또는 기준면과의 각도를 각도게이지 등으로 측정한다.
④ 시료 채취관 삽입을 점검한다.

3-3. 부적합 및 시정권고 사유의 종류

① 자동차나 적재물에 접촉되거나 근접하여 발화의 위험 등의 설치상태 불량
② 부식, 변형 또는 이음부위의 손상
③ 배출가스 유출
④ 임의 변경
⑤ 배기관 탈거
⑥ 배기관의 열림 방향이 오른쪽으로 열려 있는 경우
⑦ 배기관의 열림 방향이 왼쪽으로 30도 이상 열려있는 경우
⑧ 시료 채취관 삽입 불가

4. 배기소음 검사

4-1. 검사기준

「소음 · 진동규제법」에 따른 자동차의 소음 허용기준에 적합할 것

4-2 검사방법

소음측정기(마이크로폰)를 이용하여 점검한다. 소음측정기의 위치는 아래와 같다.

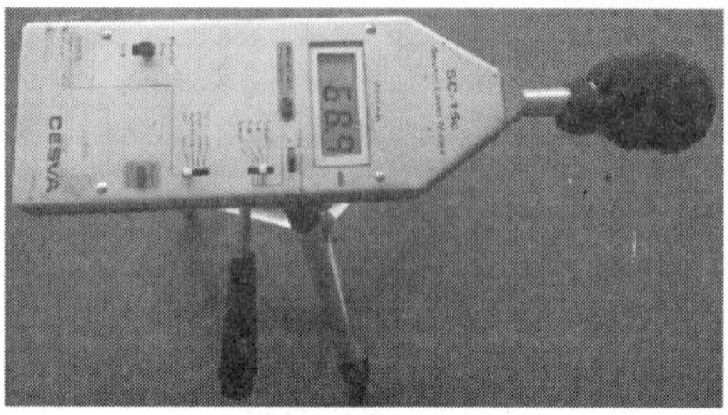

[소음측정기(마이크로폰)]

(1) 측정대상 자동차의 배기관 끝으로부터 배기관 중심선에 45°±10°의 각(차체외부 면으로 먼 쪽 방향)을 이루는 연장선 방향으로 0.5m 떨어진 지점이어야 하며, 동시에 지상으로부터의 높이는 배기관 중심 높이에서 ±0.05m인 위치에 마이크로폰을 설치한다(지상으로부터의 최소높이는 0.2m 이상이어야 한다.)

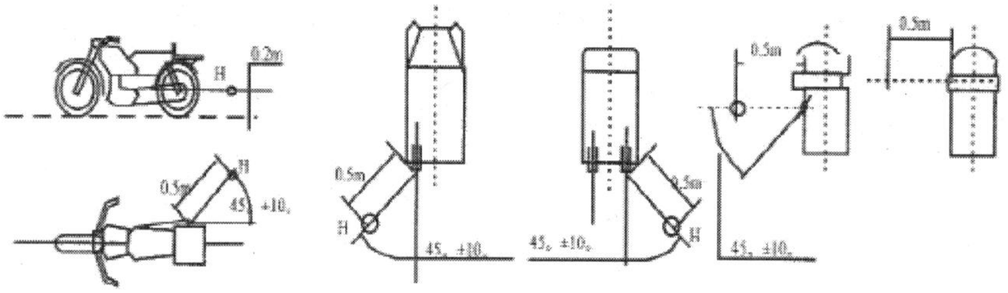

[마이크로폰 설치위치]

(2) 또한, 자동차의 배기관이 차체상부에 수직으로 설치되어 있는 경우의 마이크로폰 설치위치는 배기관 끝으로부터 배기관 중심선의 연직선의 방향으로 0.5m 떨어진 지점을 지나는 동시에 지상높이가 배기관 중심높이 ±0.05m인 위치로 하며, 그 방향은 지면의 상향으로 배기관 중심선에 평행하는 방향이어야 한다.

(3) 다만, 자동차의 배기관이 2개 이상일 경우에는 인도 측과 가까운 쪽 배기관에 대하여 마이크로폰을 설치하여야 한다. 기타 동향에서 설명되지 아니한 배기관의 경우에 있어서 마이크로폰 설치 위치는 배기소음측정치를 가장 크게 나타내는 위치이어야 한다.

4-3. 배기소음 측정방법

(1) 자동차의 변속장치를 중립 위치로 하고 정지가동상태에서 원동기의 최고 출력 시의 75% 회전속도로 4초 동안 운전하여 최대 소음도를 측정한다.

(2) 다만, 원동기 회전속도계를 사용하지 아니하고 배기소음을 측정할 때에는 정지 가동상태에서 원동기 최고 회전속도로 배기소음을 측정한다.

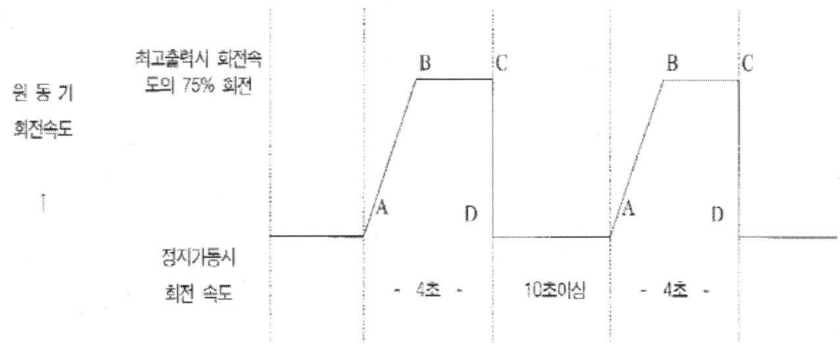

A : 급가속 시작점
BC : 최고출력 시 회전속도의 75%회전 유지시간
C : 급가속 종료점

[배기소음 측정순서 표]

단위 : dB(A)

배기소음과 암소음의 측정치 차이	3	4-5	6-9
보 정 치	-3	-2	-1

(3) 중량자동차는 5dB, 중량자동차 이외의 자동차는 7dB을 측정치에서 뺀 값이 최종 측정치이다.

(4) 승용자동차 중 원동기가 차체 중간 또는 뒤쪽에 장착된 자동차는 8dB을 측정치에서 뺀 값을 최종 측정치로 한다.

4-4. 부적합 및 시정권고 사유의 종류 : 기준에 맞지 않음

<table>
<tr><td rowspan="3">구분</td><td>학년/학반</td><td>학번</td><td>성명</td><td rowspan="2">지도교수
확 인</td><td rowspan="2"></td></tr>
<tr><td></td><td></td><td></td></tr>
<tr><td colspan="2">측정항목</td><td>학생기록(실측하여 기재)</td><td colspan="2">득점</td></tr>
<tr><td rowspan="2">마이크로폰
특성모드</td><td colspan="2">RANGE 선택스위치 위치</td><td>□ A □ C (☑표시)</td><td colspan="2" rowspan="2"></td></tr>
<tr><td colspan="2">동일 특성</td><td>□ FAST □ SLOW (☑표시)</td></tr>
</table>

<table>
<tr><td rowspan="3">구분</td><td colspan="2">학년/학반</td><td colspan="2">학번</td><td colspan="3">성명</td><td rowspan="2">지도교수
확 인</td><td rowspan="2"></td></tr>
<tr><td colspan="2"></td><td colspan="2"></td><td colspan="3"></td></tr>
<tr><td colspan="3">측정값</td><td rowspan="2">기준값</td><td colspan="3">최종값</td><td>산출근거</td><td>판정</td><td>득점</td></tr>
<tr><td rowspan="2">배기음
점검</td><td>배기음</td><td colspan="2">암소음</td><td>배기음</td><td colspan="2">암소음보정치</td><td rowspan="2"></td><td rowspan="2">□ 양호
□ 불량</td><td rowspan="2"></td></tr>
<tr><td></td><td colspan="2"></td><td></td><td></td><td colspan="2"></td></tr>
</table>

5. 경음기 검사

5-1. 검사기준

① 경음기는 견고하게 설치되어 부식 또는 파손 등의 손상 없어야 한다.
② 경음기를 추가 또는 에어경음기 설치 등의 임의 변경이 없어야 한다.
③ 경적음은 작동에 이상이 없이 동일한 음색으로 연속하여 소리를 내야한다.

5-2. 검사방법

① 육안을 통한 설치상태, 부식 및 파손 등 손상 유무를 점검한다.
② 육안 또는 3초 이상 작동시켜 경음기를 추가로 부착하였는지를 임의변경 유무를 점검한다.
③ 경적을 눌러 작동상태 및 연속의 동일 음색 발생 여부를 점검한다.

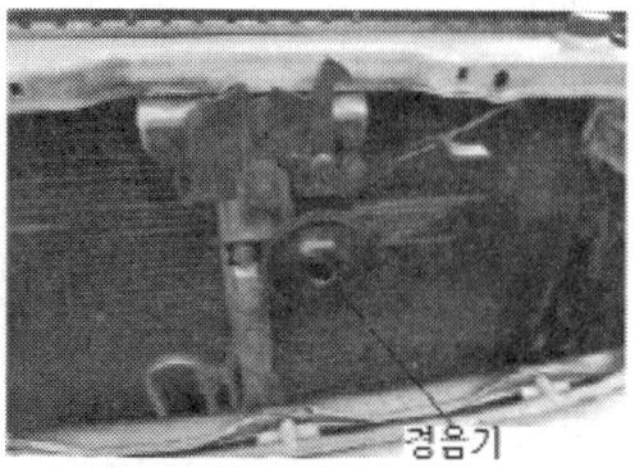

5-3. 부적합 및 시정권고 사유

① 설치상태 불량, 부식, 파손 등 손상
② 경음기 추가 설치 또는 임의 변경
③ 미작동 또는 끊김 등 작동상태 불량
④ 경적음 크기가 기준에 맞지 않음

5-4. 경적음 측정방법

(1) 소음측정기 설치 위치

차체전방에서 2m 떨어진 지상높이 1.2m가 되는 지점 (오차 : ±0.05m)

(2) 측정방법

① 자동차의 원동기를 가동시키지 아니한 정차상태에서 측정한다.
② 자동차의 경음기를 5초 동안 작동시켜 최대 소음도를 측정한다.
③ 2개 이상의 경음기가 장치된 자동차는 경음기를 동시에 작동시킨 상태에서 측정한다.
④ 2회 이상 측정치(보정한 것을 포함)중 가장 큰 값을 최종 측정치로 한다. 단, 각 측정값의 차이가 2dB를 초과할 때 측정값은 무효로 하고 재측정 한다.

(3) 측정값 산출

- 측정 항목별로 소음측정기 지시치의 최대치를 측정치로 하며, 암소음은 지시치의 평균치로 한다.
- 암소음 측정은 각 측정 항목별로 측정 직전 또는 직후에 연속하여 10초 동안 실시하며, 순간적인 충격음 등은 암소음으로 취급하지 아니한다.
- 자동차소음과 암소음의 측정치의 차이가 3dB 이상 10dB 미만인 경우에는 자동차로 인한 소음의 측정치로부터 아래의 보정치를 뺀 값을 최종 측정치로 하고, 차이가 3dB 미만일 때에는 측정치를 무효로 한다.
- 암소음에 대한 보정치

단위 : dB(C)

자동차 소음과 암소음의 측정치 차이	3	4-5	6-9
보 정 치	-3	-2	-1

- 2회 이상 측정값(보정한 것 포함)중 가장 큰 값으로 판정

(4) 측정 전 소음측정기 점검(일상점검)

• 본체부의 상태

① 마이크로폰 손상여부와 스위치의 전환상태 점검한다.

② 본체와 마이크로폰의 연결부위를 손으로 움직여 흔들림 및 케이스의 조임나사 풀림 등 점검한다.

③ 건전지의 출력 전압이 정상인지 점검한다.

• 성능 및 교정상태

① 측정기에 육성 등을 이용한 간이 소음을 가할시 지시상태가 소음 크기에 비례하는지를 점검한다.

② CAL 모드에서의 교정(지시)상태와 교정용 볼륨(저항)의 손상여부를 점검한다.

• 부속장치

① 설치대가 외부충격 및 외풍 등에 견딜 수 있게 설치되어 있는지 점검한다.

② 방풍망의 손상 및 손 · 망실 여부 등 점검한다.

• 소음측정기는 제작자 사용 설명서에 준하여 작동하고 측정 전에 교정 상태를 유지하며 실시한다.

<table>
<tr><td rowspan="3">구분</td><td>학년/학반</td><td>학번</td><td>성명</td><td rowspan="2">지도교수
확 인</td><td rowspan="2"></td></tr>
<tr><td></td><td></td><td></td></tr>
<tr><td colspan="2">측정항목</td><td>학생기록(실측하여 기재)</td><td colspan="2">득점</td></tr>
<tr><td rowspan="2">마이크로폰
특성모드</td><td colspan="2">RANGE 선택스위치 위치</td><td>□ A □ C (☑표시)</td><td colspan="2" rowspan="2"></td></tr>
<tr><td colspan="2">동일 특성</td><td>□ FAST □ SLOW (☑표)</td></tr>
</table>

<table>
<tr><td rowspan="3">구분</td><td colspan="2">학년/학반</td><td>학번</td><td colspan="3">성명</td><td rowspan="2">지도교수
확 인</td><td rowspan="2"></td></tr>
<tr><td colspan="2"></td><td></td><td colspan="3"></td></tr>
<tr><td colspan="2">측정값</td><td rowspan="3">기준값</td><td colspan="2">최종값</td><td>산출근거</td><td>판정</td><td>득점</td></tr>
<tr><td rowspan="2">경음기
점검</td><td>경음기음</td><td>암소음</td><td>경음기음</td><td>암소음
보정치</td><td rowspan="2"></td><td rowspan="2">□ 양호
□ 불량</td><td rowspan="2"></td></tr>
<tr><td></td><td></td><td></td><td></td></tr>
</table>

6. 배출가스 검사

참고 : 배기가스의 배출 원인

연료는 탄소(C)와 수소(H)의 화합물인 탄화수소(HC)이므로 완전 연소되면 탄소는 이산화탄소(CO2)로, 수소는 수증기(H2O)로 변화한다. 그러나 연소실 내에서 산소공급이 부족한 상태가 되면 불완전 연소가 일어나므로 일산화탄소(CO)가 발생된다. 일산화탄소를 감소시키려면 희박한 혼합기를 공급하여야 하지만 혼합기가 너무 희박하면 엔진의 출력저하 및 실화의 원인이 된다.

▌혼합비와 배기가스의 발생관계

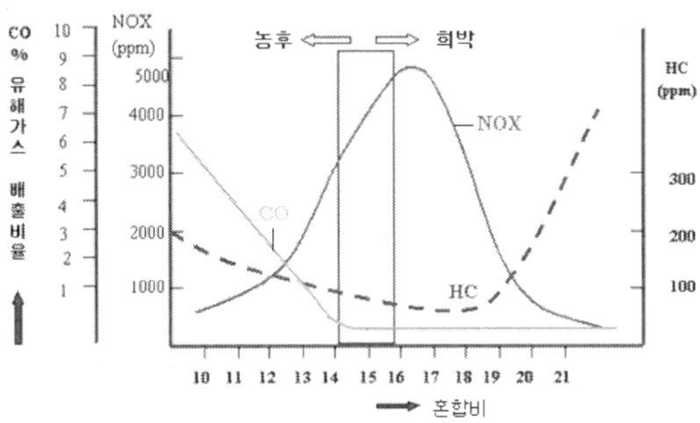

① 혼합비가 농후하면 일산화탄소(CO) 증가하고, 질소산화물(NOX)은 감소한다.
② 혼합비가 희박하면 탄화수소(HC)는 증가하지만 질소산화물은 감소한다.
③ 완전연소이론공연비(14.7:1)에서 일산화탄소와 탄화수소는 감소하지만 질소산화물은 증가한다.

▌엔진온도와 배기가스 발생관계

엔진 온도가 낮을 때에는 농후한 혼합비가 공급되므로 일산화탄소와 탄화수소의 발생량이 증가하지만, 연소 온도가 낮으므로 질소산화물의 발생은 감소한다. 엔진 온도가 높을 때(1900~2000℃)에는 질소산화물의 발생량이 증가한다.

▌엔진을 감속 또는 가속하였을 때의 배기가스 발생관계

① 엔진을 감속할 경우 질소산화물 발생량은 감소하지만, 일산화탄소와 탄화수소는 증가한다.
② 엔진을 가속할 경우에는 일산화탄소, 탄화수소 및 질소산화물 발생량이 모두 증가한다.

▌탄화수소(HC)가 다량 발생하는 원인

① 연소 시 소염경계층
② 밸브 오버랩 시
③ 가 · 감속 시
④ 혼합비 희박 시
⑤ 연료탱크 및 연료 파이프에서 연료 증발 시
⑥ 압축비를 높이면 연소실 표면적과 체적비(S/V)가 증가하기 때문에 HC배출은 증가한다.
⑦ 점화시기가 빠를 때 등

▌질소산화물(NOX) 발생원인

① 연소실 온도가 고온일 때
② 완전연소이론 공연비(14.7:1) 부근일 때, 장행정기관이면 다소 증가한다.
③ 점화시기가 빠를 때

6-1. 검사기준

「대기환경보전법」 에 따른 운행차 배출가스 규정에 적합할 것

6-2. 검사방법

배출가스측정기 또는 차대동력계를 이용하여 측정한다.

6-2-1. 가솔린 배출가스 검사 : CO, HC, NOX, 공기과잉율(λ), CO_2 , O_2 , 등 검사

참고 : 공기과잉율이란

연료를 완전 연소시키는데 필요한 이론 공연비에 대해 현재 연소실에서 연소되는 혼합기의 공연비율을 말한다. 즉, 이론 공연비에 대해 현재 어느 정도 상태로 연소되는가를 나타내는 지수이다.

$$\text{공기과잉율}(\lambda) = \frac{\text{실제 흡입된 공연비}}{\text{이론 공연비}} = \frac{14.7:1}{14.7:1} = 1$$

$\lambda > 1$: 연소실 내 혼합기는 희박한 상태이고, $\lambda < 1$: 연소실 내 혼합기는 농후한 상태이다. 공기 과잉율의 상태로서 엔진 내 혼합기의 농도를 간접적으로 파악할 수 있으며 이로 인해 배기가스 중의 유해가스 발생정도도 파악할 수 있게 된다.

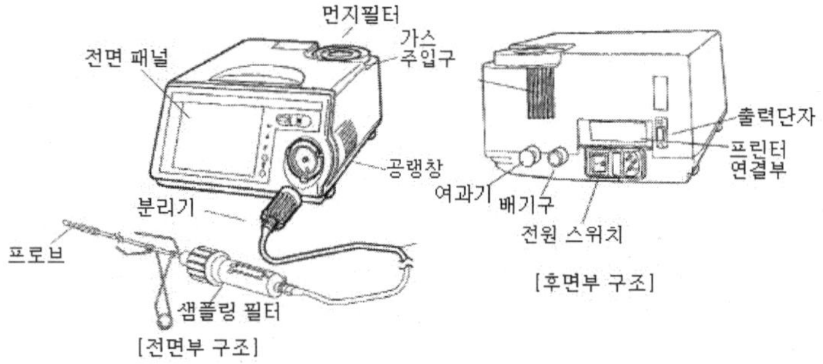

[디지털형 배기가스 시험기]

(1) CO, HC 테스터기 취급 시 주의사항

① 유기용제나 기름이 있는 곳에서는 측정을 하지 말 것

② 관을 구부려서 측정하지 말 것

③ 측정 중에는 엔진을 가속하지 말고 측정이 종료되면 즉시 프로브를 배기관으로부터 빼낸다.

④ 프로브, 도관이 저농도용과 고농도용으로 구분되어 있는 것은 각각 구분해서 사용할 것

⑤ 연속해서 측정할 경우 프로브를 배기관에서 꺼내 지시값이 0점으로 된 후 측정할 것

⑥ 측정 중에는 환기에 주의할 것

⑦ 프로브를 바닥에 놓지 말 것

⑧ 진동, 습기, 온도변화가 많은 장소와 경사지에는 설치를 하지 말 것

⑨ 스팬 가스는 독성이 강하므로 보관에 주의할 것

(2) 측정 방법

① 테스터 뒷면에 있는 전원스위치를 ON시킨다.(이때 시험기는 5분간 예열 됨)

② 각 필터를 점검하고 만약 오염이 되었다면 필터교환 및 캘리브레이션을 한다.

③ 전면 패널에 [M] 키를 누른다.(10초 동안 [MENS] 가 깜박인 후 측정모드로 들어감)

④ 프로브를 측정할 자동차의 배기구에 넣고(30cm 이상) 고정시킨다.

⑤ 측정값을 읽는다.

⑥ 화면 변환키를 눌러 다음 배기가스를 측정한다.

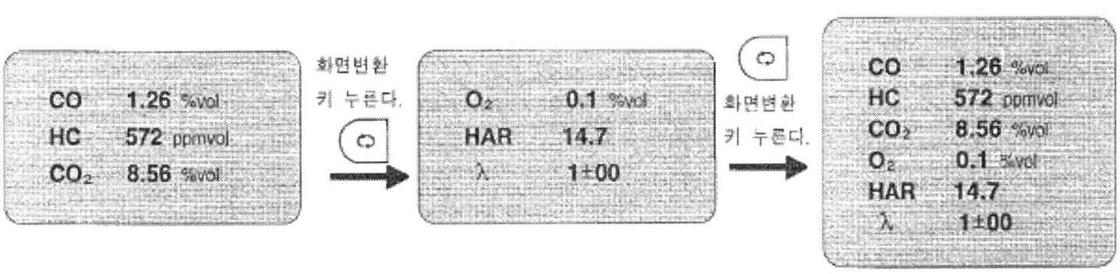

<table>
<tr><td rowspan="4">측정항목</td><td>학년/학반</td><td>학번</td><td>성명</td><td rowspan="2">지도교수
확 인</td><td rowspan="2"></td></tr>
<tr><td></td><td></td><td></td></tr>
<tr><td colspan="3">① 측정(또는 점검)</td><td>② 판정</td><td rowspan="2">득점</td></tr>
<tr><td colspan="2">측정값</td><td>규정(정비 한계)값</td><td>판정(☑표시)</td></tr>
<tr><td>CO</td><td colspan="2"></td><td></td><td rowspan="4">□ 양호
□ 불량</td><td rowspan="4"></td></tr>
<tr><td>HC</td><td colspan="2"></td><td></td></tr>
<tr><td>NOX</td><td colspan="2"></td><td></td></tr>
<tr><td>λ</td><td colspan="2"></td><td></td></tr>
</table>

참고1

차대번호 10번째 자리의 아라비안 숫자 또는 알파벳 문자가 제작연도이다.
M : 1991, N : 1992, P : 1993, R : 1994, S : 1995, T : 1996, V : 1997, W : 1998, X : 1999, Y : 2000, 1 : 2001, 2 : 2002, 3 : 2003, 4 : 2005, 5 : 2006 ······,A : 2010, B : 2011 ·······

참고2

측정값의 처리 → CO : 소수점 둘째이하는 버리고 0.1%
HC/NOX : 소수점 이하는 버리고 1ppm
공기과잉율(λ) : 소수점 둘째자리에서 0.01단위

6-2-2. 광투과식 디젤 매연 검사[큐로테크 (주)]

광투과식 매연측정기는 경유(디젤)차량에서 발생하는 매연농도를 실시간으로 연속적 측정하는 기기로서 최근 자동차 매연 안전/정밀검사 장비로 채택, 기존의 흑연 뿐만 아니라 청연, 백연 발생 차량도 매연농도 측정이 가능하여 자동차 출력, 연비, 매연 등의 사항을 전반적으로 점검 활용할 수 있는 장비이다.

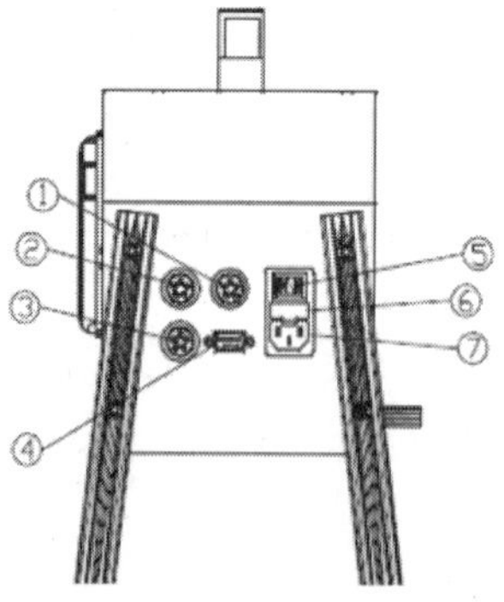

① 리모콘 연결부
② RPM 연결부
③ OIL 연결부
④ RS232 연결부
⑤ 전원 스위치
⑥ 휴즈
⑦ 전원 코드 연결부

[광투과식 매연측정기 외형 및 측면도]

(1) 표시 및 기능키 구성도

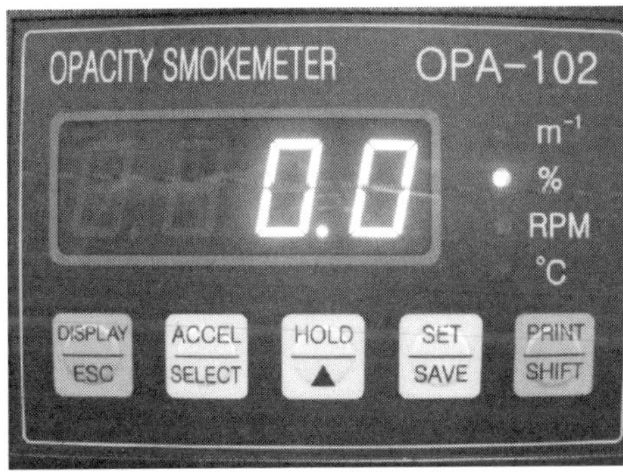

① DISPLAY : 표시화면을 선택한다.

② ACCEL : FREE ACCELERATION TEST를 시작한다.

③ HOLD : 표시화면을 정지한다. 홀드에는 홀드, 피크홀드 2가지 종류가 있다.

- 홀드 : [HOLD]키를 누르면, 표시화면이 정지된다. 다시 [HOLD]키를 누르면 홀드를 해제한다.
- 피크홀드 : [HOLD]키를 누르면, 측정값의 최고 값으로 갱신하면서 표시화면이 정지된다. 다시 [HOLD]키를 누르면 피크홀드를 해제한다.

④ SET : 측정모드에서 설정모드로 이동한다.

⑤ PRINT : 프린터를 출력할 때 사용한다.

⑥ ESC : 설정모드 또는 FREE ACCELERATION TEST에서 일반 측정모드로 이동한다.

⑦ SELECT : 설정모드에서 다른 설정화면으로 이동한다.

⑧ ▲ : 설정모드에서 각 설정 값을 변경된다.

⑨ SAVE : 설정모드에서 각 설정 값을 저장한다.

(2) 설치방법

프로브 호스를 분석기 후면의 가스 흡입구에 끼우고, 체결이 정확이 이루어졌는지 확인 후 옵션에 따라 리모컨, RPM/오일온도 센서, PC통신케이블을 연결한다. 그리고 측면의 전원 스위치를 OFF상태에 놓은 후 전원케이블을 전원소켓에 연결한 다음 전원을 ON한다. 워밍업이 끝난 후 측정 프로브 끝을 측정할 배기구에 삽입하고 측정을 시작한다.

■ 리모컨

리모컨은 본체의 표시부와 기능키 역할을 똑같이 수행한다. 리모컨의 ON, OFF를 위해서 ON/OFF 키를 3초간 누른다.

(3) 초기 화면

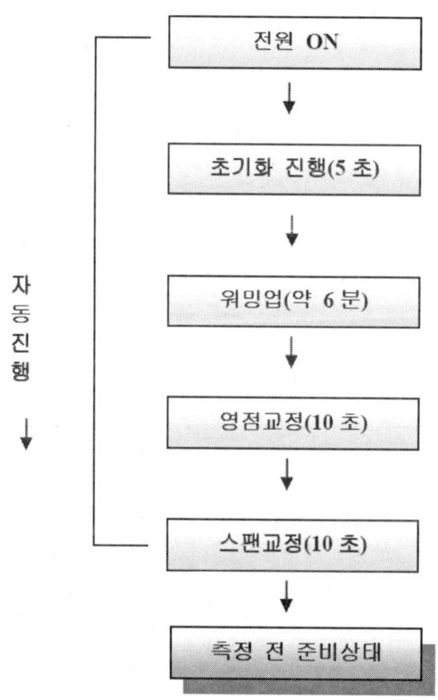

① 워밍업 : 전원 스위치를 켜면, 모델 표시한 후 기기 버전과 년, 월, 일, 시간을 표시한다.

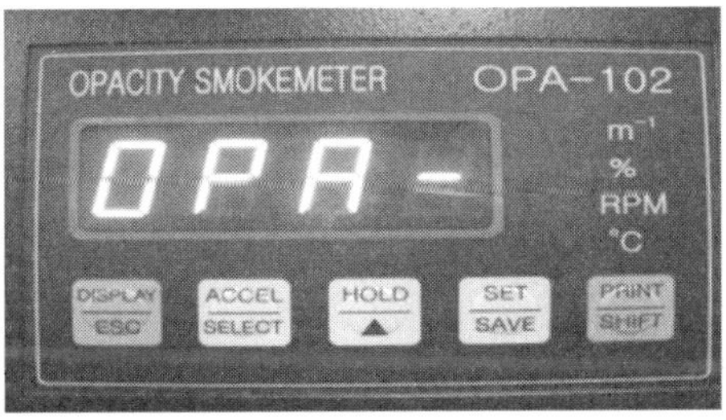

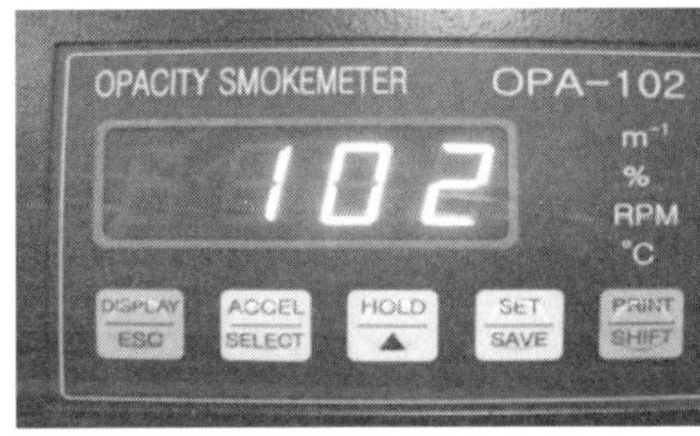

② 표시 창이 깜박이면서 약 6분간 예열을 한다.(3분후에 팬이 가동된다.)

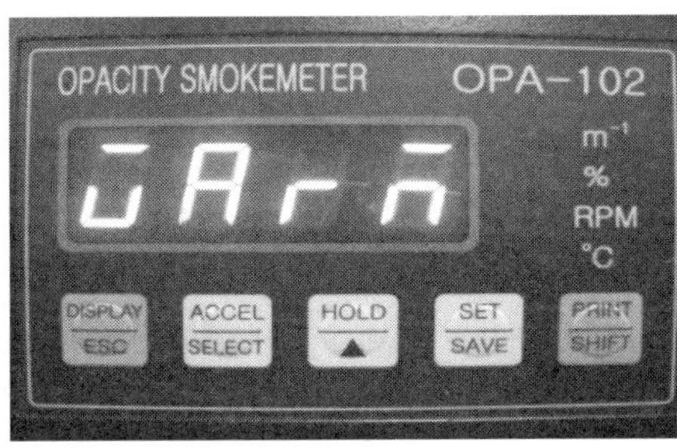

③ 워밍업이 끝나면, 자동으로 약 20초간 영점과 스팬교정을 실시한다.

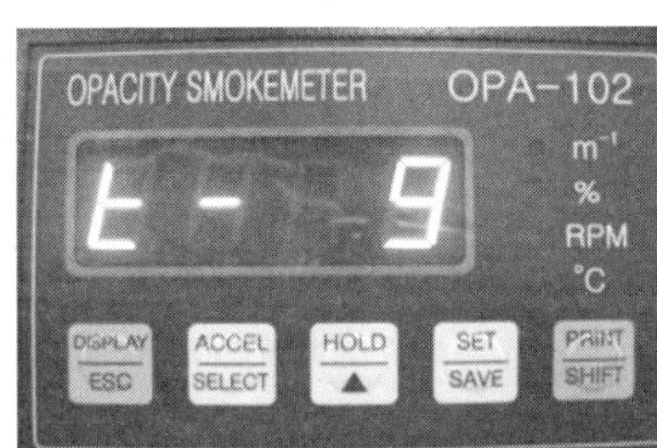

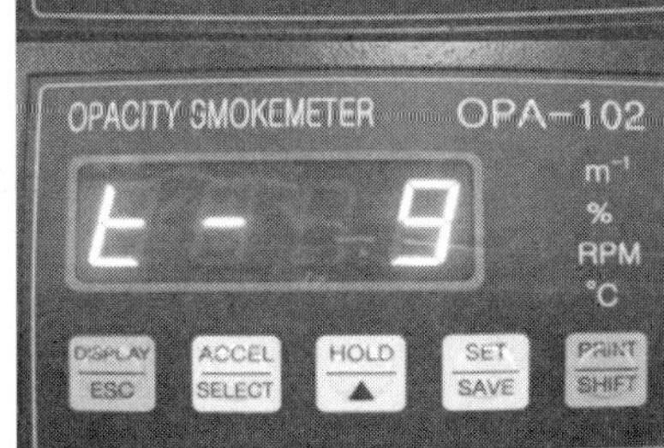

④ 스팬교정이 끝나면, 매연 측정화면이 된다.

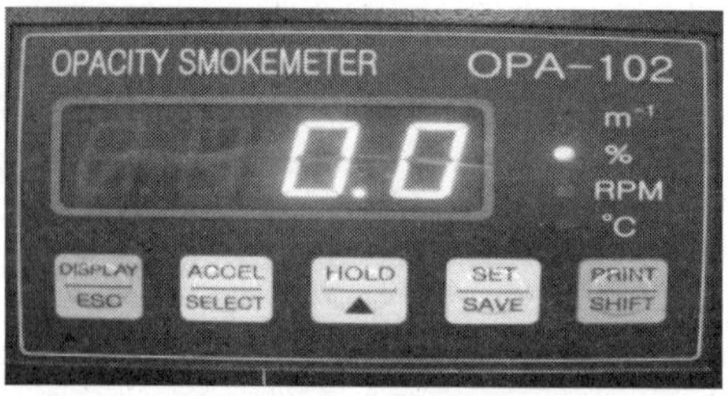

■ 주의사항

위의 과정을 수행하는 동안 프로브의 끝 부분은 반드시 깨끗한 공기가 있는 곳에 놓아 둔다. 만일 깨끗한 대기 상태가 아니면, 영점교정에 오류가 생기며, "rr0"메세지를 표시한다. 프로브가 놓인 상태를 확인한다.

(4) 측정 표시

[DISPLAY]키를 누르면 [광흡수계수 [K] (m-1) → 매연 농도(%) → RPM → ℃] 순으로 측정 항목을 이동한다. 측정항목에 해당하는 단위 LED가 켜진다. 재 전원 시에는 최종 표시 항목이 다시 표시된다.

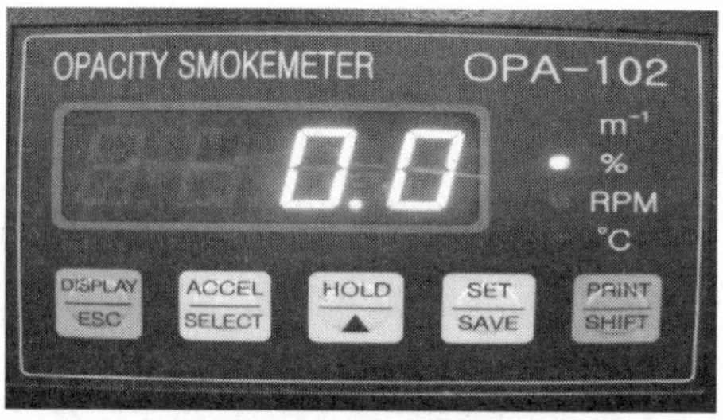

(5) 법규에 따른 무부하 급가속 검사(FREE ACCELERATION TEST) 방법(1회 측정)

① 측정대상자동차의 원동기를 중립인 상태(정지가동상태)에서 급가속하여최고 회전속도 도달 후 2초간 공회전시키고 정지가동상태 상태로 5~6초간 둔다. 이와 같은 과정을 3회 반복 실시한다.

② 측정기의 시료 채취관을 배기관의 벽면으로부터 5 mm 이상 떨어지도록 설치하고 5 ㎝ 정도의 깊이로 삽입한다.

③ 가속페달에 발을 올려놓고 원동기의 최고회전속도에 도달할 때까지 급속히 밟으면서 시료를 채취한다. 이때 가속 페달을 밟을 때부터 놓을 때까지 걸리는 시간은 4초 이내로 한다.

④ 위 ③의 방법으로 3회 연속 측정한 매연농도를 산술 평균하여 소수점 이하는 버린 값을 최종측 정치로 한다. 이때 3회 측정한 매연농도의 최대치와 최소치의 차가 5%를 초과하거나 최종측정치가 배출허용기준에 맞지 아니한 경우에는 순차적으로 1회씩 더 측정하여 최대 10회까지 측정하면서 매회 측정 시마다 마지막 3회의 측정치를 산출하여 마지막 3회의 최대치와 최소치의 차가 5% 이내이고 측정치의 산술평균 값도 배출허용기준 이내이면 측정을 마치고 이를 최종측정치로 한다.

⑤ 만약, 위 (4)의 단서에 따른 방법으로 10회까지 반복 측정하여도 최대치와 최소치의 차가 5%를 초과하거나 배출 허용기준에 맞지 아니한 경우에는 마지막 3회(8회, 9회, 10회)의 측정치를 산술 평균한 값을 최종측정치로 한다.

(6) 무부하 급가속 일반모드 (1회 측정)

무부하 급가속 일반모드를 위해서는 설정화면의 홀드모드에서 피크 홀드모드로 설정되어 있어야 한다.

① 측정대상자동차의 원동기를 중립인 상태(정지가동상태)에서 급 가속하여 최고회전속도 도달 후 2초간 공회전시키고 정지가동상태로 5~6초간 둔다. 이와 같은 과정을 3회 반복 실시한다.

② 측정기의 프로브를 배기관의 벽면으로부터 5mm 이상 떨어지도록 설치하고 5㎝ 정도의 깊이로 삽입한다.

③ [HOLD]키를 눌러 피크 홀드 상태로 이동한다.(표시창의 LED가 깜박이며, 부저음이 울린다.)

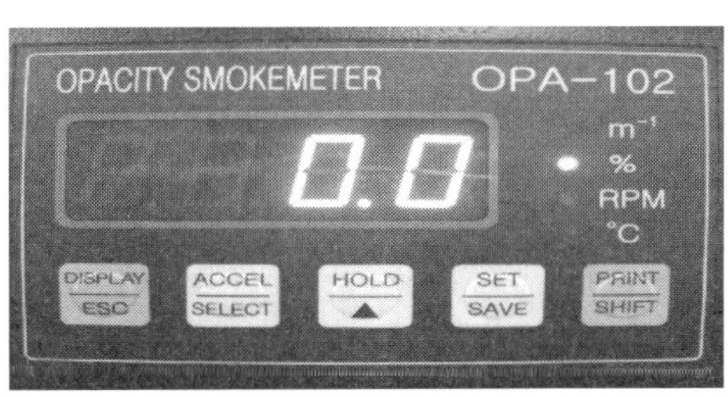

④ 가속페달에 발을 올려놓고 원동기의 최고회전속도에 도달할 때까지 급속히 밟으면서 시료를 채취한다. 이때 가속페달을 밟을 때부터 놓을 때까지 걸리는 시간은 4초 이내로 한다. 이 때 홀드 된 값을 읽고 프린트를 원하면 [PRINT]키를 누르고 재측정을 원하면 [HOLD]키를 눌러 홀드 모드를 해제한 다음, ③~④과정을 반복한다.

```
OPA-102
Dust meter
------------------------------------
2009-2-10 17:17:39
k           Peak          : 2.85
Opacity Peak        : 70.7 %
RPM Peak            : 970
Oil Temp Peak       : 21°C
------------------------------------
```

[프린터 출력화면]

⑤ 측정이 완료되면 배기관으로부터 프로브를 제거한다(이때 프로브가 뜨거우므로, 화상에 주의한다)

(7) 무부하 급가속 검사 모드 (법규적용)

① 측정대상자동차의 원동기를 중립인 상태(정지가동상태)에서 급 가속하여 최고회전속도 도달 후 2초간 공 회전시키고 정지가동상태로 5~6초간 둔다. 이와 같은 과정을 3회 반복 실시한다.

② 측정기의 프로브를 배기관의 벽면으로부터 5mm 이상 떨어지도록 설치하고 5㎝ 정도의 깊이로 삽입한다.

③ [ACCEL] KEY를 누릅니다. 화면에 "ACEL"이라는 문구가 나오면 [ACCEL] KEY를 한 번 더 누른다.

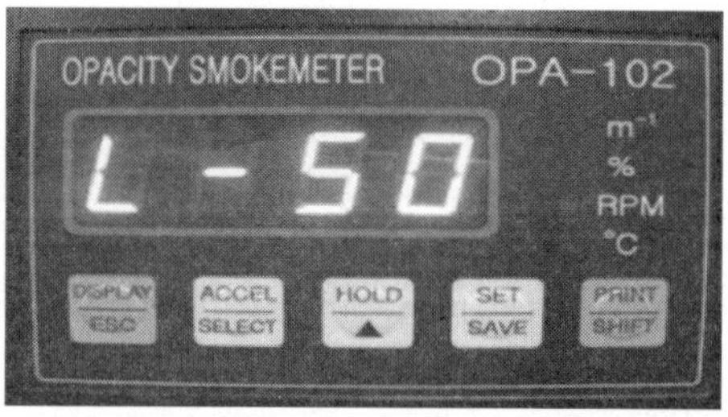

④ 매연 배출허용기준 값을 설정하는 표시가 나오면 [▲] KEY를 이용하여 기준 값을 지정하고 (5% 단위로 변환) [ACCEL] KEY를 누르면 DISPLAY 화면에 "AC-1"이라는 문구와 함께 LED 4개의 불이 깜빡 거린다.

⑤ 이는 첫 번째 측정을 시작할 수 있다는 표시이며, 이 때 [ACCEL] KEY를 한 번 더 누르면 표시창의 LED 1개의 불이 깜박이고, 부저음이 울리면서 측정을 시작한다.(이 때부터 측정 매연의 최고점을 갱신한다.)

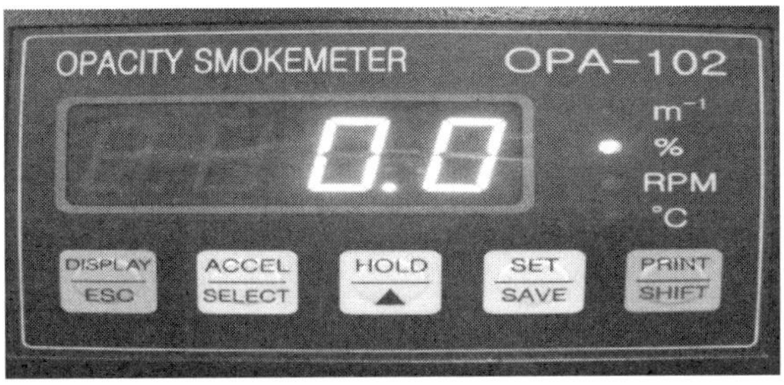

[▲] KEY를 이용하여 K(m-1) → 매연 농도(%) → RPM → ℃를 볼 수 있다.

⑥ 가속페달에 발을 올려놓고 원동기의 최고회전속도에 도달할 때까지 급속히 밟으면서 시료를 채취한다. 이때 가속 페달을 밟을 때부터 놓을 때까지 걸리는 시간은 4초 이내로 한다.

⑦ 첫 번째 측정이 끝나면 [ACCEL] KEY를 눌러서 두 번째 측정으로 넘어간다. DISPLAY 화면에 “AC-2”이라는 문구와 함께 LED 4개의 불이 깜빡거린다.

⑧ 이는 두 번째 측정을 시작할 수 있다는 표시이며, 이 때 [ACCEL] KEY를 한 번 더 누르면 표시창의 LED 1개의 불이 깜박이고, 부저음이 울리면서 측정을 시작한다.(이 때부터 측정 매연의 최고점을 갱신한다.)

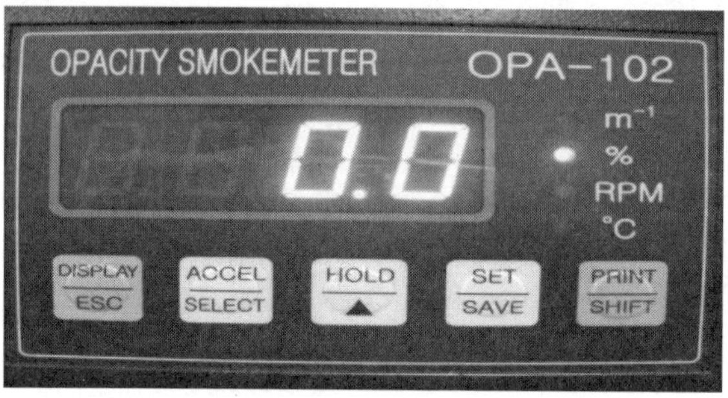

[▲] KEY를 이용하여 K (m-1) → 매연 농도(%) → RPM → ℃를 볼 수 있다.

⑨ 가속페달에 발을 올려놓고 원동기의 최고회전속도에 도달할 때까지 급속히 밟으면서 시료를 채취한다. 이때 가속페달을 밟을 때부터 놓을 때까지 걸리는 시간은 4초 이내로 한다.

⑩ 두 번째 측정이 끝나면 [ACCEL] KEY를 눌러서 세 번째 측정으로 넘어간다. DISPLAY 화면에 "AC-3"이라는 문구와 함께 LED 4개의 불이 깜빡 거린다.

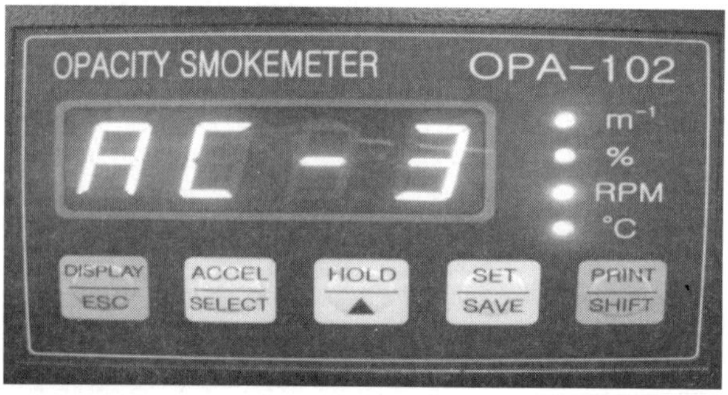

⑪ 이는 세 번째 측정을 시작할 수 있다는 표시이며, 이 때 [ACCEL] KEY를 한 번 더 누르면 표시창의 LED 1개의 불이 깜박이고, 부저음이 울리면서 측정을 시작한다.(이 때부터 측정 매연의 최고점을 갱신한다.)

[▲] KEY를 이용하여 K (m-1) → 매연 농도(%) → RPM → ℃를 볼 수 있다.

⑫ 가속페달에 발을 올려놓고 원동기의 최고회전속도에 도달할 때까지 급속히 밟으면서 시료를 채취한다. 이때 가속 페달을 밟을 때부터 놓을 때까지 걸리는 시간은 4초 이내로 한다.

⑬ 3번의 측정이 끝나고 판정이 적합이면 DISPLAY 화면에 "PASS"라는 문구가 나오면서 측정은 자동으로 종료되며 [ACCEL] KEY를 누를 때마다 DISPLAY 화면이 바뀌면서 1, 2, 3회의 측정값이 표시되며 평균값(Avrg)과 오차값(Diff)값이 표시된다. [PRINT] KEY를 누르면 프린터가 출력되며 [ESC] KEY를 누르기 전까지는 같은 내용을 계속 프린트 할 수 있다.

```
OPA-102
Dust meter
------------------------------------
2009-2-10 15:17:40
------------------------------------
Free Acceleration Test
------------------------------------
        Opacity(%)   RPM
1 :        7.3       3500
2 :        7.9       3600
3 :        8.2       3550

Avrg     7.0      ( 40.0 )
Diff     0.9      ( 5.0 )
------------------------------------
Result : Pass
------------------------------------
```

[프린터 출력화면]

⑭ 이때 3회 측정한 매연농도의 최대치와 최소치의 차가 5%를 초과하거나 최종측정치가 배출허용기준에 맞지 아니한 경우에는 순차적으로 1회씩 더 자동측정하며 최대 10회까지 측정하면서 매회 측정 시마다 마지막 3회의 측정치를 산출하여 마지막 3회의 최대치와 최소치의 차가 5% 이내이고 측정치의 산술평균 값도 배출허용기준 이내이면 측정을 마치고 DISPLAY

화면에 "PASS"라는 문구가 나오면서 측정은 자동으로 종료 되며 [ACCEL] KEY를 누를 때마다 DISPLAY 화면이 바뀌면서 1, 2, 3회의 측정값이 표시되며 평균값(Avrg)과 오차값(Diff)값이 표시된다. [PRINT] KEY를 누르면 프린터가 출력되며 [ESC] KEY를 누르기 전까지는 같은 내용을 계속 프린트 할 수 있다. 만약, 10회까지 반복 측정하여도 최대치와 최소치의 차가 5%를 초과하거나 배출허용 기준에 맞지 아니한 경우에는 마지막 3회(8회, 9회, 10회)의 측정치를 산술 평균한 값을 최종측정치로 하고 DISPLAY 화면에 "FAIL"라는 문구가 나오면서 측정은 자동으로 종료된다.

⑮ 측정이 완료되면 배기관으로부터 프로브를 제거한다(이때 프로브가 뜨거우므로, 화상에 주의한다)

(9) 설정

[SET]키를 누르면 설정 모드로 이동된다. [SET]키를 누르면 [영점교정(CAL) → 년(YEAR) → 월, 일(DATE) → 시간(TIME) → 홀드모드(HOLD) → 프린터 농도설정(PRT) → 실린더 수 설정(CYL) → 버전 표시(V0.33) → 기기 테스트(TEST) 모드] 순으로 이동된다.

① 영점교정(CAL) : 측정 전 준비상태에서 [SET]키를 1번 누르면 영점교정모드로 이동된다.

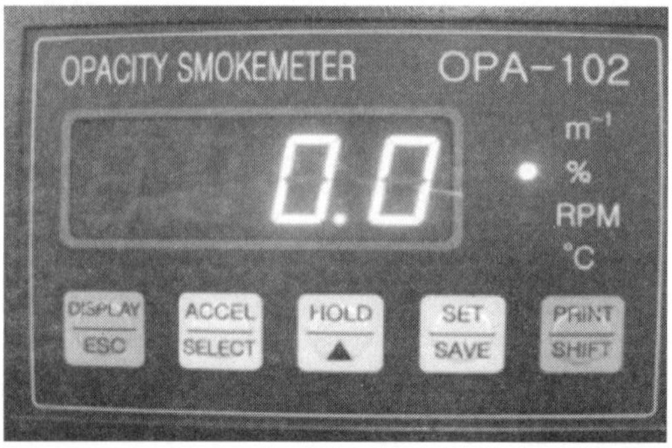

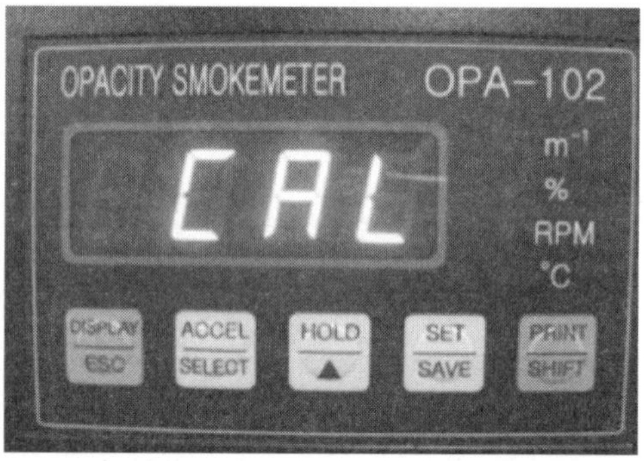

[SELECT] 키를 누르면 영점 및 스팬교정을 실시한다.

② 년, 월, 일, 시간 설정(YEAR, DATE, TIME) : 측정 전 준비상태에서 [SET]키를 2번 누르면 “EAR”이 디스플레이 되고 한 번 더 누르면 현재 설정된 값(2009년)을 보여준다.

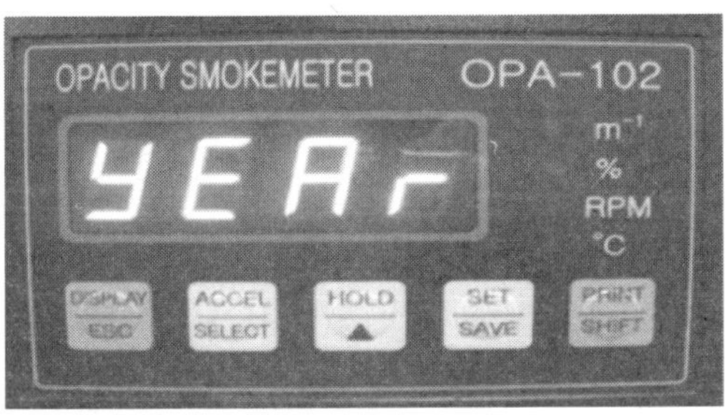

이때 [SELECT] 키를 눌러 디스플레이 값이 점멸하면, [▲]키를 눌러 설정할 값으로 이동한다. 설정이 끝나면 [SAVE]키를 눌러 월, 일[DATE] 설정모드로 이동한다.

월, 일[DATE] 설정모드가 끝나면 [SAVE]키를 눌러 시간[TIME] 설정모드로 이동하고, 시간설정이 끝나면 [SAVE]키를 눌러 설정을 완료된다.

③ 홀드모드(HOLD) 설정 : 측정 전 준비상태에서 [SET]키를 8번 누르면 홀드선택(Hd-P/Hd-N) 모드로 이동한다.

[SELECT] 키를 누르면 현재 설정된 값이 깜박인다.

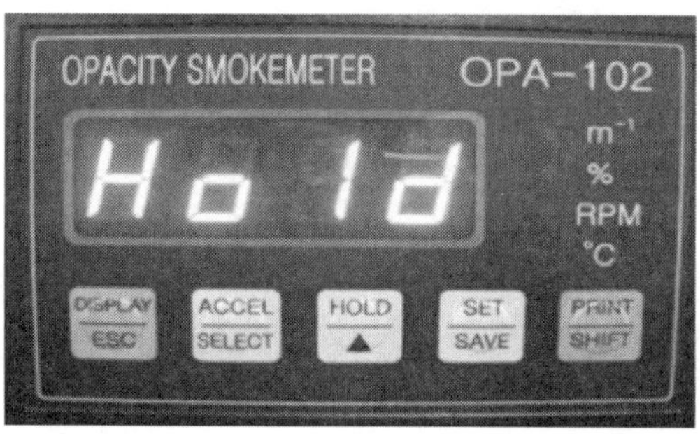

[▲]키를 눌러 설정할 값으로 이동합니다. 설정이 끝나면 [SAVE]키를 눌러 설정을 완료한다.

- 홀드 모드(Hd-n) : 현재 측정화면을 정지시킨다.
- 피크홀드 모드(Hd-P) : 현재 측정값의 최고 값으로 갱신하면서 측정화면을 정지시킨다.

④ 프린터 농도(PRT) 설정 : 측정 전 준비상태에서 [SET]키를 9번 누르면 프린터 농도설정모드로 이동한다. [SELECT] 키를 누르면 현재 설정된 값이 깜박인다.

[▲]키를 눌러 설정할 값으로 이동한다. 설정이 끝나면 [SAVE]키를 눌러 설정을 완료한다.

■ 숫자가 높을수록 프린터 인쇄 농도가 농후해지고, 속도는 느려진다.

⑤ 실린더 수(CYL) 설정 : 측정 전 준비상태에서 [SET]키를 10번 누르면 차량엔진의 실린더 수 설정모드로 이동한다. [SELECT] 키를 누르면 현재 설정된 값이 깜박인다.

[▲]키를 눌러 설정할 값[1 → 2 → 3 → 4 → 5 → 6 → 8 → 10 → 12]으로 이동한다. 설정이 끝나면 [SAVE]키를 눌러 설정을 완료한다.

■ 실린더 수 설정은 배터리 방식의 엔진 RPM 측정 시에 사용되는 기본 데이터이다. 설정이 잘못되면 정확한 RPM을 측정할 수 없다.

(9) RPM 측정 (배터리 방식 : 선택사항)

① 기기 측면에 준비된 RPM 단자를 자동차의 배터리(+ : 적색), (− : 흑색)단자에 연결한다.

② 설정모드에서 측정할 자동차의 실린더 수를 선택한다.

③ [DISPLAY] 키로 RPM 표시 화면으로 이동한다.

④ 측정을 시작한다. 실린더 수 값을 변경하려면, 설정모드의 [실린더 값 설정]을 참고한다.

(10) 장비 유지 및 관리

① 렌즈 청소 : 측정기의 정도 유지를 위하여 정기적인 집광렌즈 세척을 해야 하며, 부드러운 천으로 렌즈의 오염 부위를 닦아 준다.

② 에러(error) 코드 : 프로브 끝을 깨끗한 장소에 놓지 않은 상태로 교정을 하거나, 측정기 렌즈가 오염 또는 측정기 자체의 문제가 있을 경우 교정에러를 표시한다.

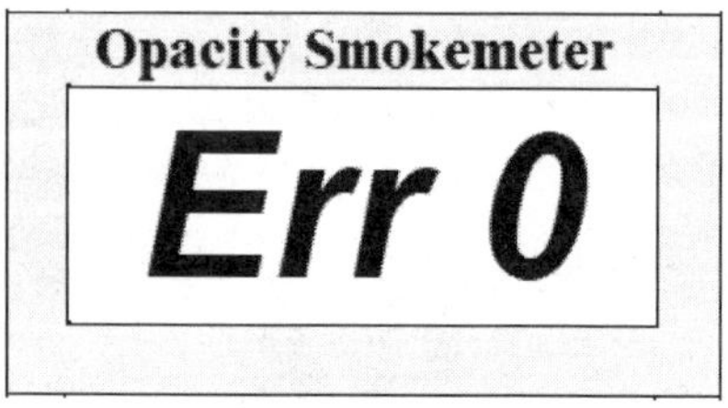

[영점 에러]

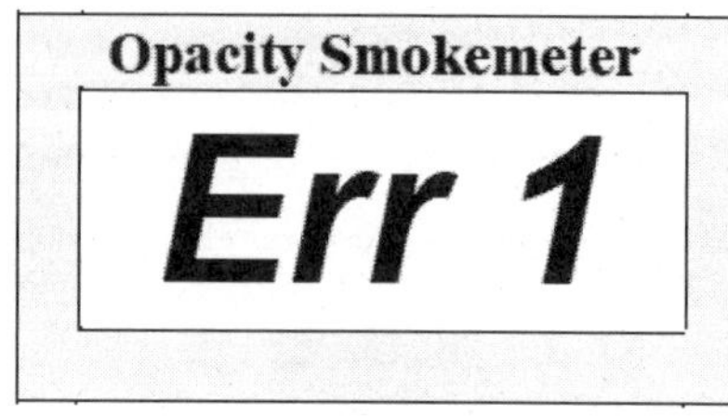

[스팬 에러]

에러가 발생한 원인을 제거한 후 [SET]키를 누르면, 다시 교정을 실시한다. 에러를 무시하고 진행하려면 [ESC]를 누르면 된다.(이때 측정되는 값은 교정이 안된 상태이므로 정확한 값이 아니다.)

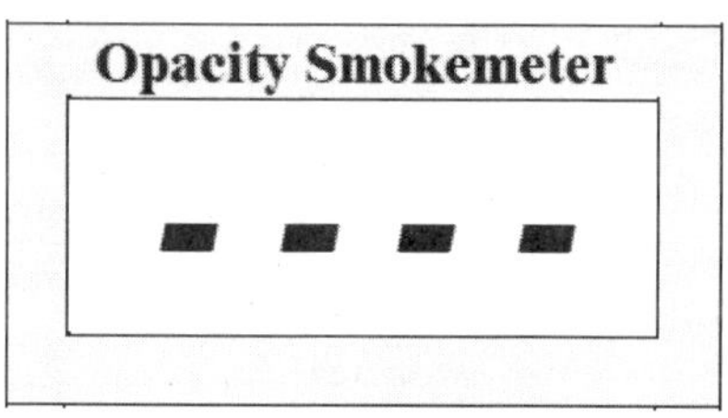

[RPM 센서에러]

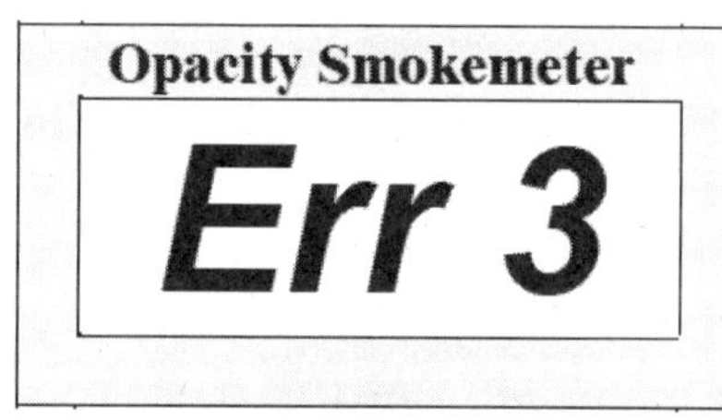

[RPM 센서 연결 안 됨]

측정기 측면에 RPM센서 단자가 연결되지 않았거나 센서 이상 시에 표시된다. RPM센서 단자의 체결을 확인한다.

③ 측정기 교정 : 집광렌즈 두 개를 부드러운 천으로 깨끗이 닦고 측정기 영점교정 후 교정확인용 표준필터(OPTION)를 측정기 밑바닥부의 필터삽입구에 삽입한 후, 측정 지시값이 표준필터와의 오차값을 ±2% 초과하면 본사로 입고하여 측정기 교정을 받아야 한다.

<table>
<tr><td rowspan="4">측정항목</td><td>학년/학반</td><td>학번</td><td colspan="2">성명</td><td rowspan="2">지도교수
확 인</td><td rowspan="2"></td></tr>
<tr><td></td><td></td><td colspan="2"></td></tr>
<tr><td colspan="4">① 측정(또는 점검)</td><td>② 판정</td><td rowspan="2">득점</td></tr>
<tr><td>측정값</td><td>기준값</td><td>측정</td><td>산출(계산)근거기록</td><td>판정(☑표시)</td></tr>
<tr><td>매연도</td><td></td><td></td><td>1회 :
2회 :
3회 :</td><td></td><td>□ 양호
□ 불량</td><td></td></tr>
</table>

[참고] 측정값의 처리 : 소수점이하는 버리고 1%

6-3. 부적합 및 시정권고 사유의 종류 : 기준에 맞지 않음

참고 : 블로바이가스 정화장치

블로바이가스를 대기로 방출하지 않고 재연소시키기 위해 크랭크케이스 또는 실린더 헤드 커브로부터 흡기계통으로 되돌리는 블로바이가스 환원장치를 설치하여 재연소시킨다.

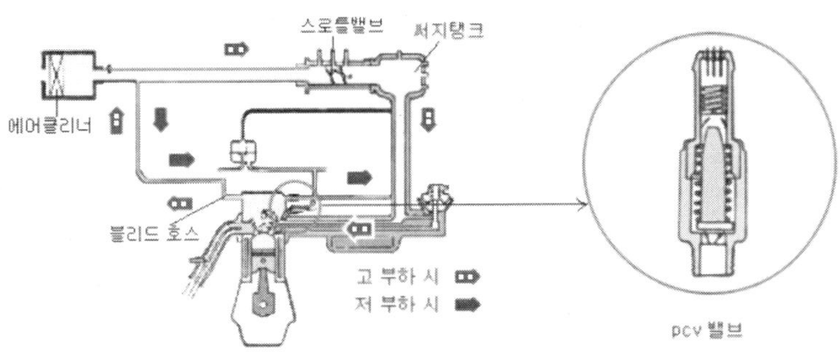

[블로바이가스 정화장치]

경 · 중부하시에는 PCV(Positive Crankcase Ventilation)를 통해 흡기다기관으로 유입되고, 급가속, 고부하시에는 PCV 밸브에 연결된 흡기다기관의 호스에 부압이 감소하여 PCV 밸브의 개도가 작아진다. 따라서 블리더 호스를 통해 흡기다기관의 유입된다.

참고 : 연료증발가스 정화장치

연료탱크 및 연료라인에서 발생한 연료증발가스를 모집한 후 PCSV(Purge Control Solenoid Valve)의 제어에 의해 흡기다기관을 통해 연소실로 유입되어 재연소가 이루어진다. 구성부품으로는 연료증발가스를 포집하는 Charcoal Canister(활성탄 용기), ECU의 신호(냉각수 온도 65℃이상, 엔진 2,000rpm)에 의해 작동되는 PCSV 등으로 구성되어 있다. 특히 PCSV는 엔진 공회전 및 워밍업 전, 피드백 시에는 작동치 않는다.

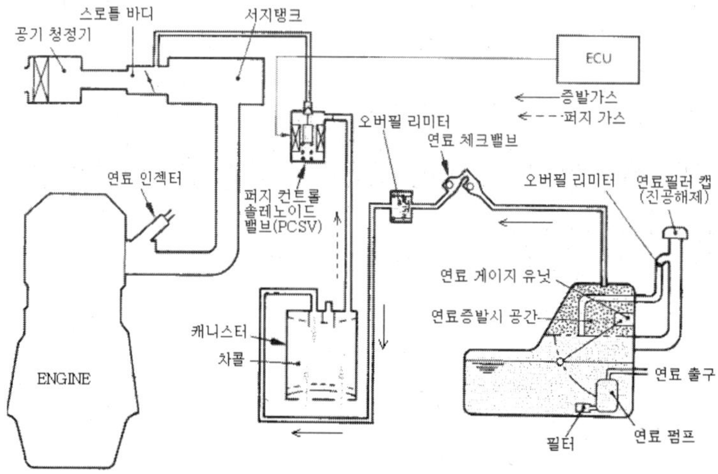

[연료 증발가스 정화장치]

▌overfill limiter란?

오버필 리미터(overfill limiter)는 압력 밸브와 진공 밸브로 구성되어, 연료 탱크 내에 진공이 형성되면 진공 밸브가 열려 대기압이 공급되도록 하고, 연료 탱크 내의 압력이 규정 압력보다 높게 되면 압력 밸브가 열려 연료의 증발 가스를 캐니스터에 공급하는 역할을 한다.

참고 : 질소산화물 정화장치

질소산화물 제어는 배기가스 재순환장치(EGR: Exhaust Gas Recirculation)를 이용 하여 배기가스 중의 일부를 흡기다기관으로 유입시켜 엔진 출력을 최소화하면서 연소온도를 낮추어 질소산화물(NOX)을 줄여주는 장치이다.

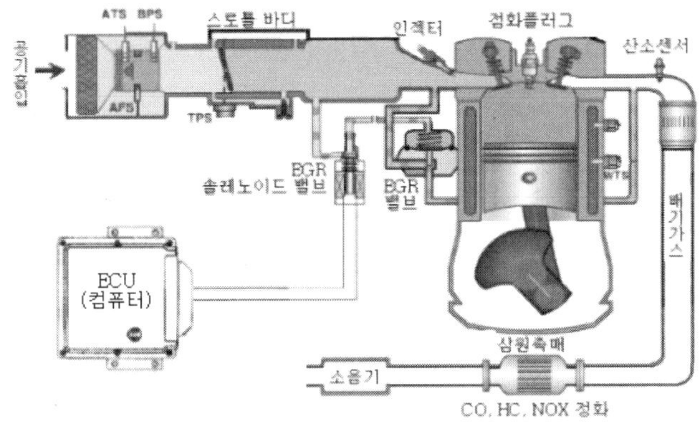

[NOX 정화장치]

엔진의 운전상태 즉, 엔진의 냉각수 온도, 회전속도, 흡입공기량, 스로틀 포지션 센서 등의 각종신호를 입력받아 ECU는 요구 EGR율을 계산하고 이 기준에 의하여 EGR을 행하는 솔레노이드 밸브를 제어한다.

ECU는 각종센서로부터 신호를 바탕으로 EGR 솔레노이드 밸브를 열면 엔진의 진공이 EGR 밸브에 전달되어 배기가스재순환은 시작되고 진공을 차단하면 EGR을 차단한다.

▌EGR 차단 조건

① 엔진 냉각수 온도가 35℃ 이하 또는 100℃ 이상일 때
② 엔진 시동 시 차단
③ 공회전 시
④ 급가속 시
⑤ 연료분사계통, 흡입공기량센서, EGR 밸브 등 고장 시 차단한다.

▌EGR 제어(운전) 영역

EGR 제어 영역은 냉각수 온도가 약 65℃ 이상, 저속, 중부하 영역이다.

참고 : 배기가스 정화장치

배기파이프로 배출되는 배기가스를 정화하기 위해 초기에는 2차 공기 공급 장치를 이용했으나, 최근에는 촉매 컨버터를 이용하여 배기가스 정화를 하고 있다. 촉매컨버터의 정화율은 이론 공연비 부근(14.7:1)일 때가 가장 높고, 촉매컨버터 온도는 약 250~350℃ 이상일 때 정화율이 가장 높다. 촉매장치는 벌집모양의 담체표면에 촉매성분을 도포한 모노릭스 형식을 사용한다.

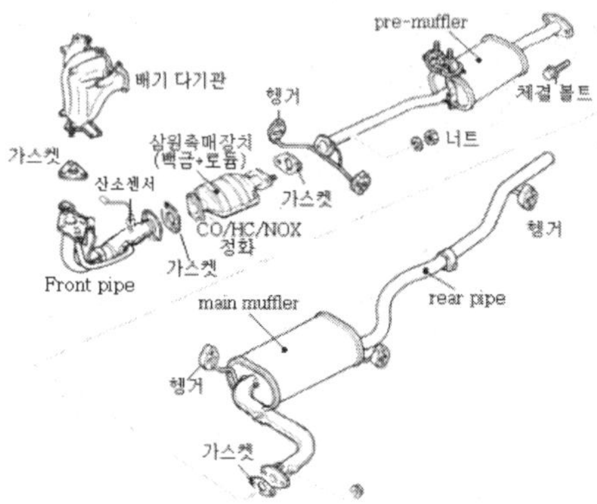

[배기장치 계통도]

▌촉매 변환(Catalytic Converter)장치의 역할

촉매장치는 연소실에서 발생된 배출가스 중 배기다기관으로 배출되는 가스 즉, HC, CO, NOX가 촉매를 지나는 동안에 촉매에 코팅되어 있는 백금(Pt), 파라듐(Pd), 로듐(Rd) 등으로 산화 또는 환원되어 인체에 무해한 가스로 대기 중에 배출시키는 장치이다.

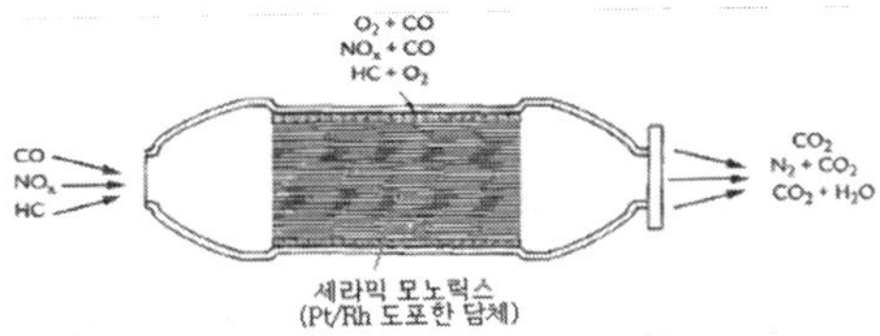

[촉매장치의 산화, 환원 작용]

▌삼원촉매 장치에서의 정화 특성 곡선

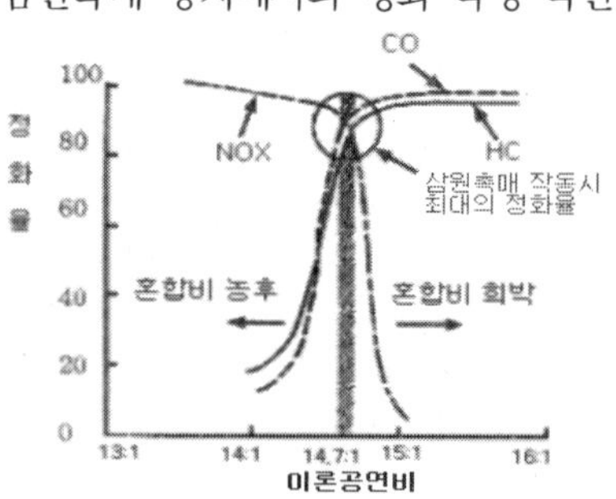

좌측 곡선에서 보면 NOX(질소산화물) 곡선 CO(일산화탄소 곡선), HC(탄화수소) 곡선으로서 삼원촉매는 이론 공연비(14.7:1) 부근에서 최대의 정화율을 나타내고 농후한 공연비일수록 CO와 HC정화율이 떨어진다. 또한 희박할수록 NOX 정화율이 떨어짐을 나타낸다.

[삼원 촉매 장치의 정화특성 곡선도]

참고 : 디젤 배기가스 정화장치

▌CRDi 디젤엔진의 배기가스 후처리 장치(DPF : Diesel Particulate Filter)

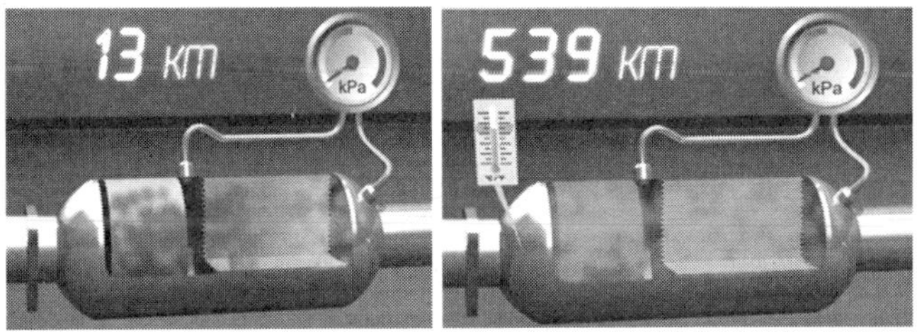

[디젤 자동차의 DPF]

경유 자동차에서 주로 발생하는 매연(검댕이, Soot)의 주성분은 탄소이며 매연의 발생은 경유의 경우 휘발점이 높음(연소온도가 낮음)으로 연소실 내에서도 미처 기화하지 못하는 경우 연소 과정에서 매연으로 배출된다. 이 배출가스 매연은 일차적으로 산화촉매를 거치게 되는데 산화촉매에서 매연의 CO, HC를 산화작용을 통해 무해한 CO_2인 탄산가스, H_2O인 물로 변환 되고 이. 가스는 배기가스 후처리장치로 가게 되어 매연 재생 시 촉매의 온도를 높게 하기 위한 발열작용을 한다. 산화촉매(백금)보다 성능이 뛰어난 배기가스 후처리장치인 DPF 세라믹 필터라는 촉매 필터 장치를 부착하여 엔진에서 발생된 고체의 입자상 물질을 포집 및 재생하는 장치이다.

▌SCR(Selective Catalyst Reduction : 선택적 촉매환원) 시스템

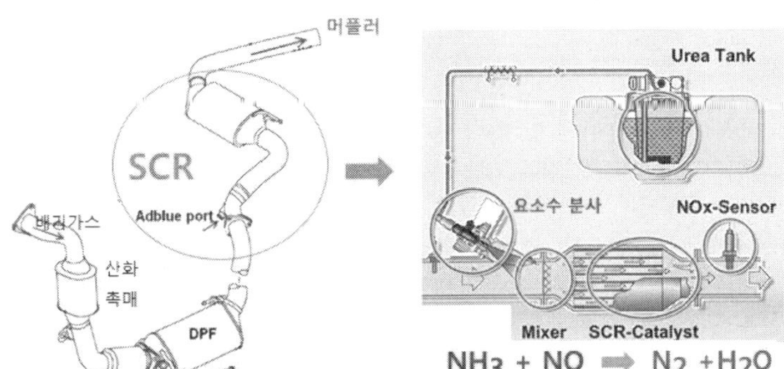

머플러를 통해 유해가스가 배출되기 전, 요소수의 주 성분인 우레아[암모니아(NH_3)수용액]가 분사되면서 질소 산화물을 SCR 열과 반응하여 질소와 물로 변환시켜 질소산화물을 저감시키는 기술이다. SCR 재질은 이산화티타늄(TiO_2), 오산화바나듐(V_2O_5), 삼산화텅스텐(WO_3)등 있고, 요소수 20리터로 주행할 수 있는 거리는 약 20,000km 정도이다.

7. 경보장치(경광등 및 싸이렌)의 검사

7-1. 검사기준

① 경광등 및 싸이렌은 견고하게 설치되어 부식 또는 파손 등의 손상이 없어야 한다.

② 1등당 광도는 135칸델라(cd) 이상 2천5백 칸델라(cd) 이하일 것

③ 경광등의 등광색은 다음 기준에 적합할 것

④ 다음의 자동차는 경광등 및 싸이렌을 설치 가능하고 자기인증 또는 구조 변경승인을 통하여 설치되어야 한다. 그 외의 자동차는 임의로 설치되지 않아야 한다.

- 「도로교통법」에 따른 긴급자동차
- 「자동차관리법」에 따른 구난형 특수 자동차, 도로의 청소를 위한 노면 청소용자동차

⑤ 싸이렌음의 크기는 자동차의 전방 30m의 위치에서 90dB 이상 120dB 이하이어야 한다.

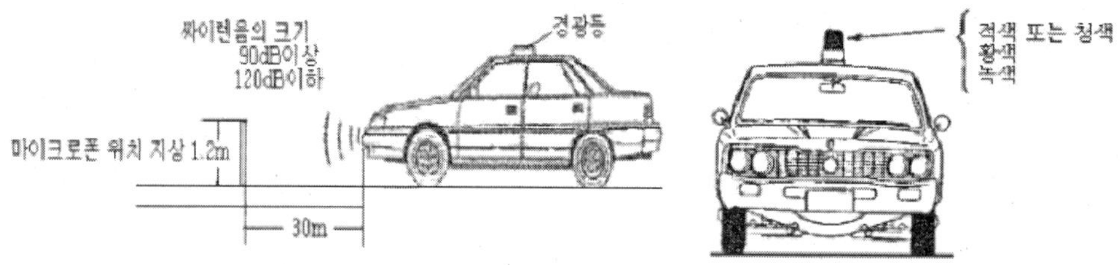

[경보장치 검사]

⑥ 등광색은 다음 기준에 적합할 것

구분	등광색
• 경찰용자동차 중 범죄수사, 교통단속 그 밖의 긴급한 경찰임무 수행에 사용되는 자동차 • 국군 및 주한 국제연합군용 자동차 중 군내부의 질서유지 및 부대의 질서 있는 이동을 유도하는데 사용되는 자동차 • 수사기관의 자동차 중 범죄수사를 위하여 사용되는 자동차 • 교도소 또는 교도기관의 자동차 중 도주자의 체포 또는 피수용자의 호송, 경비를 위하여 사용되는 자동차 • 소방용 자동차	적색 또는 청색
• 전신, 전화의 수리공사 등 응급작업에 사용되는 자동차와 우편물의 운송에 사용되는 자동차 중 긴급배달 우편물의 운송에 사용되는 자동차 • 전기사업, 가스사업 그 밖의 공익사업기관에서 위해 방지를 위한 응급작업에 사용되는 자동차 • 민방위업무를 수행하는 기관에서 긴급예방 또는 복구를 위한 출동에 사용되는 자동차 • 도로의 관리를 위하여 사용되는 자동차 중 도로상의 위험을 방지하기 위하여 응급작업에 사용되는 자동차 • 전파감시 업무에 사용되는 자동차 • 기타 자동차	황색
• 구급 자동차	녹색

7-2. 검사방법

① 육안을 통한 등의 설치상태, 부식 및 파손 등 손상 유무 점검한다.
② 육안을 통한 설치 대상 자동차 유무와 등광색 적합 유무 점검한다.
③ 인증을 받은 경광등의 제원과 상이하지 않을 경우 육안에 따라 이상 유무를 점검한다.
④ 차체 전방으로부터 30m에서 떨어진 거리에서 소음측정기로 측정한다.

7-3. 부적합 및 시정권고사유

① 설치 상태의 불량, 부식, 파손 등 손상
② 전구 등 임의변경으로 기준에 맞지 않음
③ 설치 대상 자동차이나 구조변경승인 없이 임의 설치
④ 미대상 자동차의 임의 설치
⑤ 소음기준 초과 또는 미달
⑥ 작동 불량

8. 방화 장치의 검사

8-1. 검사기준

다음의 자동차는 A · B · C 소화기를 사용하기 쉬운 위치에 설치하여야 한다.
① 「소방시설설치유지 및 안전관리에 관한 법률」 제 36조 제2항의 규정에 의한 능력단위
② 화물자동차(피견인자동차 제외) 및 특수자동차 (2008.7.15. 이후 제작자동차 기준)
- 중형 화물자동차 : 능력단위 1이상인 소화기 1개 이상
- 대형 화물자동차 : 능력단위 2이상인 소화기 1개 이상 또는 능력단위 1 이상인 소화기 2개 이상

8-2. 검사방법

① A · B · C 소화기 설치 유무 점검한다.
② 비상시 소화기를 사용하기 쉬운 장소 설치 및 원활한 탈착 가능 유무 점검한다.
③ 소화기 설치 유무 및 개수 점검한다.
④ 해당 차량의 소화기에 붙어있는 라벨을 점검하여 능력단위 확인한다.

8-3. 부적합 및 시정권고 사유

① 소화기 규격품외 설치
② 사용하기 어려운 곳에 설치되거나 견고하게 설치 또는 고정 장치 작동 불량으로 인한 탈착 불가
③ 소화기 미설치
④ 소화기의 능력단위가 기준에 맞지 않음

9. 내압용기의 검사

9-1. 검사기준

① 용기는 자동차의 진동 · 긴급발차 또는 정지에 의하여 손상되거나, 고정부위가 풀어지지 아니하도록 견고하게 부착하고 가능한 차실에 가까운 위치에 부착하여야 한다.

② 용기는 관련 법규에 따른 검사에 합격한 것이어야 한다. 용기는 누출된 가스 등이 차실내로 유입되지 아니하도록 차실과 벽 또는 보호판으로 격리되거나 가스가 누출 되지 아니하도록 밸브주변이 견고한 재질로 밀폐되어 있고, 충격 등으로부터 용기를 보호할 수 있는 구조이어야 한다.

9-2. 검사방법

① 점검 해머 및 육안점검을 통한 설치 고정 장치의 손상, 볼트 풀림 및 탈락 등 점검한다.
② 육안을 통한 합격품 여부 점검한다.

9-3. 부적합 및 시정권고 사유

① 용기가 견고하게 설치되어 있지 않고, 고정 장치의 손상, 볼트 풀림 및 탈락
② 각인 또는 검사증명서가 위 · 변조 되거나 탈락되어 확인이 되지 않음

제 5 장 Chapter 5 등화장치 검사 기준 및 방법

참고 : 조명

▌광속
광속이란 광원으로부터 나오는 빛의 다발을 말하며 단위는 루멘(lumen, 기호 : lm)이다.

▌광도
광도란 빛의 세기를 말하며, 단위는 칸델라(candle, 기호 : cd)이다. 1칸델라는 백금의 응고점(1769℃)에서 흑체 1㎠의 평탄한 표면광도의 1/60으로 정의하고 있다.

▌조도
조도란 빛을 받는 면의 밝기를 말하며, 단위는 룩스(Lux)이다. 1룩스는 1칸델라의 광원으로부터 1m의 거리에 있는 수직면의 밝기를 말한다.

▌광도와 조도의 관계
빛을 받는 면의 조도(Lux)는 광원의 광도(cd)에 비례하고 광원의 거리(r)의 2승에 반비례하므로 다음의 식이 성립된다. $\text{Lux} = \dfrac{cd}{(r)^2}$

1. 전조등의 검사기준 및 방법

1-1. 전조등 설치 규정

피견인자동차를 제외한 자동차의 앞면에는 전조등의 좌우에 각각1개씩 설치해야 한다. 4등식의 경우에는 2개를 1개로 본다. 형식승인 또는 자기인증 등의 제원과 상이하지 않을 경우 육안에 따라 이상 유무를 점검한다.

1-2. 전조등의 등광색

전조등 및 보조전조등의 등광색은 백색으로 한다. 육안을 통하여 점검한다.

1-3. 등화의 중심점

등화의 중심점은 차량중심선을 기준으로 좌우가 대칭이며 공차상태에서 지상 500mm 이상 1,200mm 이내가 되게 설치한다. 자동차의 구조상 부득이한 경우 차체의 가장 낮은 위치에 설치한 때에는 그러하지 아니한다. 형식승인 또는 자기인증 등의 제원과 상이하지 않을 경우에는 육안에 따라 이상유무를 점검하고, 필요시 차량중심선에 직각인 방향으로 줄자를 이용하여 점검한다.

1-4. 전조등의 설치상태 및 점검

전조등 및 보조전조등은 정위치에 견고히 부착되어 작동에 이상이 없고, 손상이 없어야 하므로 육안을 통하거나 흔들어 보아 고정 장치의 파손 및 볼트 풀림 등의 설치상태를 점검한다. 그리고 주행빔의 주광축의 광도를 감광할 수 있거나 비추는 방향을 하향으로 변환할 수 있는 구조이어야 한다. 스위치를 on시켜 작동에 이상이 없어야 하고, 전조등 스위치를 작동시켜 변환 여부 점검한다. 또한 보조전조등은 점등에 이상이 없어야 하므로 전자진단장치를 진단 커넥터에 연결하여 보조전조 등 시스템의 각종 센서 및 제어장치 점검한다.

점검 순서로는

① 1차 진단결함코드 확인시 기억소거
② 해당센서 설치상태(접촉불량, 단선 및 단락 등)의 점검
③ 재점검하여 진단결함코드 다시 점검하는 순으로 한다.

1-5. 주행빔 및 변환빔의 방향

주행빔 및 변환빔의 비추는 방향은 자동차의 진행방향 또는 진행하려는 방향과 같아야 한다. 전조등의 최대광도점의 광도는 다음의 기준에 적합하여야 한다.(최고속도가 25km/h 이하인 자동차제외)

<table>
<tr><td rowspan="3">주행빔</td><td>2등식 광도</td><td>15,000 칸델라(cd) 이상</td><td rowspan="3">주) 안전기준은 상한 값(최고 광도)이 있으나, 검사기준은 상한 값이 없다.</td></tr>
<tr><td>4등식 광도</td><td>12,000 칸델라 이상</td></tr>
<tr><td>최고 광도</td><td>1등 당 112,500 칸델라 이하</td></tr>
<tr><td rowspan="2">변환빔</td><td>광도</td><td>6,400 칸델라 이상</td><td rowspan="2"></td></tr>
<tr><td>최고 광도</td><td>1등 당 45,000 칸델라 이하</td></tr>
</table>

또한, 주광축의 진폭은 10m 위치에서 다음 수치 이내이어야 한다.

구분	상진폭	하진폭	좌진폭	우진폭
좌측등	10cm	30cm	15cm	30cm
우측등	10cm	30cm	30cm	30cm

(1) 좌 · 우측 전조등의 광도와 주광축의 진폭은 전조등 시험기로 측정한다.

(2) 전조등 시험기를 이용한 측정조건으로는

① 적절히 예비운전이 되어 있는 공차상태의 자동차에 운전자 1인이 승차한 상태로 한다.
② 자동차의 축전지는 충전한 상태로 한다.
③ 자동차의 원동기는 공회전 상태로 한다.
④ 타이어의 공기압은 표준 공기압으로 한다.
⑤ 4등식 전조등의 경우 측정하지 아니하는 등화에서 발산하는 빛을 차단한 상태로 한다.

(3) 측정방법으로는 전조등 시험기의 형식에 따라 시험기의 수광부와 전조등을 1m(집광식)~3m (스크린식과 투영식)의 거리에 정면으로 대칭시킨 상태에서 광도 및 광축을 측정한다.

1-6. 투영식 전조등 시험기

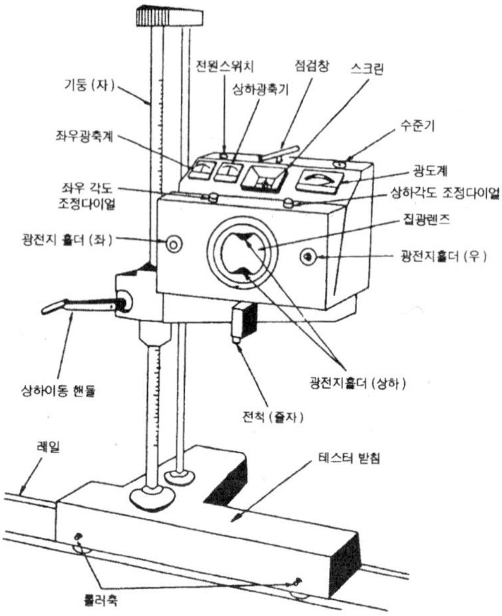

[투영식 전조등 시험기의 구조]

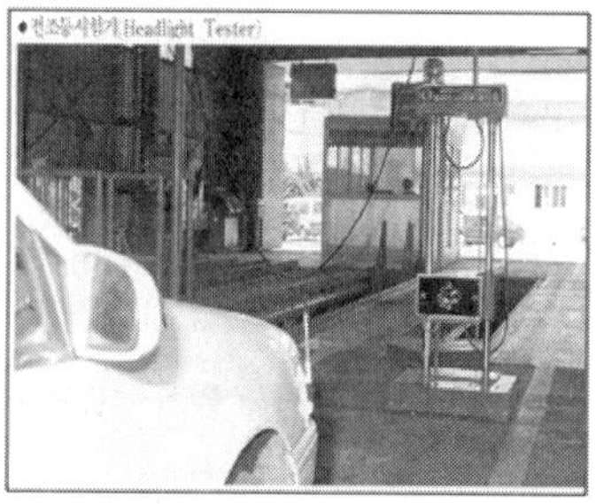

[전조등 검사 모습]

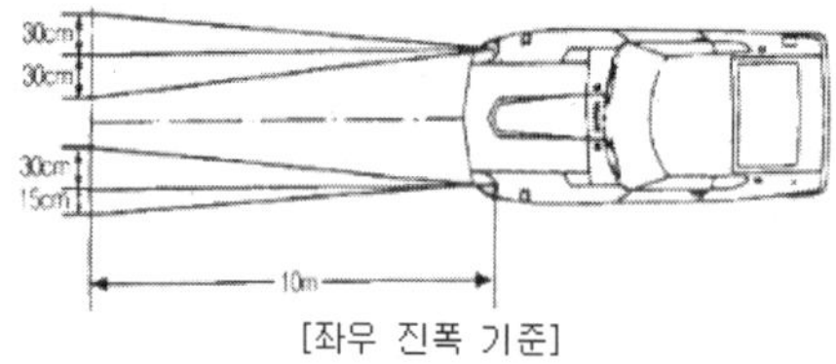

[좌우 진폭 기준]

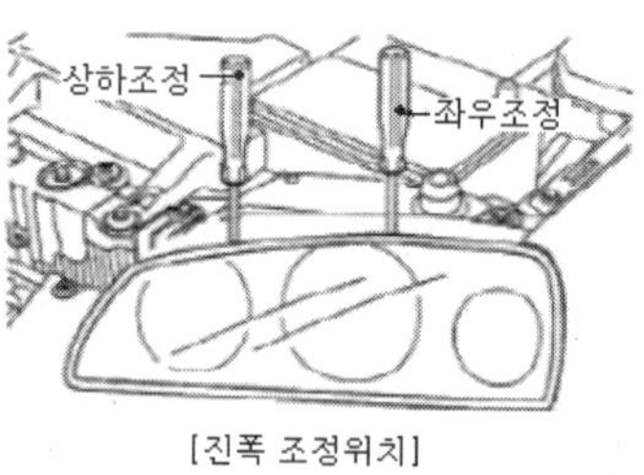

[진폭 조정위치]

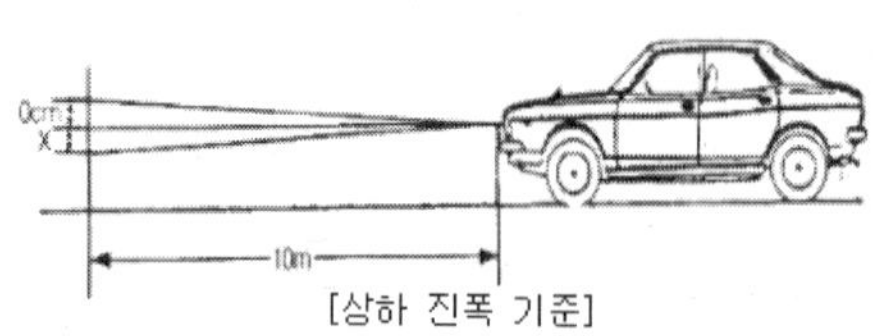

[상하 진폭 기준]

1-6-1. 준비사항

① 전조등의 오염을 제거한다.

② 수준기를 보고 측정기가 수평으로 놓여 있는가를 점검한다.

③ 자동차를 측정기와 가능한 직각이 되게 진입하고, 본체의 하부에 설치된 줄자로 전조등의 면에서 측정기까지 3m가 되도록 한다.

④ 자동차가 측정기와 직각이 되도록 진입했는지를 정대용 감시창으로 측정차와 평행상태를 확인하며 맞지 않을 경우 시험기 본체를 전후로 움직이는 조정나사로 조정한다.

1-6-2 광도 및 광축의 측정방법

① 자동차의 전조등을 주행 빔으로 하여 점등한다.

② 측정기의 ON-OFF절환 스위치를 ON으로 한다.

③ 좌우, 상하 각도조정 다이얼을 0에 맞춘다.

④ 측정기를 상하이동용 손잡이와 지주를 이동시켜 전조등을 나타내는 흑점을 스크린의 정중앙(십자축 중앙)에 오도록 하고, 이 때의 전조등의 높이를 지주에 나타나 있는 눈금을 통해 측정한다. 측정기를 상하이동용 손잡이와 지주를 이동시켜 좌우, 상하 광축계의 지침이 0에 오도록 한다.

⑤ ④항 작업을 하면 전조등의 흑점은 스크린의 중앙을 벗어나게 된다. 이 벗어난 흑점을 좌우, 상하 각도 조정 다이얼을 돌려 스크린의 중앙에 오도록 한다.

⑥ 좌우, 상하 각도조정 다이얼의 움직인 값을 정수의 cm단위로 읽으면 광축의 편차로 된다. 이 측정값은 10m 전방의 설치된 수직면상의 좌우, 상하의 진폭의 편차가 된다.

⑦ 가속 페달을 밟아 엔진의 회전수를 약 2,000rpm 정도로 하고 광도계의 눈금을 읽어 광도를 측정한다.

1-6-3 광축의 조정 방법

① 광도와 광축 측정이 끝나면 주광축의 조사방향이 안전기준을 벗어난 경우 좌우, 상하 각도 조정 다이얼을 0에 맞춘다.

② 측정기를 상하이동을 손잡이와 지주를 이동시켜 전조등의 전구를 나타내는 흑점을 스크린의 정중앙(십자축 중앙)에 오도록 한다. 이때 좌우, 상하 광축계의 지침이 지침계의 중앙에 위치하지 않는다.

③ 전조등의 좌우, 상하 조정나사로 조정하여 좌우, 상하 광축계의 지침이 지침계의 중앙에 위치하도록 한다. 이때 상하 광축계는 약간 하 방향으로 하는 것이 좋다.

1-7. 집광식 전조등 시험기

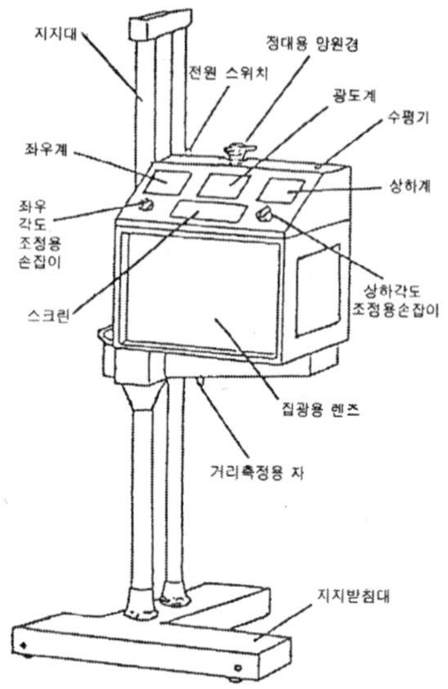

[집광식 전조등의 구조]

1-7-1. 측정 조건은 투영식과 동일

1-7-2. 광도, 광축의 측정방법

① 자동차를 헤드라이트 측정용 레일에 직각으로 진입시켜 전조등과 수광부를 시험기의 측정 거리(1m)로 한다.

② 차량 정대용 조준기로 시험기와 자동차를 정대시킨다. 이때 스위치를 "영점"위치에 놓는다. ("영점"기능은 내부의 태양전지 소자를 기기의 정 가운데로 위치시키는 작용을 하는데 만일 이를 행하지 않으면 차를 정대하여도 뒷면의 정대경에는 헤드라이트가 비춰지지 않는다.

③ 전조등을 점등하여 전조등 정대용 조준기로 시험기와 전조등을 정대시킨다. 뒷면 정대경을 보고 헤드라이트 광원을 정 가운데로 오도록 기기를 이동시킨 후 고정한다.

④ 스위치를“측정"에 놓고 차량의 헤드라이트를 조정한다.

㉮ 광도·광축절환 스위치를 광축 측으로 한다.

㉯ 좌우, 상하 광축다이얼을 돌려서 각각의 지침의 중심을 나타내도록 조정을 행한다. 그리고 좌우, 광축계를 읽는다. 이것이 광축의 진폭으로 된다.

㉰ 광축다이얼은 그대로 놓고 절환스위치를 광도 축으로 한다.

⑤ 광도계의 지시에 의해 광도 측정한다.

광도의 표시는 4단의 디지털 표시기로 나타나는데 최소 단위는 100칸텔라로 표시된다.

단, 광량은 디지털로 표시되는 관계로 수치의 변화가 민감하게 나타나는 문제로 인하여 마치 수치가 불안전한 것처럼 느껴질 수도 있다.

⑥ 위 ①-④를 반복하면 헤드라이트 테스터가 완료된다.

특히 위 ④항의 경우 차량의 헤드라이트를 교정하면 교정후의 값의 변화가 연속하여 나타나므로 검사원은 테스터를 일체 만지지 않고도 교정직업을 원료 할 수 있다.

<table>
<tr><td colspan="2" rowspan="2">등식 및 위치
(☑표시)</td><td>학년/학반</td><td colspan="2">학번</td><td>성명</td><td>지도교수
확 인</td><td></td></tr>
<tr><td></td><td colspan="2"></td><td></td><td></td><td></td></tr>
<tr><td colspan="2" rowspan="2"></td><td colspan="4">① 점검(또는 측정)</td><td colspan="2">② 판정</td></tr>
<tr><td colspan="2">점검항목</td><td>측정값</td><td>기준값</td><td colspan="2">판정</td></tr>
<tr><td>등식</td><td>위치</td><td colspan="2">측정광도</td><td></td><td></td><td colspan="2" rowspan="3">□ 양호 □ 불량</td></tr>
<tr><td rowspan="2">□ 4등식
□ 2등식</td><td rowspan="2">□ 좌
□ 우</td><td rowspan="2">측정광축(☑표시)</td><td>□ 좌
□ 우</td><td></td><td></td></tr>
<tr><td>□ 상
□ 하</td><td></td><td></td></tr>
</table>

1-8. 점등 시 주행빔 및 변환빔의 렌즈

점등 시 주행빔 및 변환빔의 렌즈는 다음과 같은 각도에서 관측할 때에 차체의 다른 부분에 의하여 가리워지지 않아야 한다.

구분	상측	하측	외측	내측
주행빔 렌즈	5도	5도	5도	5도
변환빔 렌즈	15도	10도	10도	45도

- 형식승인 또는 자기인증 등의 제원과 상이하지 않을 경우에는 육안에 따라 이상 유무를 점검한다. 육안이나 각도기 등과 같은 계측기를 이용하여 점검한다.

1-9. 전조등의 임의 변경

형식승인 또는 자기 인증된 전조등을 임의로 방전식 전구 전조등으로 변경하여서는 아니 된다. 육안을 통하여 엔진룸 내부 등을 점검한다.

2. 방전식 전구 전조등의 검사기준 및 방법

2-1. 전조등 광축 조정장치

자동으로 전조등의 광축을 조정할 수 있는 장치를 설치해야 하고, 공기식 현가장치 등 전조등의 광축을 자동으로 하향으로 조절되게 하는 장치를 설치한 자동차의 경우는 제외한다. 형식승인 또는 자기인증 등의 제원과 상이하지 않을 경우 육안에 따라 설치 유무를 점검한다.

2-2. 자동차의 전기 · 전자장치에 영향을 주지 않아야한다.

형식승인 또는 자기인증 등의 제원과 상이하지 않을 경우 육안에 따라 설치 유무를 점검한다.

2-3. 각종 센서 및 제어장치의 상태와 작동여부

방전식 전구 전조등 시스템을 장착한 자동차의 경우 원활한 작동을 위한 각종 센서 및 제어장치 설치상태와 정상작동 여부를 점검한다. 전자 진단장치를 진단 커넥터에 연결하여 방전식 전구 전조등 시스템의 각종센서 및 제어장치 점검한다. 점검 순서로는 ①1차 진단결함코드의 확인 ②해당 센서의 설치상태(접촉 불량, 단선 및 단락 등)의 점검 ③재점검하여 진단결함코드 다시 점검하는 순으로 한다.

3. 조명가변형 전조등의 검사기준 및 방법

3-1. 조명가변형 전조등의 경우

전조등 안에 각각 1개의 보조 등화장치를 추가로 설치할 수 있다. 형식승인 또는 자기인증 등의 제원과 상이하지 않을 경우 육안에 따라 이상 유무를 점검한다.

3-2. 보조전조등의 등광색

보조전조등의 등광색은 백색으로 한다. 육안을 통하여 점검한다.

3-3. 조명가변형 전조등은 자동차가 앞으로 움직일 때에만 작동될 것.

다만, 자동차가 오른쪽으로 회전하는 경우에는 그러하지 아니하다. 자동차가 정지 상태에서 조향핸들을 작동시켜 전조등의 가변여부 점검한다.

3-4. 조명가변형 전조등이 고장 난 경우

조명가변형 전조등은 고장이 난 경우 자동으로 이를 표시하는 장치를 설치하여야 한다. 시동키 on상태에서 표시장치 설치 유무를 점검한다.

3-5. 조명가변형 전조등 시스템 장착 자동차

조명가변형 전조등 시스템을 장착한 자동차의 경우 원활한 작동을 위한 각종 센서 및 제어장치 설치상태 및 정상작동 여부를 점검한다. 전자진단장치를 진단 커넥터에 연결하여 방전식전구 또는 조명가변형 전조등 시스템의 각종 센선 및 제어장치를 점검한다.

점검 순서로는

① 1차 진단결함코드의 확인

② 해당 센서의 설치상태(접촉불량, 단선 및 단락 등)의 점검

③ 재점검하여 진단결함코드 다시 점검하는 순으로 한다.

4. 안개등의 검사기준 및 방법

4-1. 앞면 안개등의 검사기준 및 방법

① 안개등은 정위치에 견고하게 부착되어 원활히 작동되고 파손 등 손상이 없어야 한다. 육안 및 흔들어보아 고정장치 파손 및 볼트 풀림 등 설치상태를 점검한다. 스위치를 on시켜 작동에 이상이 없어야 한다.

② 비추는 방향은 앞면 진행방향을 향하도록 하고, 양쪽에 1개씩 설치하여야 한다. 형식승인 또는 자기인증 등의 제원과 상이하지 않을 경우 육안에 따라 이상 유무를 점검한다.

③ 등광색은 백색 또는 황색으로 하고, 양쪽의 등광색을 동일하게 한다. 육안을 통하여 점검한다.

④ 등화의 중심점은 차량중심선을 기준으로 좌우가 대칭이 되고, 공차상태에서 발광면의 가장

아래쪽이 지상 25cm 이상 이어야 하며, 발광면의 가장 위쪽이 변환빔 전조등 발광면의 가장 위쪽과 같거나 그 보다 낮게 설치한다. 형식승인 또는 자기인증 등의 제원과 상이하지 않을 경우 육안에 따라 이상 유무를 점검한다.

⑤ 1등당 광도는 940cd 이상 10000cd 이하이어야 한다. 형식승인 또는 자기인증 등의 제원과 상이하지 않을 경우 육안에 따라 이상 유무를 점검한다.

⑥ 후미등이 점등된 상태에서 전조등과 별도로 점등 또는 소등할 수 있는 구조이어야 한다. 안개등 작동 스위치의 설치 및 작동상태를 점검한다.

4-2. 뒷면 안개등의 검사기준 및 방법

① 안개등은 정위치에 견고하게 부착되어 원활히 작동되고 파손 등 손상이 없어야 한다. 육안 및 흔들어보아 고정장치 파손 등 볼트 풀림 등 설치상태를 점검한다. 스위치를 on시켜 작동에 이상이 없어야 한다.

② 2개 이하로 설치한다. 육안을 통하여 점검한다.

③ 등광색은 적색으로 한다. 육안을 통하여 점검한다.

④ 등화의 중심점은 차량중심선을 기준으로 좌 · 우가 대칭이 되게 설치한다. 1개를 설치할 경우에는 차량중심선이나 차량중심선의 왼쪽에 설치하여야 한다. 형식승인 또는 자기인증 등의 제원과 상이하지 않을 경우 육안에 따라 이상 유무를 점검한다. 필요시 줄자를 이용하여 점검한다.

⑤ 등화의 중심점은 공차상태에서 지상 25m 이상 100cm 이하의 위치에 설치하여야 한다. 형식승인 또는 자기인증 등의 제원과 상이하지 않을 경우 육안에 따라 이상 유무를 점검한다. 필요시 줄자를 이용하여 점검한다.

⑥ 등화의 발광면은 제동등으로부터 10cm 이상의 간격을 유지한다. 계측장비를 이용하여 위치를 측정한다.

⑦ 1등당 광도는 150cd 이상 300cd 이하 이어야 한다. 형식승인 또는 자기인증 등의 제원과 상이하지 않을 경우 육안에 따라 이상 유무를 점검한다.

⑧ 앞면안개등과 연동하여 점등 또는 소등할 수 있는 구조이거나 앞면안개등이 점등된 상태에서 다른 등화장치와 별도로 점등 또는 소등할 수 있는 구조이어야 한다. 앞면안개등과 연동하여 점등되는지 확인하거나, 안개등 작동 스위치의 설치 및 작동상태를 점검한다.

⑨ 점등상태를 운전자가 알 수 있도록 점등표시장치를 설치한다. 시동키 on상태에서 표시장치의 설치 유무를 점검한다.

⑩ 점등 시 안개등의 렌즈를 다음과 각도에서 관측할 때 차체의 다른 부분에 의하여 가리어지지 지 않아야한다. 형식승인 또는 자기인증 등의 제원과 상이하지 않을 경우 육안에 따라 이상 유무를 점검한다. 필요시 육안 및 각도기 등 계측기를 이용하여 점검한다.

구분	상측	하측	외측	내측
안개등	5도	5도	25도	25도

5. 바닥조명등의 검사기준 및 방법

5-1. 등화의 색상

등화의 색상 백색으로 한다. 육안을 통하여 점검한다.

5-2. 바닥조명등의 고정

바닥조명등은 정위치에 견고히 부착되어 작동에 이상이 없고, 파손 등 손상이 없어야 한다. 육안 및 흔들어 보아 고정장치의 파손 및 볼트 풀림 등의 설치상태를 점검한다. 또한 스위치를 on시켜 작동하여 이상이 없어야 한다.

5-3. 자동차가 정지했을 때만 점등되어야 한다.

자동차가 주행하기 시작한 후 1분 이내에 소등되어야 한다. 육안을 통하여 점검하거나 점등 상태에서 속도계 검사 시 소등여부를 점검한다.

5-4. 비추는 방향

비추는 방향은 아래쪽으로 하고, 도로의 바닥을 비추도록 하어야 한다. 다른 운전자에게 영향을 주지 않아야 한다. 형식승인 또는 자기인증 등의 제원과 상이하지 않을 경우 육안에 따라 이상 유무를 점검한다.

5-5. 최대광도는 30cd 이하 이어야 한다.

형식승인 또는 자기인증 등의 제원과 상이하지 않을 경우 육안에 따라 이상 유무를 점검한다.

6. 후퇴등의 검사기준 및 방법

6-1. 2개 이하로 설치한다.

육안을 통하여 점검한다.

6-2. 등광색

백색 또는 황색으로 한다. 육안을 통하여 점검한다.

6-3. 등화의 중심점

등화의 중심점은 공차상태에서 지상 25cm 이상 120cm 미터 이하의 높이에 설치한다. 형식승인 또는 자기인증 등의 제원과 상이하지 않을 경우 육안에 따라 이상 유무를 점검한다. 필요시 차량중심선의 직각인 방향으로 줄자를 이용하여 점검한다.

6-4. 후퇴등의 점검

후퇴등은 정위치에 견고히 부착되어 파손 등 손상이 없어야 한다. 자동차의 변속장치를 후진 위치로 조작할 때에 점등되도록 하여야 한다. 육안 및 흔들어 보아 고정 장치의 파손 및 볼트 풀림 등 설치상태를 점검한다. 또한 변속장치 조작 후 점등을 확인한다.

6-5. 후퇴등의 1등당 광도

1등당 광도는 등화중심선의 위쪽에서는 80cd 이상 600cd 이하이고, 아래쪽에서는 80cd 이상 5000cd 이하 이어야 한다. 형식승인 또는 자기인증 등의 제원과 상이하지 않을 경우 육안에 따라 이상 유무를 점검한다.

7. 차폭등의 검사기준 및 방법

7-1. 등광색

등광색은 백색, 황색 또는 호박색으로 하고, 양쪽의 등광색을 동일하게 한다. 육안을 통하여 점검한다.

7-2. 공차상태에서 차량중심선을 기준으로 좌우가 대칭이어야 한다.

등화의 중심점은 지상 35cm 이상 200cm이하의 위치에 설치하여야 하며, 발광면의 가장 바깥쪽이 차체 바깥쪽으로부터 40cm 이내가 되도록 설치한다. 형식승인 또는 자기인증 등의 제원과 상이하지 않을 경우 육안에 따라 이상 유무를 점검하고 필요시 줄자를 이용하여 점검한다.

7-3. 차폭등의 점검

차폭등은 정위치에 견고히 부착되어 작동에 이상이 없고, 손상이 없어야 한다. 육안 및 흔들어 보아 고정 장치의 파손 및 볼트 풀림 등 설치상태를 점검하고 스위치를 on시켜 작동에 이상이 없어야 한다.

7-4. 차폭등의 1등당 광도

1등당 광도는 등화중심선의 위쪽에서는 4cd 이상 125cd 이하이고, 아래쪽에서는 4cd 이상 250cd 이하이어야 한다. 형식승인 또는 자기인증 등의 제원과 상이하지 않을 경우 육안에 따라 이상 유무를 점검한다.

8. 번호등의 검사기준 및 방법

8-1. 등광색은 백색으로 한다.

육안을 통하여 점검한다.

8-2. 번호등의 점검

번호등은 정위치에 견고히 부착되어 작동에 이상이 없고, 파손 등 손상이 없어야 한다. 육안 및 흔들어보아 고정 장치의 파손 및 볼트 풀림 등 설치상태를 점검하고 스위치를 on시켜 작동에 이상이 없어야 한다.

8-3. 전조등 · 후미등 · 차폭등의 작동

전조등 · 후미등 · 차폭등과 별도로 소등할 수 없는 구조이어야 한다. 스위치를 on시켜 작동에 이상이 없어야 한다.

8-4. 번호등의 바로 뒤쪽에서 광원이 직접 보이지 않는 구조이어야 한다.

육안을 통하여 점검한다.

8-5. 번호등의 조도

등록번호판 숫자위의 조도는 어느 부분에서도 8룩스(lux) 이상이어야 하며, 최고 조도점 2점의 평균조도는 최소 조도점 2점의 평균조도의 20배 이내이어야 한다. 또한 램프발광면의 가장 바깥부분과 등록번호판의 가장 먼점(2개 이상의 램프를 설치할 경우에는 각각의 램프가 비추도록 설계된 등록번호판의 가장 먼점)이 이루는 각(입사각을 말한다)은 8도 이상이어야 한다. 형식승인 또는 자기인증 등의 제원과 상이하지 않을 경우 육안에 따라 이상 유무를 점검한다.

9. 후미등의 검사기준 및 방법

9-1. 등광색은 적색으로 한다.

육안을 통하여 점검한다.

9-2. 차량중심선에 대하여 좌우대칭이 되어야 한다.

등화의 중심점은 공차상태에서 지상 35cm 이상 200cm이하의 높이가 되게 설치한다. 형식승인 또는 자기인증 등의 제원과 상이하지 않을 경우 육안에 따라 이상 유무를 점검한다. 필요시에는 차량중심선에 직각인 방향으로 줄자를 이용하여 점검한다.

9-3. 후미등의 점검

후미등은 정위치에 견고히 부착되어 작동에 이상이 없고, 손상이 없어야 한다. 육안 및 흔들어 보아 고정 장치의 파손 및 볼트 풀림 등 설치상태를 점검하고 스위치를 on시켜 작동에 이상이 없어야 한다.

9-4. 1등당 광도는 2cd 이하이어야 한다.

형식승인 또는 자기인증 등의 제원과 상이하지 않을 경우 육안에 따라 이상 유무를 점검한다.

10. 제동등의 검사기준 및 방법

10-1. 등광색은 적색으로 한다.

육안을 통하여 점검한다.

10-2. 차량중심선에 대하여 좌우대칭이어야 한다.

등화의 중심점은 공차상태에서 지상 35cm 이상 200cm 이하의 높이로 설치한다. 형식승인 또는 자기인증 등의 제원과 상이하지 않을 경우 육안에 따라 이상 유무를 점검한다. 필요시 차량중심선에 직각인 방향으로 줄자를 이용하여 점검한다.

10-3. 제동등의 점검

제동등은 정위치에 견고히 부착되어 작동에 이상이 없고, 손상이 없어야 한다. 육안 및 흔들어 보아 고정 장치의 파손 및 볼트 풀림 등 설치상태를 점검하고 스위치를 on시켜 작동에 이상이 없어야 한다.

10-4. 제동등이 점등될 경우

주제동장치를 조작할 때에 점등이 되고, 제동조작을 해제할 때까지 지속적으로 점등상태를 유지하여야 한다. 브레이크 페달을 밟아 점등상태를 점검한다.

10-5. 제동등의 1등당 광도

1등당 광도는 40cd 이상 420cd 이하이고, 다른 등화와 겸용하는 제동등은 제동조작을 할 경우 그 광도가 3배 이상으로 증가하여야 한다. 또한 등화의 중심점을 기준으로 자동차외측의 수평각 45도에서 볼 때에 투영면적이 1등당 12.5㎠ 이상이어야 한다. 단 후부반사기와 겸용하는 경우에는 후부반사기의 면적을 제외한다. 그리고 1등당 유효 조광면적은 22㎠ 이상이어야 한다. 형식승인 또는 자기인증 등의 제원과 상이하지 않을 경우 육안에 따라 이상 유무를 점검한다.

11. 승용자동차 보조 제동등의 검사기준 및 방법

11-1. 승용자동차는 보조 제동등을 1개를 설치 가능

육안을 통하여 점검한다.

11-2. 등광색은 적색으로 한다.

육안을 통하여 점검한다.

11-3. 보조 제동등의 설치 위치

등화의 중심점은 자동차의 뒷면 수직중심선상에 위치하되 제동등보다 높이 위치에 설치한다. 뒷유리의 아래에 설치할 경우에는 등화렌즈의 어떤 부분도 뒷유리 아래로 7.5cm보다 낮게 설치하지 않는다. 컨버터블 자동차의 경우에는 뒷유리 아래로 15cm보다 낮게 설치하지 않는다. 형식승인 또는 자기인증 등의 제원과 상이하지 않을 경우 육안에 따라 이상 유무를 점검한다. 필요시 줄자 또는 곧은자를 이용하여 점검한다.

11-4. 보조 제동등의 점검

보조제동등은 정위치에 견고히 부착 되어 작동에 이상이 없고, 손상이 없어야 한다. 차실 안에 설치할 경우에는 운전자에게 비추는 직접 또는 간접적인 반사빛의 양을 최소화 할 수 있는 구조이어야 한다. 육안 및 흔들어 보아 고정 장치의 파손 및 볼트 풀림 등 설치상태를 점검하고 스위치를 on시켜 작동에 이상이 없어야 한다.

11-5. 보조 제동등이 점등되는 경우

주제동장치를 조각할 때에 점등이 되고, 제동조작을 해체할 때까지 지속적으로 점등상태를 유지하여야 하고, 다른 등화의 겸용하지 않는다. 브레이크 페달을 밟아 점등상태를 점검한다. 안개등, 후퇴등 등 다른 등화와 연동하여 작동되는 지를 점검한다.

11-6. 보조 제동등의 1등당 광도

1등당 광도는 25cd 이상 160cd 이하이어야 한다. 자동차의 수직중심선의 좌우수평각 45도에서 발광면이 보여야 하고, 등화렌즈의 유효 조광면적은 28㎠ 이상이어야 한다. 형식승인 또는 자기인증 등의 제원과 상이하지 않을 경우 육안에 따라 이상 유무를 점검한다.

12. 승합 · 화물 · 특수자동차 보조 제동등의 검사기준 및 방법

12-1. 승합 · 화물 · 특수자동차의 보조 제동등

승합 · 화물 · 특수자동차(너비가 20cm 미만이고 차량총중량이 4.5톤 이하)중에서 보조제동등을 설치할 수 있는 공간이 부족한 경우 뒷면 양쪽에 각각 1개씩을 설치할 수 있다. 육안을 통하여 점검한다.

12-2. 등광색은 적색으로 한다.

육안을 통하여 점검한다.

12-3. 양쪽에 설치된 보조 제동등의 경우 다음의 기준에 따라 설치할 것

- 각각의 등화의 중심점은 동일한 위치에 설치한다.
- 뒷면 수직중심선상에 최대한 가깝게 설치한다.
- 제동등보다 높은 곳에 설치한다.
- 형식승인 또는 자기인증 등의 제원과 상이하지 않을 경우 육안에 따라 이상 유무를 점검한다.

12-4. 승합 · 화물 · 특수자동차 보조 제동등의 점검

보조제동등은 정위치에 견고히 부착되어 작동에 이상이 없고, 손상이 없어야 한다. 차실 안에 설치할 경우에는 운전자에게 비추는 직접 또는 간접적인 반사빛의 양을 최소화 할 수 있는 구조이어야 한다. 육안 및 흔들어 보아 고정 장치의 파손 및 볼트 풀림 등 설치상태를 점검하고 스위치를 on시켜 작동에 이상이 없어야 한다.

12-5. 승합 · 화물 · 특수자동차 보조 제동등의 1등당 광도

1등당 광도는 25cd 이상 160cd 이하이어야 하며, 자동차의 수직중심선의 좌우수평각 45도에서 발광면이 보여야 한다. 또한 등화렌즈의 유효 조광면적은 28㎠ 이상이어야 한다. 형식승인 또는 자기인증 등의 제원과 상이하지 않을 경우 육안에 따라 이상 유무를 점검한다.

13. 방향지시등의 검사기준 및 방법

13-1. 등과색은 황색 또는 호박색으로 한다.

육안을 통하여 점검한다.

13-2. 방향지시등의 설치

차체 너비의 50% 이상의 간격을 두고 설치한다. 자동차의 앞 · 뒷면 양쪽 또는 옆면에 차량중심선을 기준으로 좌우대칭이 되고 등화의 중심점은 공차상태에서 지상 35cm 이상 200cm 이하의 높이가 되게 한다. 피견인자동차의 경우에는 앞면을 제외한다. 또한 옆면에 보조방향지시등을 설치할 경우에는 아래 기준에 적합하여야 한다.

자동차 길이	위치
6m 미만	가장 앞에서 200cm 이내
6m 이상	가장 앞에서 자동차 길이의 60% 이내

- 형식승인 또는 자기인증 등의 제원과 상이하지 않을 경우 육안에 따라 이상 유무를 점검한다. 필요시 차량 중심선에 직각인 방향으로 줄자 또는 곧은 자를 이용하여 점검한다.

13-3. 방향지시등의 점검

방향지시등 및 보조방향지시등은 정위치에 견고히 부착되어 작동에 이상이 없고, 손상이 없어야 한다. 육안 및 흔들어 보아 고정 장치의 파손 및 볼트 풀림 등 설치상태를 점검하고 스위치를 on시켜 작동에 이상이 없어야 한다.

13-4. 방향지시등의 1등당 광도

1등당 광도는 50cd 이상 1050cd 이하이어야 한다. 보조방향지시등의 경우에는 0.3칸델라 이상 100칸델라 이하이어야 한다. 차량중심선과 평행한 등화의 중심점을 기준으로 자동차 외측의 수평각 45도에서 1등당 투영면적이 12.5㎠ 이상이어야 하고, 등화의 유효 조광면적과 점멸횟수는 아래 표의 기준에 적합하여야 한다.

위치	유효조광면적(1등당)	점멸 횟수
앞면	22㎠ 이상	60~120회/분
뒷면	37.5㎠ 이상	

- 형식승인 또는 자기인증 등의 제원과 상이하지 않을 경우 육안에 따라 이상 유무를 점검한다.

13-5. 방향지시등의 점멸 또는 광도

초당 1회 이상 2회 이하의 일정한 주기로 점멸하거나 광도가 증감하는 구조이어야 한다. 형식승인 또는 자기인증 등의 제원과 상이하지 않을 경우 육안에 따라 이상 유무를 점검한다. 필요시 시계를 이용한 점멸 또는 광도 증감 상태 점검한다.

14. 비상점멸표시등의 검사기준 및 방법

14-1. 모든 비상점멸표시등은 동시 작동 구조이어야 한다.

육안을 통하여 점검한다.

14-2. 작동상태

비상점멸표시등은 시동스위치의 조작에 관계없이 점등 조작이 가능한 구조이어야 한다. 시동 전, 후 각각에 대한 작동상태를 육안을 통하여 점검한다.

14-3. 등광색, 설치위치, 설치상태, 광도

등광색, 설치위치, 설치상태, 광도 등은 '방향지시등'의 기준을 준용한다. 등광색, 설치위치, 설치 및 작동상태, 광도 등이 기준에 적합한지를 점검한다.

15. 후부반사기의 검사기준 및 방법

15-1. 후부반사기의 설치

자동차의 뒷면 양쪽에는 후부반사기를 설치하고, 옆면에는 보조반사기를 설치 할 수 있다. 형식승인 또는 자기인증 등의 제원과 상이하지 않을 경우 육안에 따라 이상 유무를 점검한다.

15-2. 후부반사기에 의한 반사광의 색상

다음기준에 적합하게 하여 육안을 통하여 점검한다.

- 후부반사기 : 적색
- 옆면 앞부분의 보조반사기 : 황색 또는 호박색
- 옆면 뒷부분의 보조반사기 : 적색 또는 호박색

15-3. 후부반사기의 높이

후부반사기의 중심점은 공차상태에서 지상 350mm~1500mm 이내의 높이가 되게 한다. 계측 도구(줄자등)을 이용하여 위치를 측정한다.

15-4. 후부반사기의 점검

후부반사기는 정위치에 견고히 부착되어 작동에 이상이 없고, 파손 등 손상이 없어야 한다. 또한 옆면의 보조반사기를 점등구조로 할 경우 견고히 부착되어 설치 및 작동상태에 이상이 없고, 파손 등 손상이 없어야 한다. 육안 및 흔들어 보아 고정 장치의 파손 및 볼트 풀림 등 설치상태를 점검하고 스위치를 on시켜 작동에 이상이 없어야 한다,

15-5. 반사부 규격

반사부는 3각형외의 형으로서 경형 및 소형자동차의 경우에는 1000㎟ 이상, 기타의 자동차의 경우에는 2000㎟ 이어야 한다. 형식승인 또는 자기인증 등의 제원과 상이하지 않을 경우 육안에 따라 이상 유무를 점검하고, 필요시 줄자 등을 이용하여 측정한다.

등화종류별 안전기준 정리

구분 / 등화	등광색	설치 높이	광도/조도	비고
전조등	백색	지상 50cm 이상 120cm 이내	2등식 : 15000cd 이상 4등식 : 12000cd 이상	1등당 112,500cd 이하
				총합 225,000cd 이하
앞면 안개등	백색/황색	지상 25cm이상 전조등보다 낮게	940~10,000cd 이하	보조 전조등

뒷면 안개등	적색	지상 25cm 이상 100cm 이하	150~300cd 이하	발광면은 제동등으로부터 10cm 이상 간격 유지
바닥조명등	백색		30cd 이하	정지상태에서만 점등되고, 주행시작 1분 이내에 소등될 것
후퇴등	백색/황색	지상 25cm 이상 120cm 이하	위 80~600cd 이하	후진 위치에서만 점등 75m 이내 지면을 비출 것
			아래 80~5000cd 이하	
차폭등	백색/황색/ 호박색	지상 35cm 이상 200cm 이하	위 4~125cd 이하	
			아래 4~250cd 이하	
번호등	백색		입사각 8도 이상 8lux 이상	전조등, 후미등, 차폭등과 별도로 소등할 수 없는 구조일 것
후미등	적색	지상 35cm 이상 200cm 이하	2~25cd 이하	
제동등	적색	지상 35cm 이상 200cm 이하	브레이크 페달 밟으면 점등, 40~420cd 이하	다른 등화(후미등)와 겸용일 경우 광도가 3배 이상일 것
보조 제동등	적색	제동등보다 높게	25~160cd 이하	
방향지시등	황색/호박색	• 지상 35cm 이상 200cm 이하 • 차체너비의 50% 이상 간격을 두고 설치	50~1050cd 이하	60~120회/분 점멸 앞면 조광면적 : 22㎠ 이상 뒷면 조광면적 : 37.5㎠ 이상
			보조는 0.3~300cd 이하	
후부반사기	적색	지상 35cm 이상 150cm 이하	야간 자동차 뒤쪽 100m 거리에서 전조등을 비출 경우 식별할 것	삼각형이외의 형으로서 경형/소형 자동차는 10㎠ 이상, 기타 자동차는 20㎠ 이상일 것

16. 등화장치에 관련한 기타 검사기준 및 방법

16-1. 자동차의 앞·뒷면은 다음 기준에 적합해야 함

육안을 통한 점검한다.

16-1-1. 앞면

- 적색의 등화, 반사기 또는 방향지시등과 혼동하기 쉬운 점멸등화 설치 금지
- 예외 : 화약류 운송자동차의 적색등화, 버스 및 어린이운송용 승합자동차 표시등 및 긴급자동차

16-1-2. 뒷면

- 제동등 및 방향지시등과 혼동하기 쉬운 등화
- 점멸하는 등화
- 예외 : 화약류 운송자동차의 적색등화 및 어린이운송용 승합자동차 표시등

16-2. 택시표시등은 다음 기준에 적합하여야 한다.

- 「여객자동차 운수사업법」에 따라 택시의 윗부분에는 택시임을 표시하는 설비를 설치한다. 택시표시등을 점등시키고 택시미터기를 작동시켜 점등상태를 점검한다.
- 빈차로 운행 중인 때에는 택시의 외부에서 빈차임을 알 수 있도록 하는 조명장치가 자동으로 작동되는 설비를 갖추어야하며 작동상태가 원활하고 파손 등의 손상이 없이 견고하게 설치되어야 한다. 육안을 통한 설치상태, 파손 등 손상 유무를 점검한다.

제 6 장 Chapter 6 미터기 검사(택시미터기의 사용점검)기준 및 방법

1. 근거 법규

미터기 검사에 관한 자동차관리법 제47조(택시미터의 검정), 시행규칙 94조, 제95조에 의거하여 택시요금미터를 사용하는 자는 국토교통부령이 정하는 바에 의하여 국토교통부장관의 검정을 받아야 한다.

2. 택시미터 검정의 종류

택시미터 검정의 종류에는 제작검정, 수리검정, 사용검정으로 분류할 수 있다.

2-1. 제작검정

제작검정은 택시미터를 제작 또는 수입한 때에 실시하는 검정이다.

2-2. 수리검정

택시미터에 대하여 다음과 같은 수리에 해당하는 행위를 한 때에 실시하는 검정이다.

- 자동차 변속기의 교체 또는 수리하는 경우와 지름이 다른 타이어로 교체하는 경우이다.

2-3. 사용검정으로서

자동차의 정기검사 시 실시하는 검정과 여객자동차 운수사업법 시행규칙에 의하여 차령연장을 위한 검사 시 실시하는 검정이다.

3. 사용검정의 검사항목 및 검사방법

자동차 검사 및 점검 시행요령 등에 관한 규정에 따르면 봉인이 탈락되지 아니하고 겉모양이 파손되지 않고 표기 및 표시가 확실하게 부착되어 있어야 한다. 위의 구조검정 기준에 적합한 것에 대하여는 주행검사를 시행하여 택시미터 기본거리와 이후 거리의 허용 오차(주행검사 +5%, -1%) 이내에 있어야 한다. 그러므로 검정봉인의 파손, 요금 장치의 변경, 새로운 기능의 추가, 기타 국토교통부장관이 정하는 사항에 해당하는 경우에는 검정불합격 처분하여야 한다.

4. 택시미터의 주행검사 조건

택시미터 주행검사조건은 다음과 같다.

① 택시의 적재하중은 운전자를 포함하여 성인 3명의 체중에 상당한 것으로 하며, 1사람당 체중은 60kg으로 한다.

② 타이어 내압은 자동차제조회사에서 지정한 타이어 압력의 ±10%로 하며, 하나의 축에 장착한 좌우의 타이어 내압은 같아야 한다.

③ 자동차는 자체동력(또는 정치식 주행검사 장치)으로 평탄한 직선코스로 40~60km/h의 속도로 이동하여야 한다.

5. 택시미터 주행검사의 세부 내용

5-1. 택시미터 검사 방법

① 검사 대기화면에서 [차종] 및 [검사T]를 선택한다.

② 차량이 속도계시험기의 포토센서를 가린 후, 일정한 시간이 지나면 "브레이크를 놓으십시오"라는 메시지와 함께 리프트가 하강을 시작하며, 완전히 하강하면 "천천히 출발 해야한다" 메시지가 나타난다.

③ 롤러에서 검출되는 거리가 5km/h이상이 되면 "기본거리를 신고해야한다" 메시지가 표시된다.
④ 롤로에서 검출되는 거리가 기본거리의 ±5%이내가 되면 부저가 울리기 시작하며, 리모컨을 이용하여 기본거리를 신고하면 부저의 울림이 멈추고 기본거리에 대한 적 · 부 판정을 내리며 이후거리를 계산한다.
⑤ 롤러에서 검출된 거리가 이후거리의 ±5%이내일 때 부저가 울리기 시작하며, 리모컨을 이용하여 이후거리를 신고하면 부저의 울림이 멈추고 이후거리에 대한 적 · 부 판정을 내린다.
⑥ 신고한 거리가[부적합]일 경우에는 "다시 한 번"이 깜빡인 뒤, "브레이크를 천천히 밟으십시오."가 표시되고 롤러의 회전이 멈춘 뒤 다시 검사를 시작한다.
⑦ 신고한 거리가 적합일 경우에는 [적합]이 표시된 뒤, "브레이크를 천천히 밟으십시오."라는 메시지가 표시되고 롤러의 회전속도가 5km/h이하가 되면 리프트가 상승하기 시작한다.
⑧ 만약, 속도계의 검사를 같이할 경우에는 주행검사에 대한 [적합]이 표시된 뒤, "40km/h에서 신고버튼을 누르십시오."라는 메시지가 표시되고 속도계 검사를 시행한다.

[주행거리 시험기]

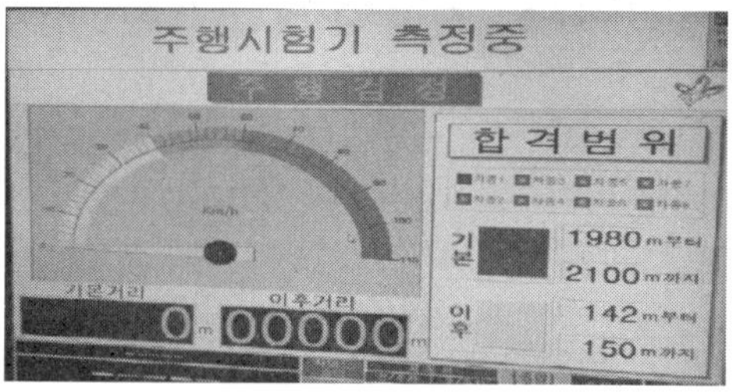

[주행거리 시험기 모니터]

5-2. 택시미터검정확인서의 발급

검정을 시행한 결과 검정에 합격한 경우에 택시미터소유자로부터 검정확인을 요청받은 때에는 검정기관은 택시미터 제작 · 수리 · 사용 검정확인서(별지8)를 발행하여야 한다.

5-3. 검정결과 보고

검정기관은 검정을 시행한 때에는 별첨 서식의 택시미터검정결과보고서를 매월 작성하여 익월 7일 이내에 자동차 사용본거지를 관할하는 시·도지사(제작검정의 경우에는 국토교통부장관)에게 보고하여야 한다.

5-4. 택시미터검정 합격필증 부착

검정을 시행한 결과 검정기준 등에 적합한 경우에는 검정 합격필증을 택시미터 외함의 보기 쉬운 곳에 붙인다.

<table>
<tr><td colspan="5">택시미터 □ 제작 □ 수리 □ 사용 검정확인서</td></tr>
<tr><td rowspan="3">신청인</td><td>상호(명칭)</td><td></td><td>자동차등록번호</td><td></td></tr>
<tr><td>성명(대표자)</td><td></td><td>주민등록번호</td><td></td></tr>
<tr><td>주소</td><td colspan="3">(전화번호 :)</td></tr>
<tr><td rowspan="2">검정내역</td><td>형식</td><td>제작번호</td><td>검정일자</td><td>적합여부</td></tr>
<tr><td></td><td></td><td></td><td></td></tr>
<tr><td colspan="5">자동차검사 및 점검 시행요령 등에 관한규정 제26조제3항의 규정에 의하여 위와 같이 검정확인을 받고자 신청한다.
년 월 일
신청인 (서명 또는 인)</td></tr>
<tr><td colspan="5">위 사실을 확인한다.
년 월 일
교통안전공단 부산해운대 자동차검사소장 (인)
검정불합격처분을 받은 택시미터기 소유자는 규칙 제95조 제1항 제2호에 의한 수리검정을 다시 받아야 한다.</td></tr>
</table>

<table>
<tr><td colspan="4">택시미터 검정 결과(합 · 불)</td></tr>
<tr><td rowspan="2">구조검정</td><td>겉모양</td><td colspan="2">□ 적합 □ 부적합</td></tr>
<tr><td>표기 및 표시</td><td colspan="2">□ 적합 □ 부적합</td></tr>
<tr><td rowspan="4">기차검정</td><td>구분</td><td>기본거리</td><td>이후거리</td></tr>
<tr><td>기준</td><td></td><td></td></tr>
<tr><td>검출치</td><td></td><td></td></tr>
<tr><td>판정</td><td>□ 적합 □ 부적합</td><td>□ 적합 □ 부적합</td></tr>
<tr><td colspan="2">검정시행자</td><td colspan="2">교통안전관리공단 부산해운대 자동차검사소장
(인)</td></tr>
</table>

5-5. 검정신청접수

① 택시미터검정신청서를 접수한 때에는 신청사항이 적합한지 확인하고 택시미터검정 신청서 접수대장에 기록하여야 한다.

② 검정신청서 및 택시미터검정신청서 접수대장은 검정을 완료한날의 달이 속하는 다음달부터 2년간 보존하여야 한다.

5-6. 택시미터검정 불합격자동차의 처리

택시미터검정결과 불합격한 택시는 즉시 시 · 도지사(시장 · 군수 · 구청)에게 FAX등을 이용하여 보고하여야 한다.

5-7. 택시미터사용검정일지의 작성

택시미터 사용 전문검정기관(지정정비사업자)은 택시미터 검정내역의 일지를 작성해야 한다.

6. 택시미터 주행검사기의 점검

① 주 전원의 연결 후 전원 스위치(S/W)를 ON하고 부팅상태 점검한다.

② 저장된 검사기준이 적합한지 확인한다.

③ 분해와 검출용 센서의 연결 상태를 점검한다.

④ 속도계롤러와 감지센서의 정상 작동여부 점검한다.

⑤ 롤러가 회전 시 응답량이 정상적으로 표시되는지 확인한다.

PART 05

제5편

[자동차 배출가스 정밀검사]

제1장 | 자동차 배출가스 정밀검사 준비 및 장비교정

제2장 | 자동차 배출가스 정밀검사 시행

제3장 | 경유자동차 부하검사 방법(KD-147 모드)

제 1 장 Chapter 1 자동차 배출가스 정밀검사 준비 및 장비교정

1. 검사 준비

1-1. 로그인

배출가스 검사초기화면의 검사소명과 현재 날짜 및 시간을 확인하고 이상이 없으면 로그인 버튼을 누른다. 현재 날짜와 시간이 상이하면 windows 프로그램의 시간설정을 조정한다.

- ID : 로그인은 주전산기로부터 승인 받은 ID만으로 접속이 되고 로그인 절차는 전산온라인 절차와 동일하다.
- 암호 : 틀린 비밀번호를 3회 이상 입력하면 로그인이 제한되므로 유의하여야 한다. 로그인이 제한되면 전산실의 관리자에게 접속허용을 요청하여 접속을 허가 받은 후 사용 가능하다.

1-2. 운영모드

로그인에 성공하면 자동으로 운영모드로 전환된다. 운영모드는 배출가스검사를 시행하기 위한 초기화면이다.동력계, 매연측정기, 배출가스 분석기의 최근 교정일자 및 차기 교정일자, 장비의 현재 상태를 표시한다. 만일 차기교정일자와 현재일자가 일치하면 장비교정버튼을 눌러 해당 장비를 교정해야 한다. 이 교정장치는 공단 주전산기로 자동 전송되어 기록한다.

1-2-1. 장비교정

- 주간/월간 점검 시나 필요시 장비를 교정할 수 있다.
- 장비교정 및 관리 참조

1-2-2. 재로그인

검사원이 교대되었을 경우 재로그인 하면 화면 전환 없이 재접속이 가능하다.

1-2-3. 동력계 예열

- 예열속도와 시간이 현재의 화면에서 표시되고 예열이 진행된다.
- 차대동력계 : 예열버튼을 눌러 예열을 실시한다. 동력계예열은 롤러 구동용전동기로 롤러를 50km/h의 속도로 5분간 예열이 진행된다. 전동기로 롤러를 구동할 때는 경광등이 경고음과 함께 작동되고 검사원은 안전펜스 등의 안전조치를 하여야 한다. 장비예열이 끝나면 자동으로 코스트다운 시간을 측정한다.

1-2-4. 검사모드

배출가스 검사를 하려면 검사모드버튼을 누른다.

1-3. 코스트다운 점검

코스트다운은 일상점검사항이므로 검사를 시작하기 전에 반드시 점검해야 한다. 만일 코스트다운점검에 부적합 되면 손실마력교정을 실시하여 한 번 더 코스트다운을 실시해야 한다.

1-3-1. 코스트다운 절차

8.0PS~18.0PS 사이의 임의의 값을 IPS 란에 입력한 후 시험 시작버튼을 누르면 모터가 구동되며 시험이 시작된다. 속도가 약 65km/h가 되면 동력계는 부하를 증가시킨다. 속도가 45km/h에서 35km/h로 변하는 동안의 시간을 측정하여 실제 코스트다운 시간과 계산된 코스트다운 시간의 차이를 표시한다. 속도를 입력하여 원하는 속도구간에의 코스트다운 시간을 계산 및 측정할 수 있다. 코스트다운 시간 오차의 허용범위는 ±7%이다. 화면에는 현재속도, ACDT, 모드시간 등이 표시된다. 시험 중지 버튼을 누르면 시험이 중지되고 시험이 중지되어 있을 경우 이전화면 버튼을 누르면 초기화면으로 돌아간다.

1-4. 검사차량 선택

코스트다운 점검에 실시한 후 운영모드에서 검사모드 버튼을 누르면 검사모드화면으로 전환된다. 리스트에는 관능 및 기능검사에 합격한 차량만이 나열된다.

1-4-1. 대상차량검색

관능 및 기능검사차량의 리스트가 많을 경우 검색기능을 이용하여 쉽게 찾을 수 있다. 차량 접수 번호나 등록 번호를 입력한 후 검색버튼을 누르면 시험할 검사차량의 정보가 리스트에 표시되고 리스트에서 시험할 검사차량 정보가 표시되어 있는 열을 더블 클릭 하면 검사 차량정보 화면으로 전환된다. 운영 모드 버튼을 누르면 운영모드로 전환되고, 전체 리스트 버튼을 누르면 관능 및 기능 검사 결과 적합 된 차량 리스트를 모드 표시한다.

1-4-2. 재로그인

시험 중 검사원이 교대 될 경우 재로그인 버튼을 누르면 화면 전환 없이 재접속이 가능하다.

1-4-3. 리프트상승/하강

필요시 리프트를 수동으로 상승 또는 하강시킬 수 있다. 자동차를 답판 위에 올릴 수 있도록 리프트를 상승시키고 리스트에서 검사할 차량을 선택한 후 확인 버튼을 누르면 검사차량 정보 화면으로 전환된다.

1-4-4. 전체리스트

전체 리스트 버튼을 누르면 관능 및 기능 검사 결과 접수된 차량 리스트를 모두 표시한다.

1-5. 검사 차량 제원 확인

해당 차량을 선택하면 해당차량의 기본 정보와 제원, 배출가스 허용기준, 부하마력 설정을 위한 정보입력 필드가 표시된다.

1-5-1. 정보수정

접수번호, 등록번호, 차명, 소유자 성명(상호), 검사방법을 표시하는 검사차량 기본정보와 차량 중량, 차량 총중량, 부하마력, 배기량, 정격출력, 정격 회전수, 연식을 표시하는 검사차량 제원 정보는 검사모드를 시작하는데 필수적인 정보이므로 잘못된 값이나 누락된 값이 있을 경우 관능기능검사에서 수정하여야 한다.

1-5-2. 수동 입력

ASM 모드에서 부하마력이 공란일 경우는 측정대상자동차의 차량중량이 자동차등록증과 전산정보처리조직에 기록되어 있지 않는 차량이므로 다음의 사항을 "부하마력설정을 위한 정보입력"란에 수동으로 입력하면 아래의 부하마력이 설정된다.

자동차 종류 \ 실린더 수	3	4	5~6	8	〉8
승용자동차	6.7	9.5	11.5	13.7	13.3
8인 이하 승합자동차	8.8	11.7	13.2	14.9	15.3
9인 이상 승합 및 일반 화물자동차	8.0	10.9	13.6	16.0	17.8
다목적형자동차	8.8	11.2	12.9	16.1	17.8
밴형화물자동차	9.0	11.6	14.7	16.3	17.2

1-6. 검사 차량 이동

1-6-1. 부하검사 대상

자동차를 동력계로 이동하여 차량의 구동바퀴를 동력계의 답판 위에 위치시킨다.

1-6-2. 무부하검사 대상

배기관이 배출가스측정기(매연측정기)를 설치하기 좋은 위치에 오도록 차량을 위치시킨다. 롤러를 통과할 때는 장비에 충격이 가지 않도록 가능한 천천히 진입하여야한다.

1-7. 차량 편향 조정

차량이 답판 위에 정확히 위치하면 리프트를 하강시키고 리프트가 완전히 하강하면 자동차를 천천히 구동하여 자동차 중심선이 롤러와 직각방향이 되도록 정대 시킨다.

1-8. 안전장치 및 측정 장치설치

1-8-1. 시동을 끄고 구동바퀴의 타이어 공기압을 적정수준으로 맞춘다.

타이어의 상태가 과도하게 마모된 경우 안전을 위해서 부하검사를 실시하여서는 안 된다.

1-8-2. 송풍기를 차량의 전면에서 1~2m 이격하여 설치한다.

- 송풍기는 모드가 시작되면 자동으로 작동하므로 주의하여야 한다.
- 촉매변환기에 바람이 직접 닿지 않도록 송풍방향을 조정한다.
- 무부하 검사는 송풍기가 작동하지 않으므로 설치를 하지 않는다.

1-8-3. 전방이탈방치장치와 바퀴받침대를 설치한다.

- 후륜구동차량 : 자동차 후방의 견인 고리에 체결한다. 소형화물차등의 견인 고리가 없는 차량은 좌우 스프링의 끝단에 체결한다.
- 전륜구동차량 : 자동차 후방의 견인 고리에 체결하고 자동차 전방의 견인고리에는 좌우가 교차되게 설치한다.

  ※ 적재함고리나 번호판 설치대는 강도가 약하므로 절대 이용하지 말 것

1-8-4. 엔진회전수 측정기와 엔진오일측정기(옵션)을 설치한다.

- 엔진회전수 측정기는 4가지 모드에 모두 장착한다.
- 엔진회전수측정은 Lug-Down, 무부하정지가동, 무부하급가속모드에서는 모드 구성 시 꼭 필요한 요소이지만, ASM에서의 단지 3단 기어로 주행하는지를 확인하는 참고사항이다.
- 자동차의 과열이 우려되는 경우에는 엔진오일 측정기를 연결하면 검사 중 엔진의 과열상태를 확인 할 수 있다. 검사 중 엔진오일온도가 140℃를 초과하면 냉각계통에 문제가 있는 차량이므로 검사를 중지할 것을 권장한다.

1-8-5. 배출가스 분석기(매연측정기)를 설치한다.

차량의 시동이 정지된 상태에서는 배출가스분석기(매연측정기)를 설치하여도 영점교정에는 영향을 미치지 않으므로 미리 설치해 두어도 무방하다.

1-8-6. 매연포집장치를 배기관 끝단에 설치하고 시동을 켠다.

- 호퍼형 : 배기관이 차체외부로 노출되지 않은 경우와 휘발유사용자동차의 배기가스 포집
- 배기관 고정형 : 배기관이 차체외부로 노출된 경우와 경유사용자동차의 매연포집

1-9. 카메라 조정

제어실내의 리모콘을 이용하여 자동차가 화면의 50%이상 차지하고 번호판과 배기관의 끝단이 나타나도록 카메라 위치와 줌을 조정한다. 사진은 검사가 진행되면 자동으로 검사시작 및 종료시점에서 각 1장 씩 촬영된다.

1-10. 차량정보 및 측정기 상태 확인

1-10-1. 차량제원 및 정보 확인

검사 모드 화면에서 선택한 차량 제원 및 측정기의 현재 상태가 표시된다. 차량 제원 및 정보를 확인한 후 검사 시작 버튼을 누르면 설정모드에 표시된 검사 화면으로 전환된다.

1-10-2. 측정기 상태확인

만일 측정기의 상태가 적색이면 검사시작이 되지 않으므로 측정기 통신계통을 확인하여 온라인 상태가 되도록 점검한다.

2. 자동차 배출가스 정밀검사 장비

배출가스 정밀검사 장비를 검교정하고 차대동력계의 성능을 점검할 수 있다. 장비를 교정하기 위해서는 운영모드에서 장비교정을 선택해야 한다.

2-1. 장비관리

장비교정모드에서는 동력계 교정, 매연측정기 교정, 배출가스 측정기 교정을 할 수 있다. 동력계 교정과 관련하여 로드셀 교정, 손실마력 교정, 코스트다운 교정 항목이 있다. 운영모드로 전환버튼을 누르면 운영모드로 화면이 전환된다.

2-2. 장비교정

2-2-1. 동력계 교정

동력계 로드셀 토크 교정 화면이다. 저장되어 있는 동력계의 영점 값과 스팬 값을 불러오거나 새롭게 설정할 수 있다. 영점 버튼을 누르면 토크의 영점을 설정한다. 토크 암을 동력계

위에 설치한 후 동력계 모터가 위치한 방향으로 분동 4개를 암 위에 올려놓는다. 스팬(+) 버튼을 눌러 스팬교정을 한다. 저장값 필드의 토크 스팬(+)란에 값이 보일 것이다. 마찬가지로 동력계 모터가 위치한 반대방향으로 분동 전부 4개를 암 위에 올려놓고 스팬(-) 버튼을 눌러 스팬교정을 한다. 저장값 필드의 토크스팬(-) 란에 값이 보일 것이다.

동력계를 정지한 상태에서 최대토오크의 0%, 20%, 40%, 60%, 80%에 해당하는 분동을 로드셀에 부여한다. 이때 각 교정점에서 토오크를 연속 3회 측정한 후, 그 평균값을 계산하여 다음 식에 의해 계산된 토오크 값과의 오차를 구한다.

$$계산\ 토오크(kgf.m) = 토오크\ 아암\ 길이(m) \times 분동무게(kgf)$$

토크암을 설치하고 분동을 위치시킨 후 최대토크와 분동무게를 입력하면 계산 토크값(목표토크값)이 화면에 표시된다. 측정버튼을 누르면 측정값이 나타나고 3회 측정을 수행하면 측정 평균값과 오차가 자동 계산되어 화면에 표시된다. 이와 같은 과정을 20%, 40%, 60%, 80% 분동을 올려놓고 반복하여 평균 측정 토크값을 구한 후 계산 토크값과 비교한다. 허용오차는 최대 토크의 ±1%이다.

2-2-2. 배출가스측정기 교정

배출가스 측정기 교정모드 화면이다. ZERO 버튼을 누르면 배출가스 측정기의 영점교정을 수행한다. Span 교정은 두 번 수행한다. HC, CO, CO_2 교정가스를 연결한 후 Span(HC, CO, CO_2)버튼을 누르면 Span 교정을 수행한다. NO 교정가스를 연결한 후 Span(NO) 버튼을 누르면 Span교정을 수행한다. RESET 버튼을 누르면 배출가스 측정기 상태를 초기화한다. PUMP ON 버튼을 누르면 배출가스 측정기 펌프를 동작시킨다. 수분배기 시작을 누르면 배출가스 측정기의 수분배기를 약 10초간 수행한다. 교정이 끝난 후 이전화면을 누르면 교정모드 초기 화면으로 전환된다. NOx센서의 작동온도는 10~45℃의 범위이며 주기가 되면 "교체필요" 메시지를 나타낸다.

2-2-3. 매연측정기점검

표시 값 초기화 버튼을 누르면 화면이 초기화된다. 교정 시작 버튼을 누르면 매연측정기의 영점 교정을 시작하고 필터값 측정 시작버튼을 누르고 표준필터 삽입구에 순차적으로 표준필터를 삽입하면 20ms 단위로 매연측정기의 데이터를 받는다. RESET 버튼을 누르면 매연측정기 상태가 대기모드로 전환된다. 매연측정기는 자체교정이 되지 않고 표준필터로 측정값을 확인하는 기능밖에 없다. 만약 표준필터 측정값의 오차가 심하면 매연측정기를 수리하여야 한다.

2-3. 장비유지관리

2-3-1. 주유

(단위 : 주)

구분	운전 속도(RPM)							
운전시간(하루)	1~250	251~500	501~750	751~1000	1001~1500	1501~2000	2001~2500	2501~3000
8	12	12	7	7	5	4	3	2
16	12	7	4	4	2	2	1	1
24	10	5	2	2	1	1	1	1

- 40km/h 기준 운전속도 : 1256rpm
- 70km/h 기준 운전속도 : 2198rpm

권장유체			
구분	제조사	명칭	설명
그리이스	Mobil	Mobilith AW2	· 모든 일반적인 베어링에 사용 · 다목적, 리튬-합성 그리이스 · 먼지나 부식 등에 특히 강함 · 매끄럽고 끈끈함 · 녹색
	한국 셀 석유	Shell Darina Grease R2	· 모든 일반적인 베어링에 사용 · 고온 윤활성, 광범위한 사용온도, 황토색
오일	Mobil	SHC 634	· 모든 기어박스에 사용 · 합성 윤활 오일
부식방지제	Sprayon	#710 DPRP	· 모든 반짝이는 금속부품에 사용 · 소금물과 높은 습도의 대기에서 큰 보호력을 제공하는 필름을 사용하여 많은 양의 물을 배수시킴 · 실리콘을 함유하지 않음. · 접근이 불가능한 지역에 침투하여 윤활 역할을 할 수 있음. · 석유 용제로 쉽게 제거할 수 있음

그리스주입은 PAU, 롤러, 전동기 지지축 베어링에 오염된 그리스가 배출될 때까지 주유하되 너무 많이 주유하지 않는다.

2-3-2. 공압 설비확인

공기 공급 라인은 80psi에서 120psi 사이의 공기를 공급해야 한다. 수분분리기의 상태와 정압기의 설정압력이 80psi인지 확인한다.

2-3-3. 베어링

동력계를 작동하는 동안 온도의 변화는 시스템에서 다양한 항목에서 선형적인 확장 또는 수축을 일으킬 수 있다. 비 팽창식 베어링은 스러스트 부하를 조절하고 주변 장치를 고정하기 위하여 고정 베어링이 사용된다. 베어링의 지지볼트와 셋 스크류의 상태를 확인한다.

2-3-4. 기어 커플링

기어 이 커플링은 주요 하위 구성 품들 사이에서 토크를 전달하고 하위 구성품들이 dyno로부터 쉽게 제거될 수 있게 하며, 구동 라인 부품들에게 엔드 플로트(end float)뿐 아니라 약간의 오프셋과 정렬이 약간 잘못되는 것은 가능하게 할 수 있도록 dyno의 구동 라인에 사용된다. 커플링의 정열상태와 셋 스크류의 고정 상태를 확인한다.

2-4. 시스템관리

주 화면에서 ID와 암호를 입력한 후 시스템 관리 모드로 접속한다. 시스템 관리모드는 환경설정, 허용기준설정, 사용자등록, 로그아웃, 프로그램 종료로 기능들이 구성되어 있다.

2-4-1. 시스템 환경 설정

(1) 장비등록정보

주 화면에서 제일 상단에 있는 환경설정을 누르면 시스템 환경 설정 및 검사장비 성능관리, 감독 환경설정 화면이 표시된다. 검사 장비 정보란에는 항목, 장비일련번호, 제작번호, 교정 일자, 교정 결과, 수정한 사람, 교정용품관리, 교정결과 전송 여부를 표시한다. 이 정보를 수정할 시, 원하시는 항목을 더블클릭 하면 검사장비 환경설정 대화상자가 표시되며, 원하시는 레코드를 수정하신 후 확인을 누르시면 바로 수정한 결과가 주 화면에 반영되어 표시된다. 수정한 결과를 취소하시면 정보는 변하지 않는다.

(2) 사용자 및 검사소등록

검사원과 검사책임자를 구분하여 사용자등록을 한다. 입력된 사항을 수정하려면 “수정” 버튼을 눌러 수정할 수 있다.

2-4-2. 동력계 성능점검

다음과 같이 동력계의 성능을 시험할 수 있으며 시험 결과에 따라 동력계를 운행차 배출가스 중간검사용 장비로서 사용할 수 있는지 여부를 판단할 수 있다. 초기화면은 동력계 성능시험을 위한 10가지의 명령버튼과 리프트 상승, 리프트 하강, 결과 인쇄 및 프로그램 종료 등의 명령버튼을 가지고 있다.

동력계 성능시험으로는 동력흡수장치의 부하동력 설정시험, 관성중량 부여장치, 기본관성중량시험, 구동장치시험, 차량속도 측정시험, 엔진회전수 측정오차 시험, 모의관성(ISE)시험, 부하응답성 시험, 부하 측정시험, 손실마력 검증시험, 코스트다운 시험으로 이루어진다.

(1) 구동장치 시험

구동용 전동기를 사용하여 최대 50km/h까지 올라가는 데 걸리는 시간을 연속 3회 측정한 후 평균값을 계산한다. 허용 시간은 5분이다. 시험 시작버튼을 누르면 동력계 모터가 구동되며 속도가 50km/h가 되면 자동으로 모터를 정지시킨다. 이때까지 시간이 화면에 표시되며 이와 같은 과정을 3회 반복한 후 평균값을 계산한다. 시험 중지 버튼을 누르면 시험이 중지되고 시험이 중지되어 있을 경우 이전화면 버튼을 누르면 초기화면으로 돌아간다.

(2) 모의관성(ISE)시험

동력계 속도 15km/h 에서 95km/h 사이에서 다음 식에 의해 실시간에 의해 연속적으로 계산되어야 하며, 검사 차량에 의해 설정된 관성중량(IWS)의 3%를 초과하여서는 안된다.

$$ISE=[(IWS - It)/IWS]100 = Im + (1/V)\int_{0}^{t}(Fm - Fri)dt$$

차량중량을 입력한 후 시험 시작버튼을 누르면 설정관성중량이 계산되고 시험이 시작된다. 운전자는 차량을 15km/h 에서 95km/h로 운전하고 그때의 모의관성오차를 계산하고 화면에 그래프 및 값으로 표시한다. 시험 중지 및 판정 버튼을 누르면 시험이 중단되고 현재까지 모의관성오차가 허용기준(3%)를 초과했는지 여부를 확인하고 결과를 판정한다.

(3) 손실마력 검증시험

동력계 부하동력(지시마력)을 0으로 설정하여 롤러속도 40km/h에서 동력계의 손실마력을 측정하고 다음 식에 의해 계산된 손실마력과의 오차를 구한다.

$$손실마력(PS)_{40} = \frac{\left(\frac{0.5 \times DIW}{9.8}\right) \times \left(V_{45}^2 - V_{45}^2\right)}{75 \times ACDT_{40}}$$

기본관성중량을 입력한 후 시험 시작버튼을 누르면 모터가 구동되며 시험이 시작된다. 70km/h이상 모터로 롤러속도를 증가시킨 후 모터를 정지시킨 후 동력계에 부하를 걸지 않은 상태로 서서히 정지하도록 만듭니다. 속도가 45km/h에서 35km/h까지의 내려가는 데 걸리는 시간을 측정하여 손실마력을 계산한다. 이 값과 동력계에 내장되어 있는 값을 비교한다. 손실마력의 허용오차는 ±0.25PS이다. 속도 값을 입력하여 원하는 구간에서의 손실마력을 계산할 수 있다. 화면에는 현재속도, ACDT, 모드시간 등이 표시된다. 시험 중지 버튼을 누르면 시험이 중지되고 시험이 중지되어 있을 경우 이전화면 버튼을 누르면 초기화면으로 돌아간다. 그래프 보기 버튼을 누르면 동력계의 측정 손실마력 데이터를 불러온다.

(4) 차량속도 측정시험

광센서 속도계 또는 기타 다른 방법의 속도계를 이용하여 롤러속도를 동력계의 속도계와 동시에 연속 3회 측정하여 그 평균값으로 한다. 차량 속도를 일정하게 유지한 후 측정버튼을 누르면 동력계 속도계의 현재속도가 측정 속도 1회란에 기록된다. 동시에 광센서 속도계로 측정한 값을 기준속도 1회란에 입력한다. 이와 같은 과정으로 3회 측정하면 측정 평균값이 자동 계산되고 3회 기준속도를 모두 입력하면 오차계산버튼이 활성화된다. 오차 계산버튼을 누르면 측정평균값과 기준속도 평균값의 오차가 계산되어 화면에 표시된다. 기준속도와 측정속도의 최대 허용 오차범위는 ±0.5km/h이다. Reset 버튼을 누르면 현재까지 화면에 표시된 시험결과를 삭제하며 다시 처음부터 측정할 수 있는 상태로 돌아간다. 이전화면 버튼이 활성화되었을 때 이전화면 버튼을 누르면 초기 메뉴화면으로 돌아간다.

(5) 코스트다운 시험

동력계의 속도 증가는 롤러구동용 전동기를 사용하여야 하며, 동력계의 부하동력(IPS)은 8.0PS~18.0PS에서 45km/h~35km/h에서의 코스트다운 시간을 측정하여 최근 코스트다운 시간과의 각각의 오차를 구하고, 다음 식에 의해 계산된 코스트다운 시간과의 오차율을 구한다.

$$코스트다운시간오차율(PS) = \frac{(ACDT - CCDT)}{CCDT_{\frac{(V_i + V_j)}{2}}}$$

단, 동력계 롤러속도 V_i에서 V_j의 코스트다운 시간은 다음 식에 의해 구한다.

$$CCDT_{\frac{(V_i+V_j)}{2}} = \frac{\left(\frac{0.5 \times DIW}{9.8}\right) \times \left(V_i^2 - V_j^2\right)}{75 \times \left(ISP_{\frac{(V_i+V_j)}{2}} + PLPS_{\frac{(V_i+V_j)}{2}}\right)}$$

8.0PS~18.0PS 사이의 임의의 값을 IPS 란에 입력한 후 시험 시작버튼을 누르면 모터가 구동되며 시험이 시작된다. 속도가 약 65km/h가 되면 부하를 증가시킨다. 속도가 45km/h에서 35km/h로 변하는 동안의 시간을 측정하여 실제 코스트다운 시간과 계산된 코스트다운 시간의 차이를 표시한다.

속도를 입력하여 원하는 속도구간에의 코스트다운 시간을 계산 및 측정할 수 있다. 코스트다운 시간 오차의 허용범위는 ±7%이다. 화면속도, ACDT, 모드시간 등이 표시된다. 시험 중지 버튼을 누르면 시험이 중지되고 시험이 중지되어 있을 경우 이전화면 버튼을 누르면 초기화면으로 돌아간다.

(6) 엔진회전수 측정오차 시험

시험용 자동차 엔진의 3000rpm 회전수에서 별도의 광센서 회전속도계 또는 기타 다른 방법의 회전속도계와 동력계에 장착된 엔진회전속도계로 동시에 엔진회전수를 연속 3회 측정하고 그 평균값을 계산한다 자동차가 엔진회전수가 3000rpm를 유지하고 있으면 측정버튼을 누른다. 그러면 측정회전수 1회란에 측정엔진회전수가 표시되고 광센서 회전속도계로 측정된 엔진회전수를 기준회전수 1회란에 입력한다. 이와 같은 방법으로 3회를 측정하면 3회 측정평균값이 자동으로 계산되어 화면에 표시된다. 3회 기준회전수를 모두 입력하면 오차계산 버튼이 활성화되며 오차계산 버튼을 누르면 측정회전수 평균값과 기준회전수 평균값 사이의 오차가 계산되어 화면에 표시된다. 측정엔진회전수와 기준엔 진회전수 최대 허용 오차범위 ±1%이다. Reset 버튼을 누르면 현재까지 화면에 표시된 시험결과를 삭제하며 다시 처음부터 측정할 수 있는 상태로 돌아간다. 이전화면 버튼이 활성화되었을 때 이전화면 버튼을 누르면 초기메뉴화면으로 돌아간다.

설정 값 가져오기 버튼을 누르면 회전속도계의 현재 설정 값을 화면에 표시한다. 센서종류, 평균방법, 엔진 펄스갯수 값을 선택한 후 설정 값 변경하기 버튼을 누르면 회전속도계의 설정값을 변경한다. 측정 시작 버튼을 누르면 회전속도계가 현재 RPM값을 실시간으로 전송한다. 측정 중지 버튼을 누르면 회전속도계가 더 이상 데이터를 전송하지 않는다.

(7) 관성중량 부여장치의 기본관성중량시험

관성중량 부여장치의 기본관성중량시험은 동력계의 업체가 제시한 기본관성중량의 유효성 여부를 판단하기 위해 수행한다. 35km/h~45km/h의 속도구간에서 2개의 임의의 부하동력으로 코스트다운 시간을 측정한 후 2개의 코스트다운 식을 이용하면 기본관성중량을 계산해 낼 수 있다. 기본관성중량을 5회 연속 계산하여 각각의 측정치에 대한 편차를 구하고 다음 식에 의해 편차율을 계산한다.

$$편차율(\%) = 각\ 측정점의\ 편차/기본관성중량 \times 100$$

기본 관성 중량값과 2개의 임의의 지시마력을 입력한 후 시험시작버튼을 누르면 시험이 시작된다.

자동으로 5회 연속으로 실제 코스트다운 시간을 측정하고 기본관성중량과 편차율을 계산한다. 5회 시험이 끝나면 자동으로 평균값을 계산한 후 결과를 판정한다. 편차율의 허용범위는 ±2%이다. 시험중지 버튼을 누르면 시험이 중지되고 시험이 중지되어 있을 경우 이전화면 버튼을 누르면 초기화면으로 돌아간다.

(8) 부하응답성 시험

15km/h 또는 45km/h의 속도에서 동력계 부하(토크)를 1kg.m로 변화시켰을 때 최종 부하의 90%를 지시할 때까지를 연속 3회 측정하여 그 평균값으로 한다.

설정토크 란에 동력계 부하(토크)를 입력한 후 측정버튼을 누르면 응답시간을 측정하여 화면에 표시한다. 이와 같은 과정을 3회 반복한 후 평균값을 계산한다. 응답시간의 최대허용치는 300msec이다. 화면에 실시간으로 현재 속도 및 측정 토크가 표시된다.

(9) 부하측정시험

동력계를 정지한 상태에서 최대 토오크의 0%, 20%, 40%, 60%, 80%에 해당하는 분동을 로드셀에 부여한다. 이때 각 교정점에서 토오크를 연속 3회 측정한 후, 그 평균값을 계사하여 다음 식에 의해 계산된 토오크 값과의 오차를 구한다.

$$계산\ 토오크(kgf.m) = 토오크\ 아암\ 길이(m) \times 분동무게(kgf)$$

단, 분동은 동력계 최대부하(Torque)의 20%, 40%, 60%, 80%에 해당하는 부하(Torque)를 측정할 수 있어야 하며, 분동의 오차는 ±0.1% 이내 이어야 한다.

토크암을 설치하고 분동을 위치시킨 후 최대토크와 분동무게를 입력하면 계산 토크 값(목표토크값)이 화면에 표시된다. 측정버튼을 누르면 측정값이 나타나고 3회 측정을 수행하면 측정 평균값과 오차가 자동 계산되어 화면에 표시된다. 이와 같은 과정을 20%, 40%, 60%, 80% 분동을 올려놓고 반복하여 평균 측정토크 값을 구한 후 계산 토크 값과 비교한다. 허용오차는 최대 토크의 ±1%이다.

(10) 동력흡수장치의 부하동력 설정시험

동력흡수장치의 부하동력 설정시험은 동력계에 일정한 마력을 부여 했을 경우 동일한 마력이 측정되는지 여부를 확인하는 실험이다. 차량중량 900kgf, 2000kgf, 3000kgf, 4000kgf, 5000kgf을 입력해 의한 동력계의 부하동력 설정 지시값과 다음 식에 의해 계산된 값과의 차이를 구한다.

$$\text{부하동력설정값}(PS) = \frac{\text{차량중량}(kg) + 136}{136}$$

초기화면에서 부하동력설정시험버튼을 누르면 동력흡수장치의 부하동력 설정시험을 위한 화면이 나타난다.

실험할 차량을 동력계 위에 위치시킨다. 차량중량 란에 차량중량을 입력한 후 시험시작버튼을 누르면 시험이 시작된다. 화면에는 현재속도, 측정토크, 설정마력, 측정마력, 오차 등과 메시지가 표시된다. 운전자가 차량을 40km/h로 유지시키면 동력계는 부하 동력 설정 값을 토크로 변환하여 동력계에 전달하고 동력계는 그 값을 이용하여 부하를 제어하게 된다. 차량속도가 40km/h로 유지되면 일정시간동안 마력을 측정하여 평균한 후 설정마력과의 오차를 계산한다. 오차범위는 ±0.5PS이다. 시험 중 이상이 발생할 경우 시험 중지 버튼을 눌러서 시험을 중지시킬 수 있으며 시험이 수행되고 있지 않을 경우 이전화면 버튼을 이용하여 초기화면으로 전환할 수 있다.

2-4-3. 결과인쇄 및 종료

각각의 시험결과는 데이터 베이스에 저장되고 원하는 항목을 선택한 후 인쇄 버튼을 누르면 모든 시험 결과를 보여주며 인쇄 여부를 결정할 수 있다.

- 종료 : 종료 버튼을 누르면 동력계 형식승인 시험용 프로그램을 종료한 후 시스템 관리모드 화면으로 전환된다.

제 2 장 Chapter 2 자동차 배출가스 정밀검사 시행

1. ASM2525 모드

1-1. ASM2525 검사모드 운영 프로그램

구분	기준
부하 마력 설정	자동설정
	수동설정 : 부하마력 조견표
예열	주행하면서 충분히 예열(예열완료 표시됨)
검사 모드 시작	40±2.0km/h 10초 유지
모드 안정 조건	검사모드 시작 25초 경과 후
모드 구성 요건	① 40±2.0km/h 유지
	② 부하마력이 설정마력의 ±5%를 연속 2초 또는 검사모드 전체 구간에서 5초 이내 유지
	③ ISE(관성모멘트) 3%를 3초 이상 초과하지 않을 것
모드 재시작 요건	모드 구성요건을 벗어난 경우(mt=0)
모드 중지 요건	모드 재시작 요건이 2회 발생 시
검사모드 최대 시간	모드 시작 후 90초
결과 판정	① 모드 안정 이후 10초간 평균값
	② 부적합 시 매 1초 증가할 때마다 10초 단위로 산술 평균값
측정값의 처리	① CO : 소수점 둘째이하는 버리고 0.1%
	② HC, NOX : 소수점 이하는 버리고 1ppm

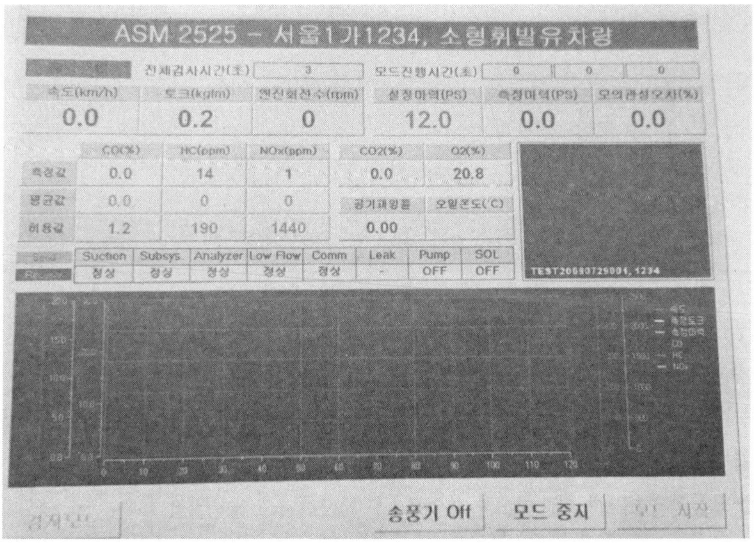

[ASM2525 모드 화면]

1-2. ASM2525 모드 검사 화면

ASM2525 모드는 검사차량이 차대동력계에서 25%의 도로부하로 25mile/hr(40km/h)의 속도로 일정하게 주행하면서 배출가스를 측정하는 검사방법이다. 차량 중량을 이용하여 도로부하 마력을 설정하므로 제원의 차량 중량 값이 정확해야 한다. 검사 대상 차량은 차량 총중량이 5.5톤 이하인 가솔린 차량이다.

1-3. ASM2525 모드 검사의 표시 내용

전체 검사시간, 모드 진행시간, 동력계 롤러 속도, 엔진회전수측정기에서 측정된 엔진 회전수, 측정토크, 설정 마력, 측정 마력, 모의관성오차, 배출가스 측정 값, 배출가스 분석 시 상태 및 분석기 통신 상태 등을 디지털 값 및 그래프로 표시한다.

1-4. ASM2525 모드 검사 단계

예열(40km/h)-안정화 및 검사시작(40km/h)-배출가스 측정(40km/h)의 3단계로 이루어진다. 각 단계별로 속도와 부하마력, 모의관성오차 등을 확인하며, 모드허용기준을 벗어날 경우 검사가 중지된다.

1-4-1. [검사모드]

검사를 수행하고 있지 않을 경우 이 버튼을 누르면 검사 모드 화면으로 전환한다.

1-4-2. [모드중지]

검사 중 이상이 발생한 경우 이 버튼을 누르면 검사가 중지된다.

1-4-3. [송풍기 ON/OFF]

송풍기를 수동으로 켜고 끈다.

1-4-4. 검사 시 주의 사항

① 검사원은 차량의 속도를 38~42km/h 사이에서 운행하여야 검사가 진행된다. 이 속도를 벗어나면 모드가 중지된다.

② 화면 중간 오른쪽의 [send], [receive]가 지속적으로 깜박거려야 분석기와 통신이 잘 되고 있는 상태이다.

③ 화면 중간 오른쪽의 [pump] 상태가 [on]이면 배출가스 분석기 펌프가 동작하여 배출가스 흡입됨을 나타낸다.

④ 프로브로부터 배출가스 흡입되면 CO_2값은 높아지고 O_2값은 낮아지며 공기과잉률이 2.5에서 서서히 낮아져서 1 근처의 값을 나타낸다. 이 값이 크면 누출 등으로 인해 배출가스 흡입이 제대로 되지 않는다는 뜻이다. 공기과잉률이 1.8 이상이면 모드는 중지된다.

⑤ 검사 도중[분석기 체크, 수분과다 가능성]이라는 메시지가 나타나면 분석기 내부로 수분이 유입되었을 가능성이 높다. 이때는 모드를 중지하고 수분을 배출해야 한다.

⑥ 검사 도중 2장의 사진을 찍다. 이는 부정검사를 방지하기 위한 것으로 주전산기로 전송된다. 찍히는 부분이 가리지 않도록 주의해야 한다.

⑦ 검사가 완료되면 결과가 주전산기로 전송되면 판정결과를 받는다. 이 과정이 실패하면 화면 하단에 [결과 재전송] 버튼이 나타난다. 이 버튼을 누르면 주전산기 통신과정이 반복된다.

⑧ 결과표가 출력이 되지 않을 경우 [출력 재시도] 버튼을 클릭하여 출력해야 한다.

- 운전자 보조화면(ASM2525 모드)은 ASM2525 모드 운전자 보조화면이다. 검사원은 운전자 보조화면에 표시된 메시지에 맞도록 운전한다.
- 운전자 보조화면에는 차량 속도를 아날로그 게이지 및 디지털 값으로 표시한다. 운전 중 경보나 운전방법 등을 검사원에게 알릴 필요가 있을 경우 화면 하단에 메시지를 표시한다.

• 검사가 시작되면 차량속도를 40km/h(38~42km/h)에 맞추고 검사가 끝날 때까지 그 상태를 유지한다. 검사 중엔 위험하니 절대로 핸들을 움직여서는 안된다.

2. Lug-Down3 모드

2-1. Lug-Down3 모드 운영 프로그램

구분	기준
예열	주행하면서 충분히 예열
검사모드 시작	각 모드 회전수의 ±5%
모드 안정 조건	검사모드 시작 5초 경과 후
모드 구성 요건	① 1모드 : 정격 회전수를 초과하지 않고 정격회전수 진입
	② 2, 3모드 : 목표회전수의 ±5%
모드 재시작 요건	① 각 모드별 엔진회전수의 ±5% 이내를 연속 2초 이상 이탈
	② 주제어장치와 1초 이상 통신 단절
모드 중지 요건	모드 재시작 요건이 2회 발생 시
결과 판정	모드 안정 이후 10초간 산술 평균값
측정값의 처리	① 엔진출력 : 소수점 첫째자리에서 반올림하여 1ps
	② 엔진회전수 : 소수점 첫째자리에서 반올림하여 10rpm
	③ 주행속도 : 소수점 첫째자리에서 반올림하여 1km/h
	④ 매연농도 : 소수점이하는 버리고 1%
	각 산출 평균값

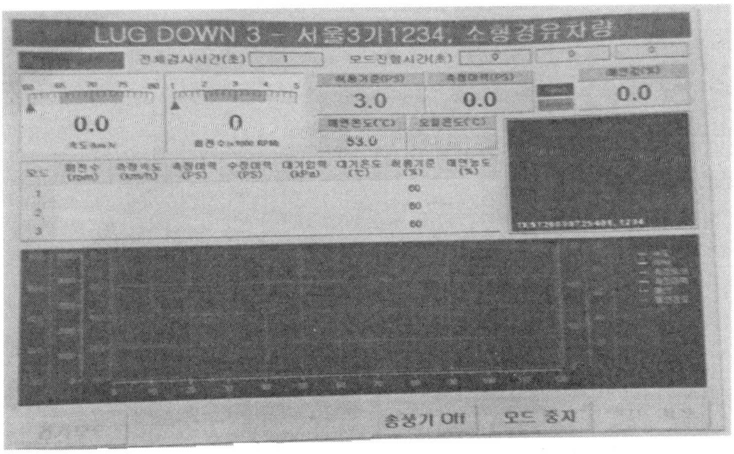

[Lug-Down3 모드]

2-2. lug-down 3 모드 검사 화면

lug-down 3 모드는 차대동력계상에서 자동차의 가속페달을 최대로 밟은 상태에서 엔진 정격회전수에서 1모드/엔진 정격회전수의 90%에서 2모드/엔진 정격회전수의 80%에서 3모드로 주행하면서 매연 농도, 엔진회전수, 엔진최대출력을 측정한다. 차량의 정격회전수와 정격출력을 이용하여 검사하므로 이 값들이 정확해야 한다. 검사 대상 차량은 차량 총중량이 4.5톤 이상인 경유 차량이다. 검사 화면에서 전체 검사시간, 모드 진행시간, 동력계 롤러 속도, 차량 엔진 회전수, 측정 토크, 측정 마력, 매연측정값, 매연 측정기 상태 및 통신 상태 등을 디지털 값 및 그래프로 표시한다.

lug-down3 모드 검사는 예열(70km/h)-매연측정(1모드-2모드-3모드)의 4단계로 이루어진다. 각 모드별로 속도와 부하마력, 엔진회전수 등을 확인하며, 모드 허용기준을 벗어나거나, 측정 장비가 이상할 경우 검사가 중지된다.

2-2-1. [검사모드]

검사를 수행하고 있지 않을 경우 이 버튼을 누르면 검사 모드 화면으로 전환한다.

2-2-2. [모드중지]

검사 중 이상이 발생한 경우 이 버튼을 누르면 검사가 중지된다.

2-2-3. [송풍기 ON/OFF]

송풍기를 수동으로 켜고 끈다.

2-3. 검사 시 주의 사항

① 매연이 많이 배출되는 검사이므로 배기관을 매연 포집기 호스에 반드시 연결해야 한다.

② 일반적으로 기어가 수동인 경우 3단, 자동인 경우 2단으로 고정하여 시험을 진행한다. 예열구간에서는 속도를 65~75km/h 사이에서 운행한다. 이 속도를 벗어나면 검사 구간으로 진입할 수 없다.

③ 예열구간이 끝나면 가속페달을 최대로 밟으라는 메시지가 나타난다. 검사가 완료될 때까지 가속 페달을 최대로 밟아야 한다. 그렇지 않으면 출력이 적게 검출되어 부적합으로 결과가 나올 수 있다.

④ 엔진 회전수가 제대로 측정되어야 검사가 진행된다. 비정상적일 때는 센서의 위치를 바꾸거나 센서의 열을 식히는 등의 방법으로 엔진 회전수가 정확히 측정되도록 한다.

⑤ 화면 중간 오른쪽의 [receive]가 지속적으로 깜박거려야 매연측정기와 통신이 잘 되고 있는 상태이다.

⑥ 매연 온도가 3초 이상 떨어지면 프루브 이탈로 감지하여 모드가 중지된다.

⑦ 검사 도중 2장의 사진을 찍는다. 이는 부정검사를 방지하기 위한 것으로 주전산기로 전송된다. 찍히는 부분이 가리지 않도록 주의해야 한다.

⑧ 검사가 완료되면 결과가 주전산기로 전송되면 판정결과를 받다. 이 과정이 실패하면 화면 하단에[결과 재전송] 버튼이 나타납니다. 이 버튼을 누르면 주전산기 통신과정이 반복된다.

⑨ 결과표가 출력이 되지 않을 경우 [출력 재시도] 버튼을 클릭하여 출력해야한다.

⑩ 검사가 완료되고 배기관에서 프루브를 제거한 후 매연값을 확인해야한다. 이 대 매연값이 7% 이상 측정되면 매연측정기의 렌즈가 오염된 것으로 렌즈 청소가 필요한 상태이다. 날씨가 추운 경우 배기관에서 물이 나올 수 있는데 이 때 렌즈 오염이 쉽게 된다.

• 운전자 보조 화면(Lug-Down3 모드)

Lug-Down3 모드 운전자 보조화면이다. 검사원은 운전자 보조화면에 표시된 메시지에 맞도록 운전한다. 70km/h로 예열이 끝나면 운전자 보조화면에 [가속페달 최대]라는 메시지가 표시된다. 이 때 검사원은 가속페달을 최대로 밟고 검사가 끝날 때까지 그 상태를 유지한다.

운전자 보조화면에는 차량 속도 및 차량 엔진회전수를 아날로그 게이지 및 디지털 값으로 표시한다. 운전 중 경보나 운전 방법 등을 검사원에게 알릴 필요가 있을 경우 화면 하단에 메시지를 표시한다. 검사는 각 모드별로 약 15초 정도 소요된다. 3모드가 종료되어 모든 검사가 완료되면 기어를 중립으로 놓고 브레이크 페달을 밟지 않는다. 검사 중엔 위험하니 절대로 핸들을 움직이지 말아야 한다.

3. 무부하 정지가동 모드

3-1. 무부하 정지가동 검사모드 프로그램

구분	기준
검사모드 시작	공전회전수가 500~1000rpm으로 안정
모드 안정 요건	검사모드 시작 5초경과 후
모드 구성 요건	공전회전수가 500~1000rpm으로 유지

모드 재시작 요건	공전회전수가 500~1000rpm을 연속 2초 또는 검사모드 전체에서 5초 이상 이탈
모드 중지 요건	모드 재시작 요건이 2회 발생 시
검사모드 최대시간	모드 안정 후 60초
결과 판정	① 모드 안정 이후 10초간 평균값
	② 부적합 시 매 1초 증가할 때마다 10초 동안의 산술 평균값
	③ 60초간 측정하여도 부적합인 경우 마지막 10초 동안의 평균값
측정값의 처리	① CO : 소수점 둘째이하는 버리고 0.1%
	② HC : 소수점 첫째이하는 버리고 1ppm
	③ λ : 소수점 둘째자리에서 0.01단위

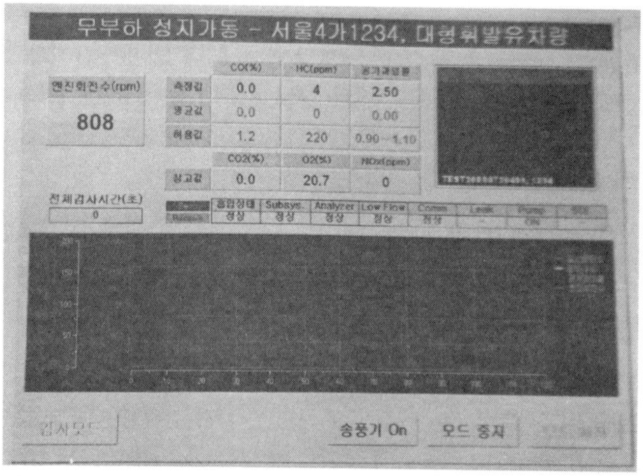

[무부하 정지가동 모드]

3-2. 무부하 정지가동 모드 화면

이 모드에서는 자동차가 정지한 상태에서 엔진을 공회전으로 가동하여 배출가스를 측정한다. (일산화탄소, 탄화수소, 공기과잉률은 휘발유, 가스사용 자동차에 해당한다.)

3-3. 검사대상 차량

검사대상 차량은 차량 총중량이 5.5톤 초과인 가솔린 혹은 4륜구동 가솔린 차량이다. 엔진회전수, 전체검사시간, 배출가스 측정값, 평균값, 허용 값 및 배출가스 측정기의 상태가 표시된다.

3-4. 검사 단계

검사는 예열(공회전 상태)-배출가스측정(공회전상태)의 2단계로 이루어진다. 각 단계별로 엔진회전수를 확인하며, 모드허용기준을 벗어날 경우 검사가 중지된다. 검사가 시작되면 기어를 중립에 놓고 엔진을 공회전상태(500~100rpm)로 유지한다. 공회전수가 안정이 되면 배출가스를 측정한다. 약 10초간 배출가스 측정을 평균하여 결과로 저장한다. 만약 배출가스 평균값이 허용기준을 초과할 경우 최대 60초까지 배출가스를 측정한다.

3-4-1. [검사모드]

검사를 수행하고 있지 않을 경우 이 버튼을 누르면 검사모드 화면으로 전환한다.

3-4-2. [모드중지]

검사 중 이상이 발생한 경우 이 버튼을 누르면 검사가 중지된다.

3-4-3. [송풍기 ON/OFF]

송풍기를 수동으로 켜고 끈다.

3-4. 검사 시 주의 사항

① 엔진회전수가 500~100rpm 사이일 때 검사가 진행된다.

② 화면 중간 오른쪽의 [send],[receive]가 지속적으로 깜박거려야 분석기와 통신이 잘 되고 있는 상태이다.

③ 화면 중간 오른쪽의 [pump] 상태가 [on]이면 배출가스 분석기 펌프가 동작하여 배출가스가 흡입됨을 나타낸다

④ 검사 도중[분석기 체크, 수분과다 가능성]이라는 메시지가 나타나면 분석기 내부로 수분이 유입되었을 가능성이 높다. 모드를 중지하고 수분을 배출해야 한다.

⑤ 검사 도중 2장의 사진을 찍다. 이는 부정검사를 방지하기 위한 것으로 주전산기로 전송된다. 찍히는 부분이 가리지 않도록 주의해야 한다.

⑥ 검사가 완료되면 결과가 주전산기로 전송되면 판정결과를 받다. 이 과정이 실패하면 화면 하단에 [결과 재전송] 버튼이 나는데 이 버튼을 누르면 주전산기 통신과정이 반복된다.

⑦ 결과표가 출력이 되지 않을 경우 [출력 재시도] 버튼을 클릭하여 출력해야 한다.

• 운전자 보조화면(무부하 정지가동 모드)

무부하 정지가동 모드 운전자 보조화면이다. 검사원은 운전자 보조화면에 표시된 메시지에 맞도록 운전한다. 운전자 보조화면에는 엔진 회전수 및 검사시간을 아날로그 게이지 및 디지털 값으로 표시한다. 운전 중 경보나 운전 방법 등을 검사원에게 알릴 필요가 있을 경우 화면 하단에 표시한다.

4. 무부하 급가속 모드

4-1. 무부하 급가속 검사모드 운영 프로그램

구분	기준
최고 회전수 검출	최고회전수에서 2초유지 후 5~6초간 휴지를 반복
모드 구성 요건	4초 이내에 최고회전수 도달
검사 부적합 조건	① 4초 이내에 최고회전수 미달
	② 최고회전수에 미달
결과 판정	① 가속 시 소요시간은 4초 이내로 하고 이 시간 내에 매연농도 측정
	② 매연농도는 최대 0.5초 단위로 산술평균하고 이중에서 최대값
	③ 3회 측정값의 최대값과 최소값의 차이가 5%이내이고 적합하면 종료
	④ 10회 반복하여도 최대값과 최소값의 차이가 5%를 초과하거나 마지막 3회의 산술평균값이 부적합이면 종료
측정값의 처리	매연농도 : 소수점이하는 버리고 1%

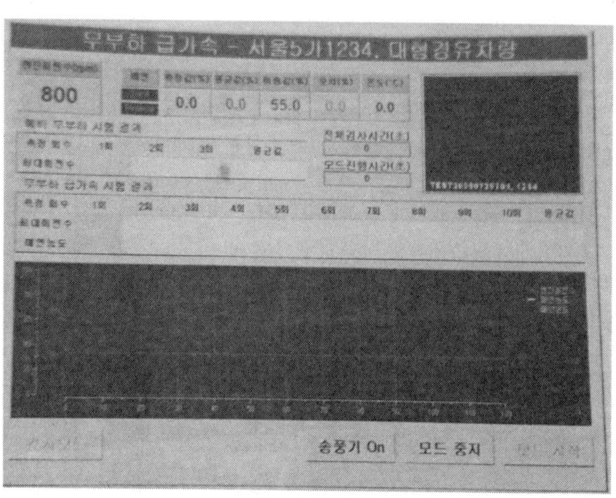

[무부하 급가속 모드]

4-2. 무부하 급가속 모드 화면

이 모드는 자동차가 공회전하는 상태에서 엔진을 초대회전수까지 급가속 시킬 때 매연을 측정(매연 : 경유사용 자동차 해당)하는 것이다.

4-3. 검사 대상 차량

검사 대상 차량은 차량 총중량이 5.5톤 초과인 경유 차량이다. 엔진 회전수, 모드 진행기간, 전체검사시간, 매연농도, 매연농도 평균값, 매연농도 오차 및 엔진최대회전수가 표시된다.

4-4. 검사 단계

검사는 예비시험(엔진 최대회전수 검색)-매연측정(초대10회)의 2단계로 이루어진다. 매연측정이 시작되면 엔진회전수와 매연농도차를 확인한다. 모드허용기준을 만족하면 3회 매연측정값을 평균한 값을 결과로 저장한다. 만약 매연 평균값이 허용기준을 초과할 경우 최대 10회까지 측정이 가능하다.

4-3-1. [검사모드]

검사를 수행하고 있지 않을 경우 이 버튼을 누르면 검사모드 화면으로 전환한다.

4-3-2. [모드중지]

검사 중 이상이 발생한 경우 이 버튼을 누르면 검사가 중지된다.

4-3-3. [송풍기 ON/OFF]

송풍기를 수동으로 켜고 끈다.

4-5. 검사 시 주의 사항

① 매연이 많이 배출되는 검사이므로 배기관을 매연 포집기 호스에 반드시 연결해야한다.
② 공회전 시 엔진회전수가 500~1000rpm 사이일 때 검사가 진행된다.

③ 엔진 회전수가 제대로 측정되어야 검사가 진행된다. 비정상적일 때는 센서의 위치를 바꾸거나 센서의 열을 식히는 등의 방법으로 엔진 회전수가 정확히 측정되도록 한다.
④ 예비 시험이 끝나면 매연측정기로 계측을 시작한다. 이 때 화면 중간 오른쪽의 [receive]가 지속적으로 깜박거려야 매연측정기와 통신이 잘 되고 있는 상태이다.
⑤ 검사 도중 2장의 사진을 찍다. 이는 부정검사를 방지하기 위한 것으로 주전산기로 전송된다. 찍히는 부분이 가리지 않도록 주의해야 한다.
⑥ 검사가 완료되면 결과가 주전산기로 전송되면 판정결과를 받는다. 이 과정이 실패했을 때 화면 하단에 나타나는 [결과 재전송] 버튼을 누르면 주전산기 통신과정이 반복된다.
⑦ 결과표가 출력이 되지 않을 경우 [출력 재시도] 버튼을 클릭하여 출력해야 한다.
⑧ 검사가 완료되고 배기관에서 프로브를 제거한 후 매연 값을 확인해야한다. 이 때 매연 값이 7% 이상 측정되면 매연측정기의 렌즈가 오염된 것으로 렌즈 청소가 필요한 상태이다. 날씨가 추운 경우 배기관에서 물이 나올 수 있는데 이 때 렌즈 오염이 쉽게 된다.

• 운전자 보조화면(무부하 급가속 모드)

무부하 급가속 모드 운전 화면이다. 검사원은 운전자 보조화면에 표시된 메시지에 맞도록 운전한다. 운전자 보조화면에는 엔진회전수 및 검사시간을 게이지 및 디지털 값으로 표시한다. 운전 중 경보나 운전 방법 등을 검사원에게 알릴 필요가 있을 경우 하단에 메시지를 표시한다. 예비 시험에서 구한 엔진 최대회전수의 평균값(3회 실시) 이상으로 급가속을 하면서 매연을 측정한다. [가속페달 최대!] 메시지가 나타나면 가속페달을 끝까지 밟는다. [가속페달을 놓으세요!] 메시지가 나타나면 가속페달에서 발을 뗀다. 예비모드는 최대 5회까지 측정이 가능하며 이 중 3회 이상 엔진 최대회전수에 도달하지 못하면 매연 측정을 할 수 없다. 시험이 끝나면 다음과 같은 시험 종료 메시지가 화면에 표시된다.

5. 자료검색

5-1. 차량번호나 검사일자로 배출가스검사내역을 확인할 수 있다.

5-2. 검사 결과 조회

검사리스트에서 검색하고자 하는 차량을 선택하여 더블클릭하면 검사 결과표와 그래프를 조회하고 인쇄할 수 있다.

[자료검색 화면]

5-3. 자료검색 화면

운용모드 화면에서 검색버튼을 누르면 자료검색 화면으로 전환된다. 검색조건을 이용하여 자료검색을 수행할 수 있다. 자료검색 화면에는 검사일시, 접수번호, 검사방법, 자동차 등록번호, 차명, 전송여부 등이 표시된다. 검색결과는 최대 200개까지 보여준다.

5-3-1. [상세보기]

검색결과에서 원하는 차량리스트 검색결과를 출력한다.

5-3-2. [리스트인쇄]

현재 검색된 리스트 전체가 프린터로 출력된다.

5-3-3. [미전송으로 변경]

오프라인 시험 데이터를 온라인으로 재전송하고 싶은 경우에 사용하며, 해당 검사결과를 선택하고 미전송으로 변경한 다음, 시스템 관리 모드의 [오프라인 데이터 전송]메뉴로 가서 [시험결과 데이터 전송] 버튼을 누르면 주전산기로 재전송된다.

5-3-4. [운영모드]

운영모드로 전환되어 운행차 배출가스 검사 시스템 자료 출력화면이다. 리스트에서 원하는 접수번호를 선택한 후 마우스로 더블클릭 하거나, [상세보기] 버튼을 클릭하면 이 화면이 나타난다. 화면 아래의 검사장면을 더블클릭하면 검사차량 사진이 확대되어 나타난다. 자료검색화면에서 검색결과 중 원하는 검색결과를 더블클릭하면 위와 같은 결과 출력화면을 미리볼 수 있다.

5-3-5. [인쇄]

정밀검사 결과표가 인쇄된다.

5-3-6. [챠트보기]

시험 시에 나타난 측정데이터가 그래프로 그려진다.

5-3-7. [종류]

자료검색 화면으로 전환된다.

6. 검사표 출력 및 교부 - (종합판정)

6-1. 검사표 출력

6-1-1. 온라인 시험 시

검사가 정상으로 종료되면 검사결과가 주전산기로 전송되고 종합전산망의 웹에서 정밀검사 검사결과표를 프린터로 인쇄할 수 있는 화면이 나타나며 자동으로 인쇄가 시작된다.

6-1-2. 오프라인 시험 시

오프라인 검사 시 결과가 저장된 후 중간 검사표에 표시 될 유효 기간을 입력하는 화면이 나타납니다. 종전 유효기간 만료일 및 중간검사 유효기간 등을 입력한 후 [입력] 버튼을 누르면 결과표를 출력할 수 있는 화면이 나타난다. [인쇄] 버튼을 누르면 인쇄가 시작된다.

6-2. 결과표 교부 : 검사결과표를 수검자에게 교부한다.

6-2-1. 적합 시

검사결과와 차기검사일자를 안내한다.

6-2-2. 부적합 시

부적합 내용 및 정비와 관련된 법규(정비유예, 유효기간 연장 등)와 재검사기간을 설명한다.

제 3 장 경유자동차 부하검사 방법 (KD-147 모드)

Chapter 3

1. KD-147 모드의 도입 목적 및 배경

현행 경유자동차 검사방법(Lug-Down3)은 고부하, 고속회전상태에서 검사를 실시하는데, 이 모드는 실제 디젤 자동차의 도로주행 패턴과 상관성이 낮기 때문이다. 일부 노후차량의 경우 엔진손상 등의 민원이 발생되고, 유해가스, 분진 및 소음유발 등으로 인한 도로주행패턴이 잘 반영되는 검사방법으로 개선하여 검사제도의 실효성을 확보하고, 운행 경유차 매연 배출허용기준을 강화하고 세분화하여 자동차 제작기술에 부응하기 위함이다.

캐나다의 벤쿠버주에서 차량총중량 5톤 이하 중소형 차량을 대상으로 시행하고 있는 D-147 모드를 도입하여 국내 실정에 맞게 연구 검토 분석 후, KD-147모드로 변경하여 시행하므로서 매연 반복시험에 따른 정확성 문제, 주변소음, 차량손상 위험성, 엔진가속페달 밟는 량 등의 임의조작에 따른 문제점 등을 개선하고 도로 주행패턴이 잘 반영된 부하검사 방법이다.

기존 Lug-Down3 모드 측정방법과 달리 엔진회전수 측정기(RPM 센서 또는 진동음향 센서)는 필요하지 않으며, 매연 배출가스 허용기준 초과 여부만 판단하며, 최대출력 부족 시는 모드진입이 불가하므로 검사결과표에는 최대출력이 표시되지 않는다.

국내에서는 차량총중량 4.5톤 이하 중 · 소형 경유자동차의 매연농도 측정방법으로 변경 시행된다. 구조변경 검사차량, 차량총중량 4.5톤 이상 차량, 구조변경 후 용도가 변경된 차량, 배출가스저감장치 장착으로 인한 성능확인검사 대상 차량은 기존 배출가스 측정방법인 Lug-Down3모드로 1모드 매연과 최대 출력, 2모드, 3모드 매연측정 방법으로 계속 검사하게 된다.

2. Lug-Down3 모드와 KD-147 모드의 비교

2-1. Lug-Down3 모드

다음의 럭다운 쓰리 모드는 4단계로 구성되어 있는데, 예열구간과 매연측정 1모드, 2모드, 3모드로 구성되어 있다.

첫 번째 예열구간은 70km/h에서 검사차량 최대 부하의 20%로 주행하면서 약 10~30초간 충분히 예열을 실시하게 된다.(1구간 설명)

두 번째 구간은 매연검사의 제1모드로서 가속페달을 최대로 밟은 상태에서 차대동력계의 부하마력에 의해 엔진정격 회전수로 약 15초간 주행하면서 매연을 측정하게 된다.(2구간 1모드 설명)

다음으로 2모드는 차대동력계의 부하마력에 의해 엔진 정격 회전수의 90%로 차량을 운전하면서 약 15초간 매연측정을 실시하게 된다.(3구간 2모드 설명)

마지막으로 3모드는 차대동력계의 부하마력에 의해 엔진정격 회전수의 80%로 차량을 운전하면서 약 15초간 매연측정을 하게 된다.(4구간 3모드 설명) 매연측정의 결과 판정은 각 모드 안정 이후 10초간 산술평균값으로 판정하게 된다.

2-2. KD-147 모드의 구성 : 예열구간과 검사구간

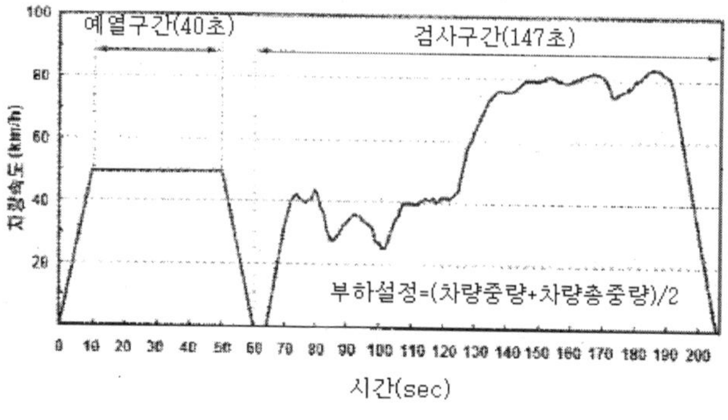

[KD-147 모드]

2-2-1. 예열구간

예열구간은 검사차량을 약 82℃ 이상 정상적으로 예열을 시켜 열간 상태에서 자동차의 평균 매연농도를 측정하기 위함이다. 열간 상태에서 매연농도를 측정하게 되면 냉간 상태보다 약 25%의 매연 농도를 감소시킬 수 있다. 총 60초의 예열구간은 주변소음과 안전성을 고려하여 50km/h의 주행속도로 엔진정격 출력의 40%에서 약 40초 동안의 예열 시간을 갖게 된다. 나머지 20초는 50km/h의 속도로 진입하기 위한 10초와 감속구간 10초이다.

2-2-2. 검사구간

검사구간은 147초 동안 동력계에서 부하를 주어 주어진 그래프에 따라 최고 83.5km/h로 주행을 하면서 가속과 정속, 그리고 감속을 반복하면서 매연 농도를 측정하게 된다. KD-147 모드는 출력 부족 시 모드 구현이 불가능하기 때문에 마력 측정을 하지는 않는다.

2-3. KD-147 모드 특징

2-3-1. 부하설정 조건

주행상태에서 중·소형 경유자동차의 매연농도를 측정

① 차대 동력계상에서 차량 기준 중량에 따라 도로 부하마력을 설정한 다음 정해진 주행그래프에 따라 0km/h(공회전)에서 최고 83.5km/h 까지 147초 동안 가속, 정속, 감속하면서 매연농도(%)를 측정하며, 매연농도는 부분유량채취방식의 광투과식 측정방법을 채택한다.
② 차대동력계 도로부하는 부하마력 조견표에 의해 차량 기준중량에 따라 등가관성중량 및 계수(Av, Cv)를 결정

※ 차량 기준중량(RW)=차량중량+[(승차정원+적재량)/2]=(차량중량+차량총중량)/2

③ 부하마력 조견표

차량 기준중량	등가관성중량	80km/h 속도에서의 동력계 흡수 부하마력		계수	
				Av	Cv
RW(kg)	kg	kW	N	N	N/(km/h)2
RW≦480	455	3.8	171	3.8	0.0261
480≦RW≦540	510	4.1	185	4.2	0.0282
540≦RW≦595	570	4.3	194	4.4	0.0295
595≦RW≦650	625	4.5	203	4.6	0.0309
650≦RW≦710	680	4.7	212	4.8	0.0323
710≦RW≦765	740	4.9	221	5.0	0.0337
765≦RW≦850	800	5.1	230	5.2	0.0351
850≦RW≦965	910	5.6	252	5.7	0.0385
965≦RW≦1080	1020	6.0	270	6.1	0.0412

1080≦RW≦1190	1130	6.3	284	6.4	0.0433
1190≦RW≦1305	1250	6.7	302	6.8	0.0460
1305≦RW≦1420	1360	7.0	315	7.1	0.0481
1420≦RW≦1530	1470	7.3	329	7.4	0.0502
1530≦RW≦1640	1590	7.5	338	7.6	0.0515
1640≦RW≦1760	1700	7.8	351	7.9	0.0536
1760≦RW≦1870	1810	8.1	365	8.2	0.0557
1870≦RW≦1980	1930	8.4	378	8.5	0.0577
1980≦RW≦2100	2040	8.6	387	8.7	0.0591
2100≦RW≦2210	2150	8.8	396	8.9	0.0605
2210≦RW≦2380	2270	9.0	405	9.1	0.0619
2380≦RW≦2610	2270	9.4	423	9.5	0.0646
2610＜RW	2270	9.8	441	9.9	0.0674

2-4. KD-147 모드의 특징

2-4-1. 도로주행 패턴

실제 도로주행 조건과 같이 가속과 감속, 그리고 정속으로 운행을 하면서 매연을 측정하여 검사를 실시하는 (KD-147 모드는) 럭다운 쓰리모드에 비해 도로주행 패턴 반영이 우수한다.

2-4-2. 진동센서 제거

럭다운 쓰리 모드에서 엔진 블록에 설치했던 진동센서를 사용하지 않으므로 엔진 블럭에 진동센서를 부착하기 위해서 소요했던 시간을 단축시키는 장점이 있다.

2-4-3. 주행소음 감소

럭다운 쓰리 모드에서의 평균 주행소음은 98dB이고 KD-147 모드에서의 평균 주행소음은 95dB로 평균 3dB의 검사 중 주행소음 발생 감소와 소음 최대 노출시간이 40초에서 20초로 50% 현격히 감소된 장점이 있다.

2-4-4. 매연, 분진 감소

고부하, 고속회전 상태에서 검사를 시행해온 럭다운 쓰리 모드에서 측정한 매연의 평균 배출농도는 24.9%인 반면 고속회전 조건으로만 검사를 수행하지 않는 KD-147 모드에서의 매연평균 배출 농도는 17.1%로 분진 및 매연발생이 적게 나타나는 특징이 있다.

2-4-5. 안전바 불필요

KD-147 모드로 매연검사를 실시할 때 기존의 럭다운 쓰리 모드와는 달리 안전바와 같은 별도의 고정 장치가 필요 없이 고임목만으로도 충분히 안전하게 검사를 시행할 수 있는 장점이 있다.

참고 : KD-147 모드의 특징(Lug-down3 모드와 비교)

① 실제 도로주행 조건에서 매연을 측정하여 도로주행패턴 반영성 우수
② 진동센서를 사용하지 않으므로 검사 시 진동센서 부착 필요 없음
③ 검사 중 주행소음 발생 감소와 노출시간의 현격한 감소
④ 고속회전 조건으로만 검사를 수행하지 않으므로 분진 및 매연 발생이 적음
⑤ 별도의 고정장치(안전바)는 필요 없이 고임목만으로 충분히 안전하게 검사 가능

2-5. 도로주행패턴 반영

다음의 그래프는 지금까지 시행해 오던 경유자동차의 검사방법인 럭다운 쓰리 모드의 여러 문제점을 개선하기 위한 KD-147 모드의 특징을 비교한 그래프이다. KD-147 모드는 실제 도로주행조건에서 매연을 측정하여 도로주행패턴 반영성이 우수하다.

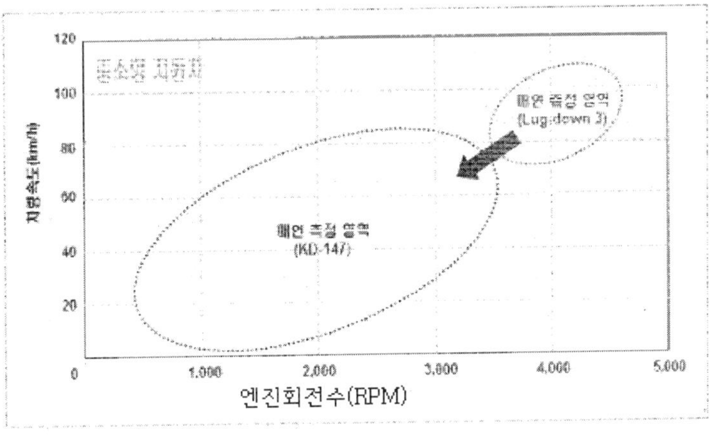

[도로주행패턴 반영]

경유자동차의 검사방법인 럭다운 쓰리 모드는 실제 자동차의 도로주행 패턴과의 상관성이 낮은 시속 100km/h 영역대와 4000rpm 영역대의 고속회전과 고부하 상태에서 검사를 실시하여 엔진의 손상과 유해가스와 분진 및 소음을 유발하였다. 이런 럭다운 쓰리 모드의 개선 방안으로 새로이 실시하게 되는 KD-147 모드는 실제 도로주행 조건에서 매연을 측정하여 도로주행 패턴이 잘 반영되어 검사차량의 엔진에 무리를 주지 않고 주변 소음과 분진 등의 환경문제까지 개선시킨 검사방법이다.

2-6. KD-147 모드 검사장비의 구성

운행 경유자동차 검사장비는 자동차의 도로주행 상태를 재현하여 배출가스를 측정하기 위하여 구성된 시스템으로 차대동력계, 매연측정기, 엔진회전속도계, 매연포집방치, 운전보조 장치 및 기타 주변장치로 구성되어 있으며, 주제어 장치의 운영 프로그램은 본 연구의 각종 시험을 자동으로 수행할 수 있도록 구성하였다.

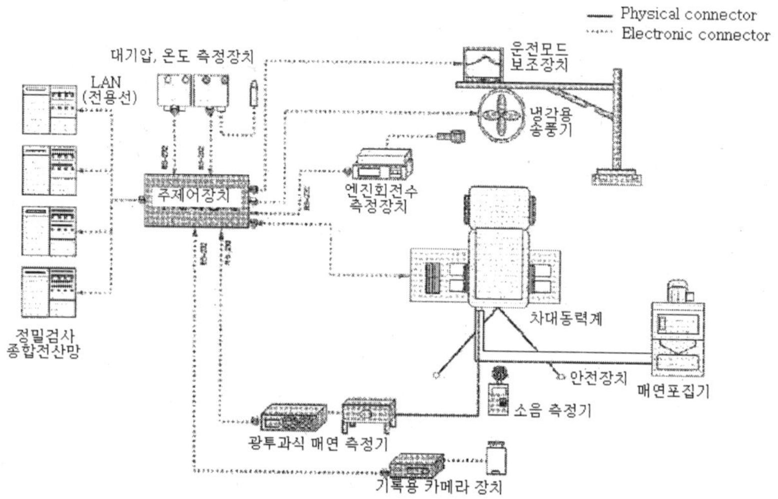

[시험 검사장비 구축 개략도]

3. KD-147 모드 검사 시행

3-1. 진행순서

3-1-1. 측정 준비

① 검사차량 선택
② 차량제원 확인
③ 카메라 조정
④ 차량편향조정
⑤ 시동정지
⑥ 안전장치 설치
⑦ 측정기기 계측준비 완료
⑧ 프로브 설치

3-1-2. 예열모드 작동

① 기어 선택→② 설정속도를 따라 운전해야한다.

3-1-3. 측정모드 진입

① N → 1단 변속 →② 4 → 5단 변속→③ N

3-2. KD-147 모드 진행 절차

3-2-1. 측정준비

① 측정 차량을 선택하고 제원을 확인한다.
② 측정 차량을 선택한 후 카메라를 조정한다.
③ 측정 차량의 방향이 정확한지 확인하고 조정한 후, 측정 안전장치를 설치한다.
④ 측정 차량이 바르게 설치되었으면 매연측정기를 교정한다.
⑤ 측정기의 계측준비가 끝나면 매연 측정 프로브를 자동차의 배기관에 설치한다.
⑥ 매연 측정기의 교정 완료 화면이 나타난다.
⑦ 측정 준비가 완료 되었다.

3-2-2. 예열모드 작동

① 예열모드 작동을 시작한다.
② 수동변속기의 경우 기어를 적절히 선택하여 50km/h의 속도로 가속한다. 이 때 자동차가 안전하게 예열운전이 되는지 잘 살피면서 운전을 한다.

③ 작동하기 전 엔진을 예열하여 자동차가 도로에서 주행한 상태에서 매연을 측정하는 유사한 조건을 만들기 위한 운전이며, 아울러 기기의 작동 등을 확인하는 운전③이 예열운전모드는 본격적인 매연 측정모드로 모드이다.

④ 예열모드로 작동하는 시간은 40초인데, 엔진을 가속하여 자동차의 속도가 50km/h가 된 상태로부터 동일 속도를 유지하는 시간을 의미한다. 즉 50km/h의 속도로 가속하는 시간이나 종료 후 감속하는 시간은 포함되지 않는다.

⑤ 예열모드가 완료되면 속도를 낮추고 측정모드를 시작한다.

3-2-3. 측정모드로 진입

① 화면에 표시된 주행그래프를 따라 운전을 시작한다. 설정된 속도범위를 벗어나지 않도록 운전을 해야 한다. 만약 속도를 벗어난 경우 측정모드 처음부터 다시 시작한다.

② 수동변속기 차량의 경우 화면의 표시에 따라 적절한 기어변속을 실시하여 원활한 운전이 되도록 한다.

③ 주행그래프에서 벗어나지 않도록 가속페달 조절에 신경을 쓰면서 수동변속기 차량의 경우 기어를 1단으로 변속하고 운전을 한다.

④ 수동변속기 차량의 경우 변속기 기어를 1단에서 2단으로 변속을 하고 주행에서 벗어나지 않도록 주의를 기울이며 운전한다. (측정 시작 5초 경과)

⑤ 변속기 기어를 2단에서 3단으로 변속을 한다.(10초 경과)

⑥ 변속기 기어를 3단에서 2단으로 변속을 하며 운전한다. (18초 경과)

⑦ 변속기 기어를 다시 2단에서 3단으로 변속하며 운전한다. (38초 경과)

⑧ 변속기 기어를 3단에서 4단으로 변속하며 운전한다. (57초 경과)

⑨ 변속기 기어를 4단에서 5단으로 변속하며 운전한다. (74초 경과)

⑩ 정해진 주행 그래프에서 벗어나지 않도록 주의하여 속도를 높여가며 운전한다. (84초 경과)

⑪ 주행 그래프에서 벗어나지 않도록 주의하면서 속도를 높여가며 운전한다. (98초 경과)

⑫ 주행 그래프에서 따라 서서히 감속을 하며 운전을 한다. (121초 경과)

⑬ 변속기 기어를 중립에 놓고 주행 그래프에서 벗어나지 않도록 주의하며 필요에 따라 브레이크를 작동하여 감속하며 운전한다. (130초 경과)

⑭ 측정모드 운전을 종료한다. (147초 경과)

⑮ 검사를 종료하고 주전산기와 통신을 완료한다. -판정실 화면

⑯ 검사결과표를 출력한다. - 검사결과표

4. 자동차 배출가스 정밀검사 각 모드 비교

검사 모드	검사 단계	검사대상 차량	검사 방법
무부하 정지가동 모드	① 예열(공회전 : 82℃) ② 배출가스 측정	상시 4륜구동 가솔린차량	공회전상태에서 배출가스 측정
무부하 급가속 모드	① 예비시험 (최대회전수 검색) ② 매연측정 (10회까지 가능)	상시 4륜구동 경유 차량	무부하 급가속(최대회전수에서 매연농도 측정)
ASM2525 모드	① 예열(40km/h) ② 안정화 및 검사시작 (40km/h) ③ 배출가스 측정 (40±2km/h)	총중량 5.5톤 이하인 모든 가솔린 차량	검사차량이 차대 동력계에서 25%의 도로부하로 40km/h(25mile/h)의 속도로 일정하게 주행하면서 배출가스 측정
Lug-Down3 모드	① 예열(70±5km/h)) ② 1모드 매연측정 [정격(최대)회전수에서] ③ 2모드 매연측정 (정격회전수의 90%에서) ④ 3모드 매연측정 (정격회전수의 80%에서) 산술평균값이 매연농도 측정값 (동력계에서 자동으로 계산)	• 총중량 5.5톤 이상의 경유 차량 (검사 시행 유도) • 구조변경 검사차량 • 배출가스 저감장치 장착으로 인한 성능확인검사 대상차량 • 구조변경 후 용도가 변경된 차량	차대 동력계상에서 자동차의 가속페달을 최대로 밟은 상태에서 엔진 정격회전수에서 1모드, 엔진 정격회전수의 90%에서 2모드, 엔진 정격회전수 80%에서 3모드로 주행하면서 매연농도, 엔진회전수, 엔진최대출력을 측정한다.(단, 엔진 회전수 오차범위는 엔진 정격 회전수의 ±5% 이내 일 것)
KD-147 모드	① 예열구간 (40초 : 50km/h) ② 검사모드	총중량 5.5톤 이하인 중소형 경유자동차(검사 시행 유도)	0~83.5km/h에서 가속, 정속, 감속을 반복하면서 매연농도 측정(예열구간을 제외한 147초 동안 매연농도 측정)

- 차대 동력계(Dynamometer)의 정의
  회전체에서 동력을 측정하는 장치를 말하며, 이 원리를 이용하여 한정된 공간에서 차량이 실제 도로를 주행하는 것과 같은 상황을 재현해 주는 장치를 말한다.
- 부하검사
  실제 도로운행과 유사한 조건에서 검사하기 위하여 차대 동력계상에서 실제 도로주행 상태를 재현하여 배출가스를 측정하는 것을 말한다.
- CVS-75 모드
  현재 대한민국 승용차의 배출가스 측정방법은 CVS-75모드로 미국 LA의 시내 주행상황을 차대 동력계로 시뮬레이션 한 방법으로 LA-4 모드라고도 한다.
- IM240 모드
  CVS-75 모드와 유사하나 열간상태에서 240초 동안 가변 부하의 상태에서 배출가스를 측정하는 검사방법이다.

저|자|소|개

이찬수 / 現 Sun 썬 자동차정비공업사 부장
황성일 / 現 기아자동차(주) 부산서비스센터 공학박사
권영웅 / 現 서일대학교 스마트기계자동차과 교수

최신 자동차검사 이론과 실무

1판 1쇄 2018년 2월 10일

저 자 이찬수/황성일/권영웅
발행인 송광헌
발행처 복두출판사
주 소 서울특별시 영등포구 경인로82길 3-4
센터플러스 807호 (우) 07371
전 화 02-2164-2580
FAX 02-2164-2584
등 록 1993. 11. 22. 제 10-902 호

정가 : 18,000원
ISBN : 979-11-5906-344-2 93550

한국과학기술출판협회 회원사

* 본 도서의 자료 업데이트가 있을 경우 본사 홈페이지 자료실에 업로드 됩니다. 정기적으로 들러서 유익한 자료를 받아가시기 바랍니다.